U1001962

第二届山东省高等学校优秀教材一等奖
高职高专土木工程专业“十三五”规划教材

建筑制图与识图（含习题集）

（第4版）

杨月英　高丽燕　主　编
张效伟　莫正波　王　培　郑　杰　副主编

中国建材工业出版社

图书在版编目（CIP）数据

建筑制图与识图：含习题集/杨月英，高丽燕主编. --4版. --北京：中国建材工业出版社，2023. 8
ISBN 978-7-5160-3808-6

Ⅰ. ①建… Ⅱ. ①杨… ②施… Ⅲ. ①建筑制图—识别—高等职业教育—习题集 Ⅳ. ①TU204-44

中国国家版本馆CIP数据核字（2023）第144062号

内 容 简 介

本书依据教育部的教学大纲，并根据最新的国家标准及新近出现的市场热点，专门为高等职业教育、成人职业教育土木工程类专业“建筑制图”课程编写。

全书突出理论够用、突出实践的特色，增添结构施工图平面表示法，以及道路、桥梁、涵洞和隧道工程图等内容，培养学生融入社会的实际能力。

本书配有习题集，可配合教材使用。

建筑制图与识图：含习题集（第4版）
JIANZHU ZHITU YU SHITU：HAN XITIJI（DI-SI BAN）
杨月英 高丽燕 主 编
张效伟 莫正波 王 培 郑 杰 副主编

出版发行：中国建材工业出版社
地 址：北京市海淀区三里河路11号
邮 编：100831
经 销：全国各地新华书店
印 刷：北京雁林吉兆印刷有限公司
开 本：787mm×1092mm 1/16
印 张：28. 75
字 数：520千字
版 次：2023年8月第4版
印 次：2023年8月第1次
定 价：**69. 80元**

本社网址：www. jccbs. com，微信公众号：zgjcgycbs

第 4 版前言

《建筑制图与识图（含习题集）》作为高等工科学校教育土建类教材第 1 版出版于 2006 年，已连续修订出版三次，发行量已超过 5 万册。青岛理工大学“建筑制图与识图”课程是土建类专业重点课程，2011 年被山东省评为特色课程，并拟报国家精品课程。作为这门课程的重要支撑教材，《建筑制图与识图（含习题集）》2011 年被评为山东省第二届优秀教材一等奖，且名列第一位。《建筑制图与识图（含习题集）》发行十余年，多次重印，得到广大读者、同行专家和教育行政部门的认可并能荣获殊荣，编者们为此兴奋不已。然而，面对日新月异的中国建筑事业，我们不能陶醉在过去的成功之中。2013 年我们在第 1 版的基础上，采用最新国家标准，调整章节，并对其余部分作了修订，出版第 2 版，而后多次重印。2017 年我们在第 2 版的基础上，增加道路桥梁图的章节，增加绘图和识图的练习，出版了第 3 版。

在信息化教学普及的今天，出现了二维码新形态教材，为了跟上时代的脚步，我们针对本教材章节知识点录制了高清视频，并配套青岛理工大学在线开放课程“建筑制图”同步学习（https：//xueyinonline. com/detail/232884964）。

本套教材在第 3 版的基础上，作如下的修订：

1. 高清视频配套即扫即学

用户手机扫描教材二维码，即可呈现讲课内容，方便教师教学和学生使用，符合当前新形态教材建设要求。本教材高清录制章节知识点相关视频，并从二维码形式排版在教材相应位置，即扫即教、即扫即学。

2. 同步在线网路课程

本教材与青岛理工大学在线开放课程“建筑制图”同步进行。网络课程有视频弹题、章节同步练习、总复习以及考试题和补考题，配合教材习题集使用，能够使学生深刻理解教材知识，并掌握建筑绘图和识图。

《建筑制图与识图（含习题集）》可作为高等学校、高等职业学校和成人教育土建类专业建筑制图与识图课程使用，参考学时 40～100；也可作为各类培训学校相关专业的教学用书，有关工程技术人员也可参考。

本书由青岛理工大学杨月英、高丽燕任主编，张效伟、莫正波、王培、郑杰任副主编。

热忱欢迎使用本教材的老师和学生提出修正和补充意见。

编者

2023 年 7 月 11 日

第3版前言

《建筑制图与识图（含习题集)》作为高等职业和成人教育土建类教材第1版出版于2006年，连续重印5次，发行量已超过2万册。青岛理工大学“建筑制图与识图”课程是土建类专业重点课程，2011年被山东省评为特色课程，并拟报国家精品课程，作为这门课程的重要支撑教材，《建筑制图与识图（含习题集)》2011年被评为山东省第二届优秀教材一等奖，且名列第一位。《建筑制图与识图（含习题集)》在短短几年内多次重印，得到广大读者、同行专家和教育行政部门的认可并能荣获殊荣，编者们兴奋不已。然而，面对日新月异的中国建筑事业，我们不能陶醉在过去的成功之中。2013年我们在第1版的基础上，采用最新国家标准，删去计算机绘图这一章节，并对其余部分作了修订，出版第2版，而后多次重印。我们深知教材的生命在于与时俱进，所以又拿起了修改之笔，再次除旧布新，打造经典。本套教材在第2版的基础上，作如下修订：

1. 增加道路桥梁图的章节

目前，国内道路桥梁建筑蓬勃发展，但有关道桥方面工程图绘制和阅读的内容比较缺乏，而且内容参差不齐，深浅不一，不够规范，因此顺应市场的需要，增添桥梁工程图内容。

2. 加强绘图和识图的练习

这次修订，突出高职教育和成人教育的培养目标和教学特点，加强了绘图和识图练习的题量和题型。题型丰富，分别有基本题、基础题、提高题和综合题，可满足不同水平的读者使用。

《建筑制图与识图（含习题集)》主要作为高职教育和成人教育土建类专业建筑制图与识图课程的教材，参考学时40~100，也可作为各类培训学校相关专业的教学用书，亦可供有关工程技术人员参考。

本书由青岛理工大学杨月英、施国盘任主编，开封大学何东林，青岛理工大学张效伟、滕绍光任副主编。

参加编写工作的还有开封大学魏锟，青岛理工大学万小梅、林静、莫正波、马晓丽等。

热忱欢迎使用本教材的老师和学生提出修正和补充意见。

编者

2017年5月

第2版前言

《建筑制图与识图（含习题集)》作为高等职业和成人教育土建类教材第1版出版于2006年，连续重印5次，发行量已超过2万册，青岛理工大学将“建筑制图与识图”课程作为土建类重点课程，2011年被山东省评为特色课程，并拟报国家精品课程。作为这门课程的重要支撑教材，《建筑制图与识图（含习题集)》2011年被评为山东省第二届优秀教材一等奖，且名列第一位。《建筑制图与识图（含习题集)》在短短几年内多次重印，得到广大读者、同行专家和教育行政部门的认可并能荣获殊荣，编者们兴奋不已。面对着日新月异的中国建筑事业，我们不能陶醉在过去的成功之中，我们深知教材的生命在于与时俱进，因此又拿起了修改之笔，再次除旧布新，打造经典。本套教材在第1版的基础上，做如下的修订：

1. 采用最新国家标准

2010年我国对原六项标准进行了修订。这六项标准分别是：《房屋建筑制图统一标准》（GB/T 50001—2010)、《总图制图标准》（GB/T 50103—2010)、《建筑制图标准》（GB/T 50104—2010)、《建筑结构制图标准》（GB/T 50105—2010)、《给水排水制图标准》（GB/T 50106—2010）和《暖通空调制图标准》（GB/T 50114—2010)。该教材工程图采用最新国家标准和建筑行业规范。

2. 删去计算机绘图这一章节

计算机绘图软件和操作得到了普遍的应用，这类教材也是种类繁多、内容丰富，单独的一章已经不能满足用户的使用需求，因此删掉这一章节很必要。

3. 增加道路桥梁图的章节

目前，国内道路桥梁建筑蓬勃发展，但有关道桥方面工程图绘制和阅读的内容比较缺乏，而且内容参差不齐，深浅不一，不够规范，因此顺应市场的需要，增添桥梁工程图内容。

4. 加强绘图和识图的练习

这次修订，突出高职教育和成人教育的培养目标和教学特点，加强了绘图和识图练习的题量和题型。题型丰富，分别有基本题、基础题、提高题和综合题，可满足不同水平的读者使用。

《建筑制图与识图（含习题集)》主要作为高职教育和成人教育土建类专业建筑制图与识图课程的教材，参考学时40~100，也可作为各类培训学校相关专业的教学用书，亦可供有关工程技术人员参考。

本书由青岛理工大学杨月英、施国盘任主编，青岛理工大学张效伟、滕绍光、马鸿洋、冯学军任副主编。

参加编写工作的还有万小梅、林静、莫正波、马晓丽、张召香、邵景玲、宋代敏、王振玉等。

热忱欢迎使用本教材的老师和学生提出修正和补充意见。

编者

2013年6月

前 言

本书是为高等职业教育、成人教育土木建筑工程类专业开设“建筑制图”课程编写的，是在总结多所院校“建筑工程制图”教学经验的基础上，根据高等职业教育、成人教育土建类专业的要求和教学的特点编写而成的。

高等职业教育、成人教育以培养技术应用型专门人才，使之适应社会需要为目标，注重实践能力和职业技能训练。针对这一特点，本书在编写过程中突出了以下几点。

1. 基础理论不强调完整、系统，而以应用为目的，以必需和够用为度的教学原则，删减在实际工程中应用甚少的内容，将投影基本理论融合在建筑形体的表达之中。

2. 紧密联系工程实际，选择富有时代感的住宅楼作为典型图例，介绍建筑施工图、结构施工图和设备施工图等内容，使学生对房屋建筑有一个完整的认识，使教学更加贴近工程应用和生产实际。

3. 文字叙述简洁明了，多以图及表的形式说明绘图步骤及方法，使读者一目了然。

4. 本教材单列一章“计算机绘图”，以中文版 AutoCAD 2007（最新版本）为基础，介绍有关计算机绘图的相关知识和操作。各校可根据实际情况集中训练或分散执行。要求学生学会使用一种绘图软件绘制简单的建筑图样。

5. 本书增加了钢筋混凝土结构施工图平面整体表示方法的制图规则，以顺应社会的要求。

6. 全书采用了2002年发布的《房屋建筑制图统一标准》以及《建筑制图标准》《建筑结构标准》《总图制图标准》《给水排水制图标准》等国家标准。

本书主要作为高等职业教育、成人教育土建类专业建筑制图与识图课程的教材，参考学时40~100，也可作为各类培训学校相关专业的教学用书，亦可供有关工程技术人员参考。

本书由青岛理工大学杨月英、施国盘任主编，青岛理工大学张效伟、马鸿洋、滕绍光任副主编。

参加编写工作的还有林静、於辉、万小梅、莫正波、刘平、高丽燕、马晓丽、朱小平。

热忱欢迎使用本教材的老师和学生提出修正和补充意见。

编者

2007年1月

二维码清单

续表

名称	二维码	页码	名称	二维码	页码
3. 2 基本曲面体的投影		47	4. 2 组合体的画法		71
3. 3. 1 基本平面体的截切		52	4. 3 组合体的读法		73
3. 3. 2 基本曲面体的截切 – 圆柱		55	5. 1 正等轴测图		78
3. 3. 3 基本曲面体的截切 – 圆锥		57	5. 2 斜轴测投影		84
3. 3. 4 曲面体的截切 – 球		58	6. 1 投影法和投影配置		88
3. 4. 1 平面体与平面体相贯		60	6. 2 剖面图及画法		90
3. 4. 2 平面体与曲面体相贯		62	6. 3 剖面图的种类		92
3. 4. 3 曲面体与曲面体相贯		63	6. 4 断面图		96
4. 1 组合体		68	7. 1 建筑施工图概述		100

续表

名称	二维码	页码	名称	二维码	页码
7.2 建筑总平面图		105	9.1 室内给水施工图		170
7.3 建筑平面图		107	9.2 室内排水施工图		174
7.4 建筑立面图		112	9.3 采暖施工图		179
7.5 建筑剖面图		120	习题答案第 3 章		——
7.6 建筑详图		129	习题答案第 4 章		——
8.1 结构施工图概述		142	习题答案第 5 章		——
8.2 结构施工图		148	习题答案第 6 章		——
8.3 平面整体表达法		165			

目　　录

0 绪 论

教学目标和要求

了解建筑工程图在建筑工程中的作用；

了解本课程的教学任务和目标；

掌握本课程的学习方法。

教学重点和难点

掌握本课程的学习方法。

图样是按照国家或相关部门有关标准的统一规定而绘制的，是“工程界的技术语言”。它是工程技术人员用来表达设计构思，进行技术交流的重要工具。各国的建筑工程技术界之间经常以建筑工程图为媒介，进行研讨、交流、竞赛、招标等活动。因此，图样是工程施工或建造的依据，是工程上必不可少的重要技术文件。

由于图样在工程技术上的重要作用，所以工程技术人员必须具备绘制和阅读工程图样的基本能力。

0.1 本课程的学习任务

“建筑制图与识图”是一门既有理论又有实践的建筑工程类专业必修的技术基础课。它研究绘制和阅读建筑工程图样。通过本课程的学习，学生应掌握正投影理论，掌握建筑工程制图的内容与特点，初步掌握绘制和阅读建筑工程图的方法；能正确、熟练地绘制和阅读中等复杂程度的建筑施工图、结构（如钢筋混凝土结构、砖混结构、钢结构等）施工图、给水排水施工图等。因此本课程的任务主要在于：培养绘制和阅读建筑工程图样的基本能力。

具体地说，就是要在下列几个方面进行训练：

1. 熟悉有关的制图标准及各种规定画法和简化画法的内容及其应用。

2. 正确使用绘图仪器和工具，掌握用仪器绘图和徒手绘制草图的技巧和技能。

3. 培养绘制和阅读建筑工程图样的基本能力；掌握有关专业工程图样的主要内容及其特点，所绘图样符合国家标准。

4. 培养利用计算机生成和输出工程图样的基本能力。计算机绘图是适应现代化建设的新技术，它在工业及工程设计中得到了广泛的应用，掌握计算机图形技术已成为工程技术人员必须具备的一项基本技能。

5. 培养认真负责的工作态度和一丝不苟的工作作风。

0.2 本课程的学习方法

本课程由于具有相当强的实践性，只有通过认真完成一定数量的绘图作业和习题，正确运用各种投影规律，才能不断地提高空间想像能力和空间思维能力，主要体现在以下几方面：

1. 图样是重要的技术文件，是施工和建造的依据，不能有丝毫的差错。图中多画或少画一条线，写错或遗漏一个尺寸数字，都会给生产带来严重的损失。因此，在学习过程中，必须具备高度的责任心，养成实事求是的科学态度和严肃认真、耐心细致、一丝不苟的工作作风。

2. 绘图和读图能力的培养，主要通过一系列的绘图实践，包括手工绘图和计算机绘图。因此，应认真对待并及时完成每一次的练习或作业，逐步掌握绘图和读图的方法和步骤，熟悉有关的制图标准规格。

3. 要养成正确使用绘图仪器和工具的习惯，严格遵守国家标准和规定，遵循正确的作图步骤和方法，不断提高绘图效率。

4. 投影制图部分，包括组合体三面投影图和建筑形体的表达方法两章的内容，是土木工程制图部分的重点，也是学好有关专业图的重要基础，因此必须达到熟练掌握的程度。特别要注意掌握形体分析法，学会把复杂形体分解为简单形体组合的思维方法，从而提高绘图和读图能力。

1 建筑制图的基本知识

教学目标和要求

熟悉国家标准对有关土建工程制图的规定；
掌握几何作图的正确画法；
了解各种制图工具、仪器的性能，熟练掌握正确的使用方法；
掌握绘图的步骤。

教学重点和难点

掌握几何作图的正确画法。

为了使房屋建筑制图规格基本统一，符合设计、施工、存档的要求，我国对原六项标准进行了修订并于2010年8月18日起颁布，2011年3月1日实施。这六项标准分别是：《房屋建筑制图统一标准》（GB/T 50001—2010）、《总图制图标准》（GB/T 50103—2010）、《建筑制图标准》（GB/T 50104—2010）、《建筑结构制图标准》（GB/T 50105—2010）、《给水排水制图标准》（GB/T 50106—2010）和《暖通空调制图标准》（GB/T 50114—2010）。所有建筑图必须符合国家统一的建筑制图标准。本章将介绍建筑制图国家标准的一些基本规定、制图工具的使用、常用的几何作图方法以及建筑制图的一般步骤等。

1.1 制图标准的基本规定

制图标准对施工图常用的图纸幅面、图线、字体、比例和图名、尺寸标注等内容作了具体的规定，下面将逐一介绍这些规定的要点。

1.1.1 图纸幅面和格式

1. 图纸幅面

图纸幅面是指图纸本身的大小规格，图框是图纸上划定绘图范围的边线。图纸幅面及图框尺寸，应符合表1-1的规定。

表1-1 图幅尺寸表 单位：mm

图幅代号 / 尺寸代号	A0	A1	A2	A3	A4
$B \times L$	841×1189	594×841	420×594	297×420	210×297
c	10			5	
a	25				

图纸的短边一般不应加长，长边可加长，但应符合表1-2的规定。

表 1-2　图纸长边加长尺寸 单位：mm

幅面代号	长边尺寸	长边加长后尺寸
A0	1189	1486、1635、1783、1932、2080、2230、2378
A1	841	1051、1261、1471、1682、1892、2102
A2	594	743、891、1041、1189、1338、1486、1635、1783、1932、2080
A3	420	630、841、1051、1261、1471、1682、1892

2. 格式

图纸以短边作垂直边称为横式，以短边作水平边称为立式，一般 A0 ~ A3 图纸宜采用横式，必要时也可采用竖式，但 A4 幅面常用立式，见图 1-1。横放图纸标题栏在右边，竖放图纸标题栏在下边。需要微缩复制的图纸，其一个边上应附有一段精确米制尺度，四个边上均应附有对中标志，对中标志应画在图纸各边长的中点处。

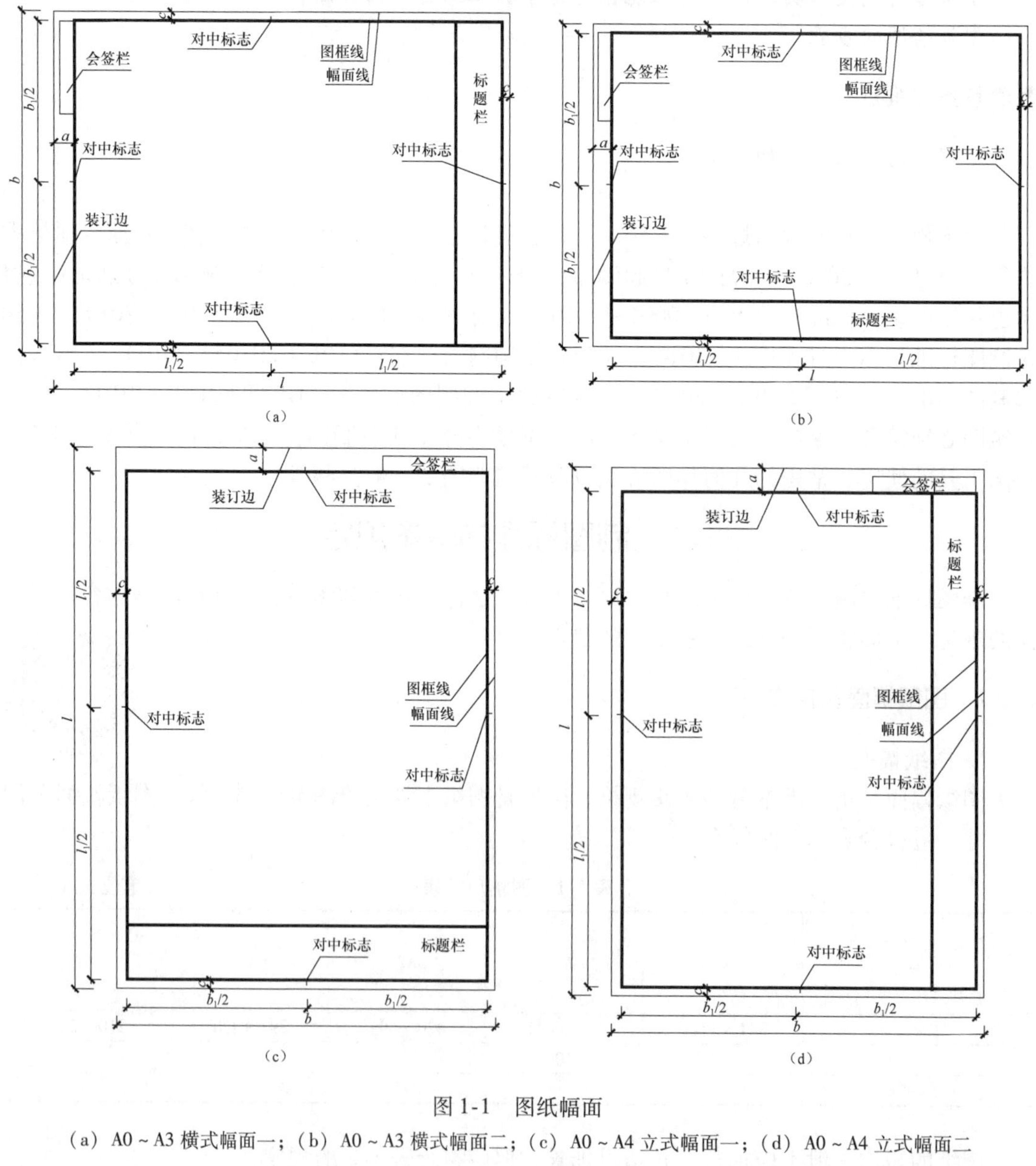

图 1-1　图纸幅面

（a）A0 ~ A3 横式幅面一；（b）A0 ~ A3 横式幅面二；（c）A0 ~ A4 立式幅面一；（d）A0 ~ A4 立式幅面二

3. 标题栏

标题栏如图 1-2 所示，根据工程的需要选择确定其格式、尺寸和分区。图纸右下角一栏，称为图纸标题栏，图纸标题栏用于填写工程名称、图名、图号以及设计单位、设计人、制图人、审批人的签名和日期等，简称图标。标题栏的方向应与看图的方向一致。在学习阶段，标题栏可采取简化的格式，如图 1－3 所示，不设会签栏。

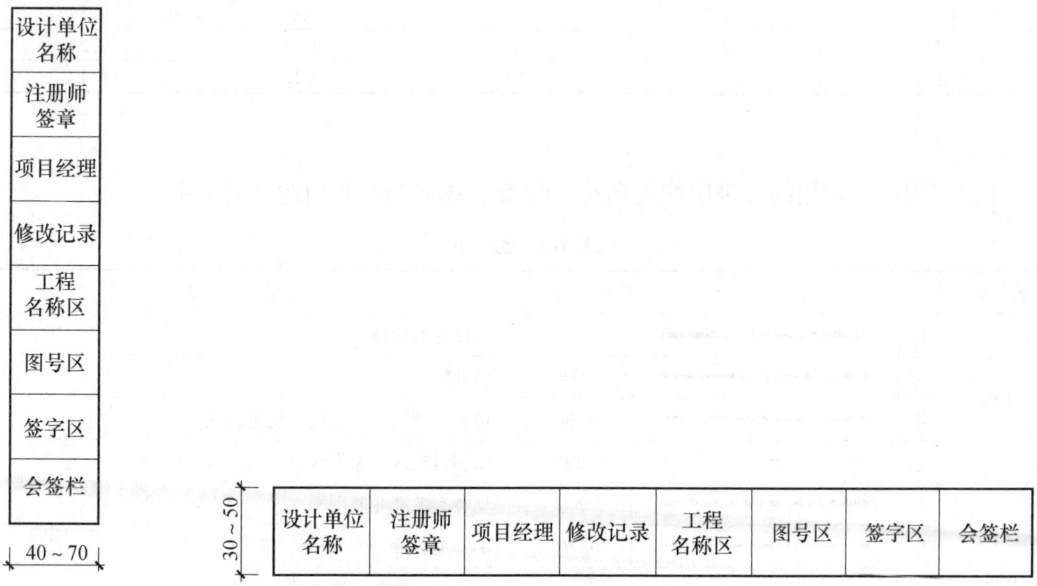

（a）　　（b）

图 1-2　标题栏

（a）标题栏一；（b）标题栏二

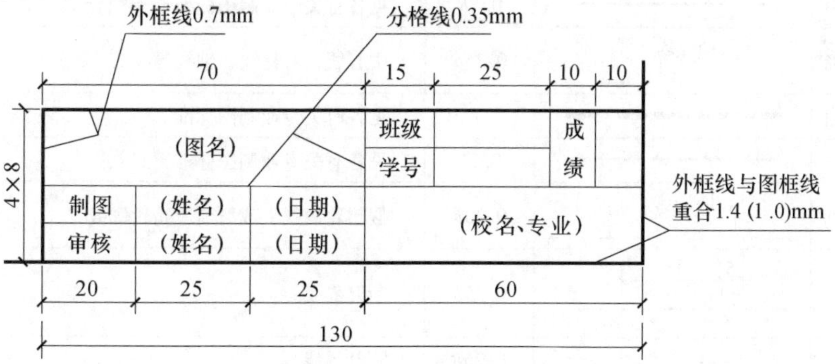

图 1-3　学习阶段的标题栏

（a）标题栏一；（b）标题栏二

1.1.2　图线

在图纸上绘制的线条称为图线，图线对工程图很重要，不同的图线表示不同的含义。工程图中的内容，必须采用不同的线型和线宽来表示。

1. 线宽

每个图样，应根据复杂程度与比例大小，先选定基本线宽 b，再选用表 1-3 中相应的线宽组。应当注意：需要微缩的图纸，不宜采用 0. 18mm 及更细的线宽；在同一张图纸内，各不同线宽中的细线，可统一采用较细的线宽组的细线；同一张图纸内相同比例的各图样，应选用相同的线宽组。

表 1-3　线宽组

线 宽 比	线 宽 组（mm）			
b	1.4	1.0	0.7	0.5
$0.7b$	1.0	0.7	0.5	0.35
$0.5b$	0.7	0.5	0.35	0.25
$0.25b$	0.35	0.25	0.18	0.13

2. 线型

建筑工程中，常用的几种图线的名称、线型、线宽和一般用途见表 1-4。

表 1-4　线　型

名 称	线 型		线 宽	一 般 用 途
实线	粗		b	主要可见轮廓
	中		$0.7b$	可见轮廓
	中		$0.5b$	可见轮廓线、尺寸线、变更云线
	细		$0.25b$	图例填充线、家具线
虚线	粗		b	见各有关专业制图标准
	中		$0.7b$	不可见轮廓
	中		$0.5b$	不可见轮廓线、图例线
	细	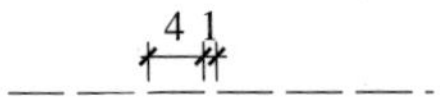	$0.25b$	图例填充线、家具线
单点长画线	粗		b	见各有关专业制图标准
	中		$0.5b$	见各有关专业制图标准
	细	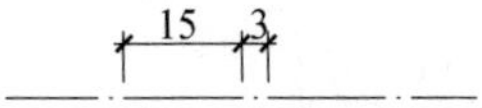	$0.25b$	中心线、对称线、轴线等
双点长画线	粗		b	见各有关专业制图标准
	中		$0.5b$	见各有关专业制图标准
	细	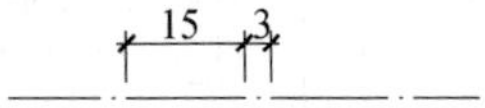	$0.25b$	假想轮廓线、成型前原始轮廓线
折断线		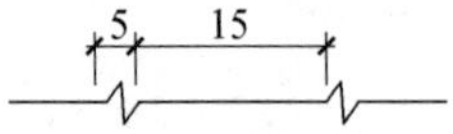	$0.25b$	断开界线
波浪线			$0.25b$	断开界线

常见图线在工程中的实际应用如图 1-4 所示，包括有粗线、细线、中粗线、细点画线和折断线等。

3. 图线的画法

画图线时，还应注意以下几点：

（1）图线不得与文字、数字或符号重叠、混淆，不可避免时，应首先保证文字等的清晰。

（2）单点长画线或双点长画线的线段长度应保持一致，线段的间隔宜相等；虚线的线段和间隔也应保持长短一致，见表 1-5。

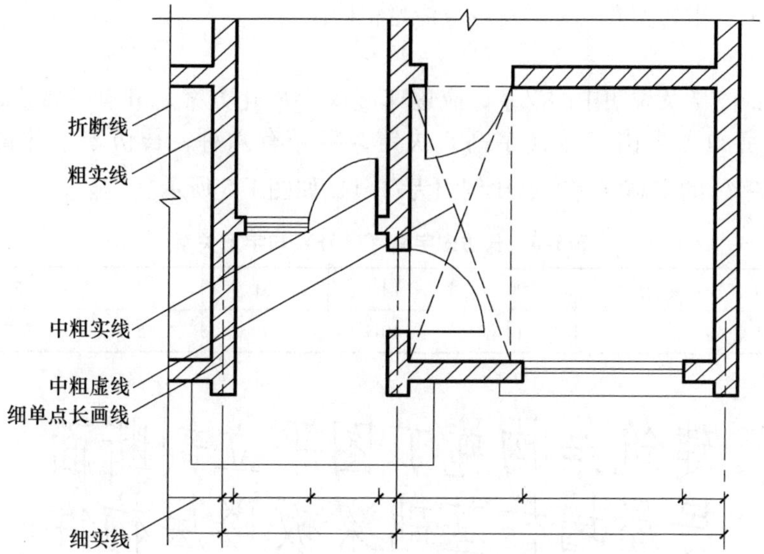

图 1-4　图线的应用

表 1-5　图线相交的画法

内　容	正　确	错　误
虚线和虚线相交	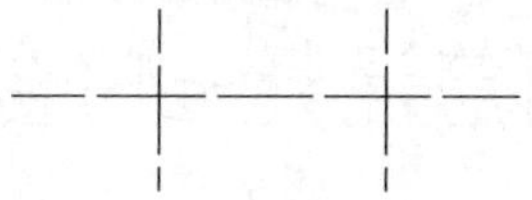	
两粗实线和两虚线相交	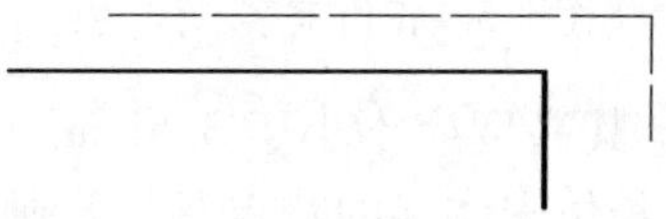	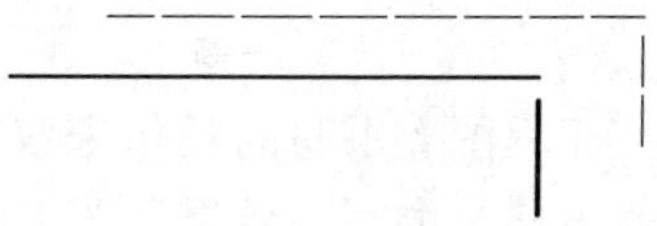
两单点长画线相交	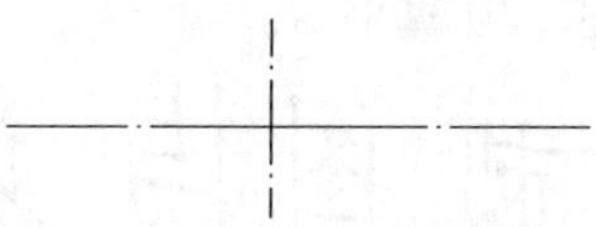	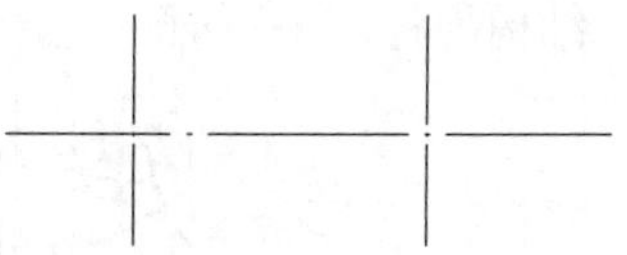
虚线在实线的延长线上	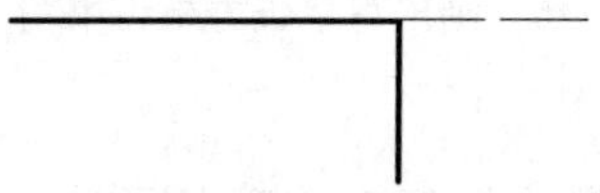	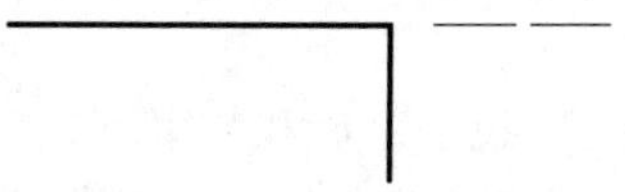

（3）单点长画线、双点长画线的两端是线段，而不是点，见表 1-5。

（4）虚线与虚线、点画线与点画线、虚线或点画线与其他图线交接时，应是线段交接；虚线与实线交接，当虚线在实线的延长线上时，不得与实线连接，应留有一间距，见表 1-5。

（5）在较小的图形中绘制单点长画线及双点长画线有困难时，可用细实线代替。

1.1.3　字体

图纸上的各种文字、数字、拉丁字母或其他符号等，均应用黑铅笔书写，且要达到笔画清晰、字体端正、排列整齐，标点符号应清楚正确。

1. 汉字

国标规定：图样及说明中的汉字，应遵守《汉字简化方案》和有关规定，书写成长仿宋体。长仿宋字的大小由字号（字高）决定，字号有六种，长仿宋字体高宽的关系见表1-6。长仿宋字体的字高与字宽的比例约为$\sqrt{2}:1$，如图1-5所示。

表1-6　长仿宋字高（字号）与字宽关系　　单位：mm

字高（字号）	20	14	10	7	5	3.5
字宽	14	10	7	5	3.5	2.5

建筑结构施工图平立剖断面
房屋墙柱基础梁板楼层构件

10号字

工业民用土木工程给水排水环境设
备图名制图审核班级学校比例说明
砂浆水泥钢筋混凝土门窗砖瓦地基

7号字

图1-5　长仿宋字示例

工程图上书写的长仿宋汉字，其高度应不小于3.5mm。在写字前，应先用细线轻轻画出长方格再书写，效果见图1-6。长仿宋体字的特点是：笔画横平竖直、起落有锋、填满方格、结构匀称。书写时一定严格要求，认真书写。

建 筑 制 图 与 识 图

图1-6　画出写字长方格再书写

2. 拉丁字母和数字

拉丁字母、阿拉伯数字或罗马数字同汉字并列书写时，它们的字高比汉字的字高宜小一号或两号，且不应小于2.5mm。

拉丁字母、阿拉伯数字或罗马数字都可以写成竖笔铅垂的直体字或竖笔与水平线成75°的斜体字，如图1-7所示。

1.1.4　比例和图名

1. 比例

比例是指图样中图形与实物相应要素的线性尺寸之比。绘制图样时，应根据图样的用途与所绘形体的复杂程度，从表1-7规定的系列中选用适当比例，优先采用常用比例。

ABCDEFGHIJKLM
NOPQRSTUVWXYZ
abcdefghijklm
nopqrstuvwxyz

拉丁字母大写、小写

1234567890

1234567890

数字直体、斜体

图 1-7　拉丁字母、数字示例

表 1-7　比　例

图　名	常用比例	必要时可用比例
总平面图	1∶100，1∶1000，1∶2000	1∶2500
平面图、立面图、剖面图	1∶50，1∶100，1∶150，1∶200	1∶300，1∶400
详图	1∶1，1∶2，1∶5，1∶10，1∶50	1∶3，1∶4，1∶6，1∶15，1∶25，1∶30，1∶40，1∶60

比例的符号为“∶”，比例应以阿拉伯数字表示，比例的大小，是指其比值的大小，比值为1，即1∶1，称为原值比例。比值大于1，如2∶1，称为放大比例。比值小于1，如1∶100，称为缩小比例。当一张图纸中的各图只用一种比例时，也可把该比例统一书写在图纸标题栏内。

2. 图名

按规定在图样下方应用长仿宋体字写上图样名称和绘图比例。比例宜注写在图名的右侧，字的基准线应取平；比例的字高宜比图名字高小一号或二号，图名下应画一条粗实线，长度应与图名文字所占长度相同，如图 1-8 所示。

建筑平面图 1∶100

图 1-8　图名和比例

1.1.5　尺寸标注

建筑工程图中除了画出建筑物及其各部分的形状外，还必须准确、详尽和清晰地标注各部分实际尺寸，以确定其大小，作为施工的依据。

1. 尺寸标注的要求

图样上的尺寸，包括尺寸界线、尺寸线、尺寸起止符号和尺寸数字，如图 1-9 所示。

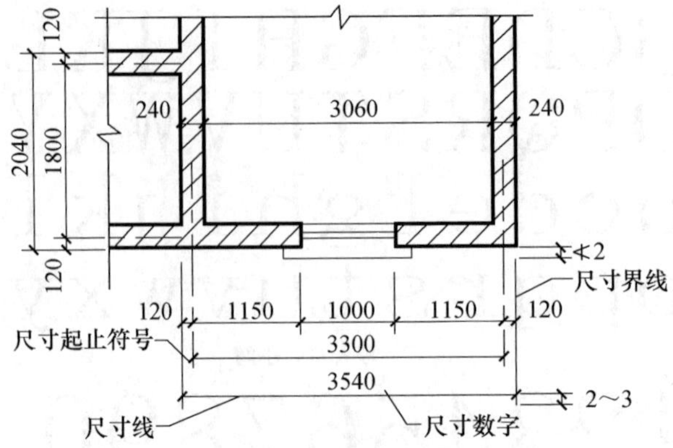

图 1-9　尺寸的组成

（1）尺寸界线应用细实线绘制，一般应与被注长度垂直，其一端应离开图样轮廓线不小于 2mm，另一端宜超出尺寸线 2 ~ 3mm，必要时，图样轮廓线可用作尺寸界线。

（2）尺寸线应用细实线绘制，应与被注长度平行，应注意：图样本身的任何图线均不得用作尺寸线。

（3）尺寸起止符号一般用中粗斜短线绘制，其倾斜方向应与尺寸界线成顺时针 45°角，长度宜为 2 ~ 3mm。

（4）尺寸数字应写在尺寸线的中部，水平方向尺寸应从左到右写在尺寸线上方，垂直方向尺寸应从下到上写在尺寸线左方。字头逆时针转 90°。

（5）图样上的尺寸，以尺寸数字为准，不得从图上直接量取。图样上的尺寸单位，除标高及总平面图以 m 为单位外，其他必须以 mm 为单位，图上尺寸数字不再注写单位。

（6）相互平行的尺寸线，较小尺寸在里，较大尺寸在外，两平行排列的尺寸线之间的距离宜为 7 ~ 10mm，并应保持一致。

2. 尺寸标注示例

常见的尺寸标注形式见表 1-8。

表 1-8　尺寸标注示例

内　容	图　例	说　明
起止符号	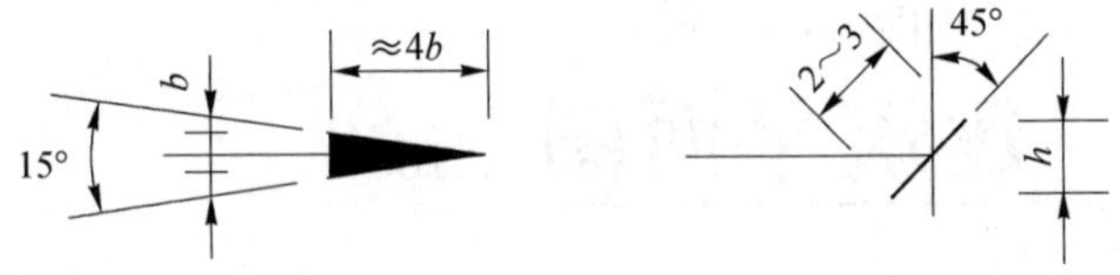（a）箭头　（b）斜短线	尺寸标注端点的两种形式
标注直径	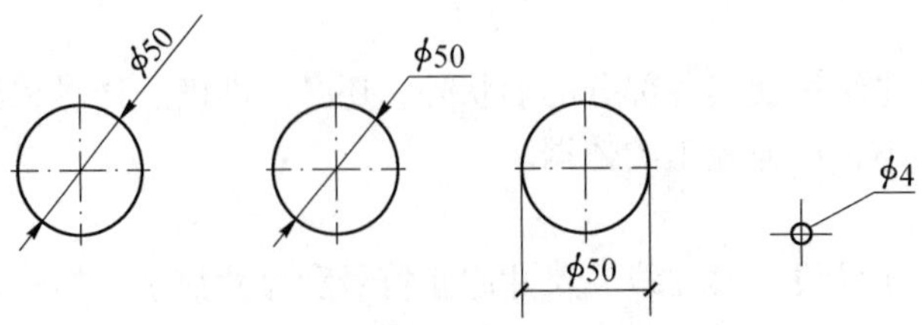	圆和大于半圆的弧，一般标注直径，尺寸线通过圆心，用箭头作尺寸的起止符号，指向圆弧，并在直径数字前加注直径符号“ϕ”

续表

内　容	图　例	说　明
标注半径	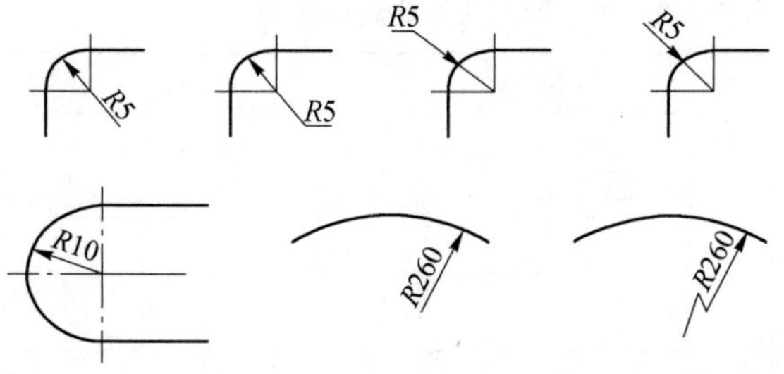	半圆和小于半圆的弧，一般标注半径，尺寸线的一端从圆心开始，另一端用箭头指向圆弧，在半径数字前加注半径符号“*R*”
标注圆球	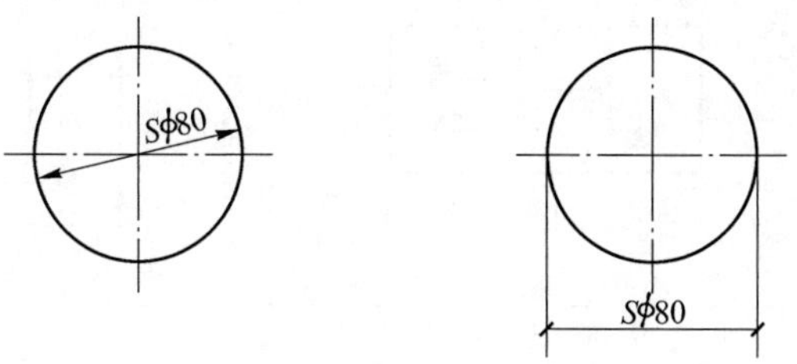	球的尺寸标注与圆的尺寸标注基本相同，只是在半径或直径符号（*R* 或 *ϕ*）前加注“*S*”
标注角度	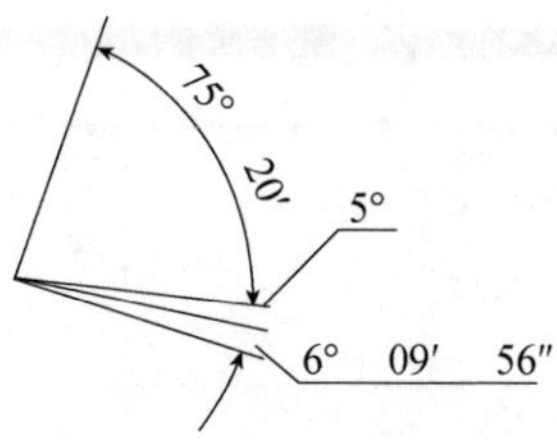	角度的尺寸线，应以圆弧表示。该圆弧的圆心应是该角的顶点，角的两个边为尺寸界线，角度的起止符号应以箭头表示，如没有足够位置画箭头，可用小黑点代替。角度数字应与尺寸线平行
标注弦长	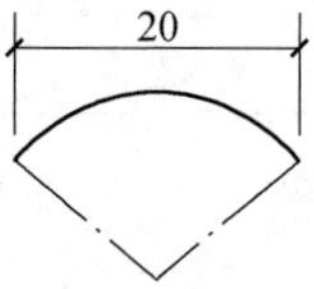	弦长的尺寸线应以平行于该弦的直线表示，尺寸界线应垂直于该弦，起止符号应以中粗斜短线表示
标注弧长	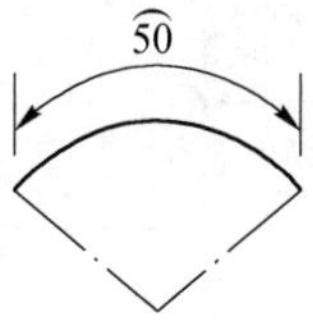	弧长的尺寸线为与该圆弧同心的圆弧，尺寸界线应垂直于该圆弧的弦，起止符号应以箭头表示，弧长数字的上方应加注圆弧符号“⌒”
标注坡度	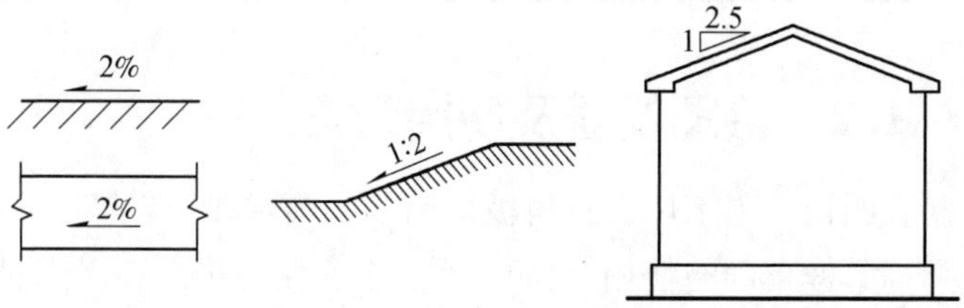	标注坡度时，在坡度数字下，应加注坡度符号，坡度符号的箭头（单面）一般应指向下坡方向。坡度也可用直角三角形形式标注

3. 尺寸标注的注意事项

标注尺寸时还应注意一些其他的事项，如表 1-9 所示。

表 1-9　尺寸标注的其他注意事项

说　明	正　确	错　误
不能用尺寸界线作为尺寸线	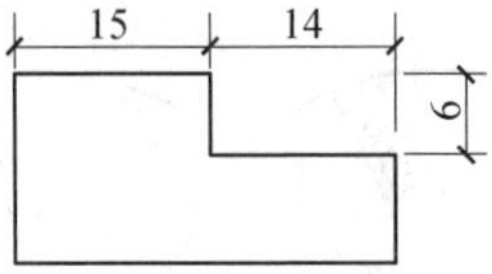	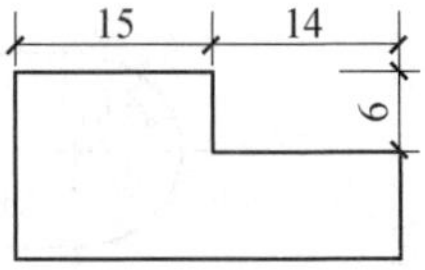
轮廓线、中心线等可用作尺寸界线，但不能用作尺寸线	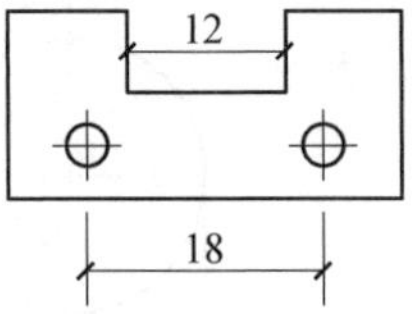	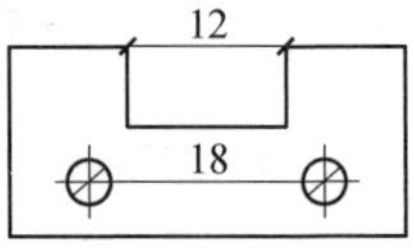
尺寸线倾斜时数字的方向应便于阅读，尽量避免在斜线范围内注写尺寸	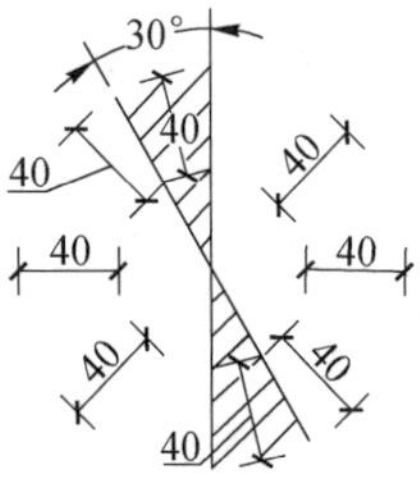	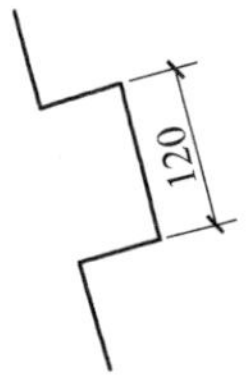
两尺寸界线之间比较窄时，尺寸数字可标注在尺寸界线外侧，或上下错开，或用引出线引出再标注	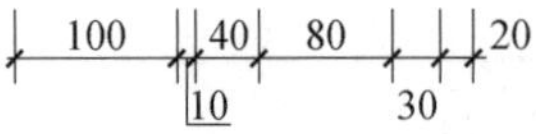	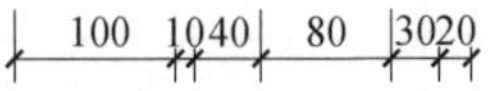
同一张图纸内尺寸数字应大小一致，任何图线与数字重叠时，应断开图线	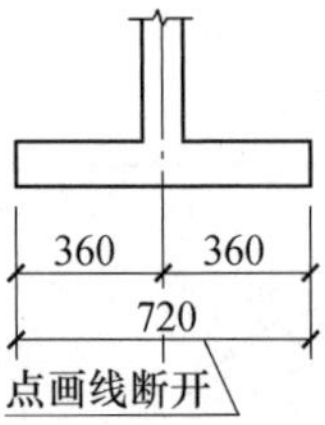	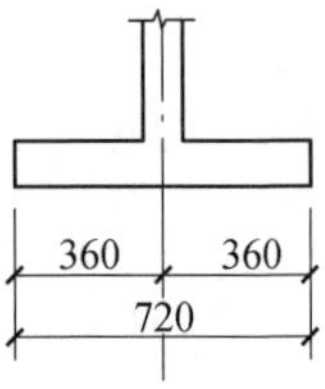
尺寸数字不得贴靠在尺寸线或其他图线上，一般应离开约 0.5 ~ 1mm		

1.2　绘图仪器及使用方法

制图所用的工具和仪器有图板、丁字尺、三角板、铅笔、圆规和分规等。充分了解各种制图工具、仪器的性能，熟练掌握正确的使用方法，经常注意保养维护，是保证制图质量，加快制图速度，提高制图效率的必要条件之一。

1.2.1 图板

图板是用作画图时的垫板，要求板面平坦、光洁。左边是导边，必须保持平整（图 1-10）。图板的大小有各种不同规格，可根据需要选定。0 号图板适用于画 A0 号图纸，1 号图板适用于画 A1 号图纸，四周还略有宽余。图板放在桌面上，板身宜与水平桌面成 10°～15°倾斜。

图板不可用水刷洗或在日光下暴晒。

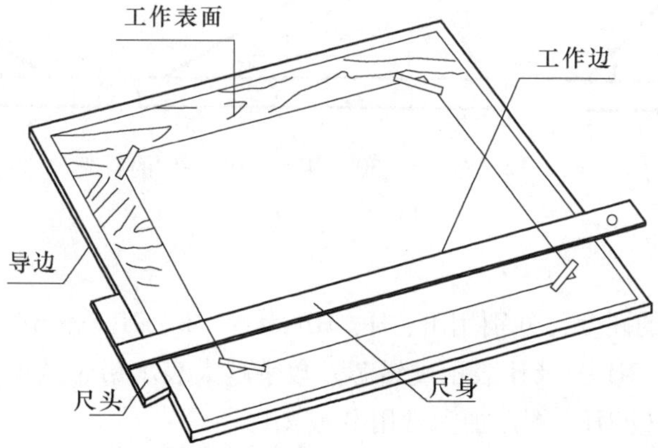

图 1-10 图板与丁字尺配合的使用

1.2.2 丁字尺

丁字尺由尺头和尺身组成，与图板配合画水平线，尺身的工作边（有刻度的一边）必须保持平直光滑。在画图时，尺头只能紧靠在图板的左边（不能靠在右边、上边或下边）上下移动，画出一系列的水平线，或结合三角板画出一系列的垂直线，见图 1-11。

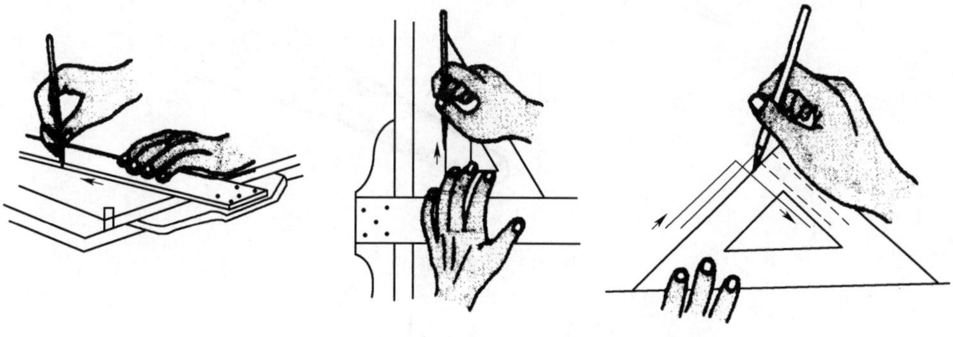

图 1-11 图板、丁字尺与三角板配合的使用

丁字尺在使用时，切勿用小刀靠近工作边裁纸，用完之后要挂起，防止丁字尺变形。

1.2.3 三角板

一副三角板有 30°×60°×90°和 45°×45°×90°两块。三角板的长度有多种规格，如 25cm、30cm 等，绘图时应根据图样的大小，选用相应长度的三角板。三角板除了结合丁字尺画出一系列的垂直线外，还可以配合画出 15°、30°、45°、60°、75°等角度的斜线，如图 1-12 所示。

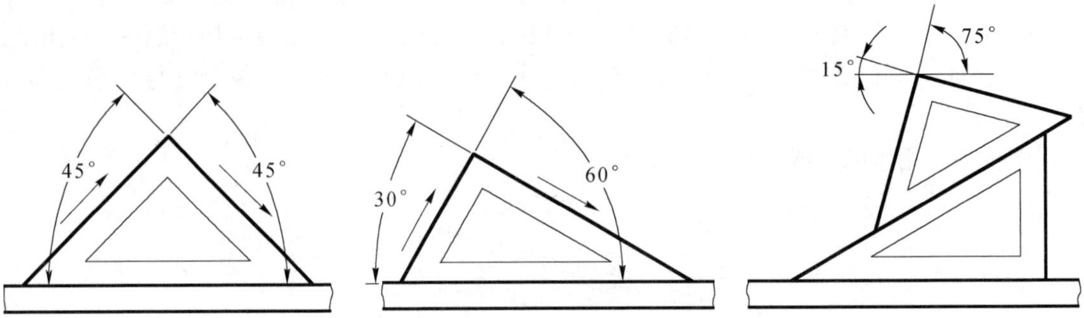

图 1-12　画 15°、30°、45°、60°、75°的斜线

1.2.4　铅笔

铅芯通常有不同的硬度，分别用 B、H、HB 表示。B、2B……6B 表示软铅芯，数字越大表示铅芯越软；H、2H……6H 表示硬铅芯，数字越大表示铅芯越硬；HB 表示不软不硬。画底稿时，一般用 H 或 2H，图形加深常用 B 或 2B。

削铅笔时应将 H 或 2H 铅笔尖削成锥形，将 B 或 2B 削成扁形，如图 1-13 所示。铅芯露出长度约为 10mm，注意不要削有标号的一端。

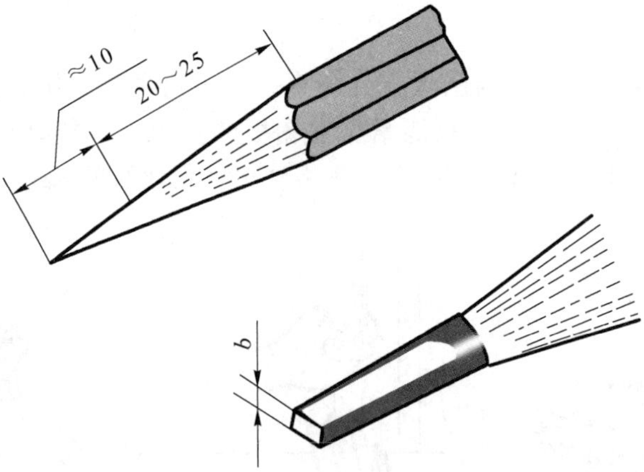

图 1-13　铅笔使用

1.2.5　圆规和分规

圆规主要用来画圆或圆弧。定圆心的针脚上的钢针，应选用台肩的一端（圆规针脚一端有台肩，另一端没有）放在圆心，并可按需要适当调节长度；另一条腿的端部可按需要装上有铅芯的插腿，可绘制铅笔线圆（弧）；装上钢针的插腿，可作为分规使用。

当使用铅芯绘图时，应将铅芯磨成斜面状，斜面向外，并且应将定圆心的钢针台肩调整到与铅芯的端部平齐。圆规的用法如图 1-14 所示。

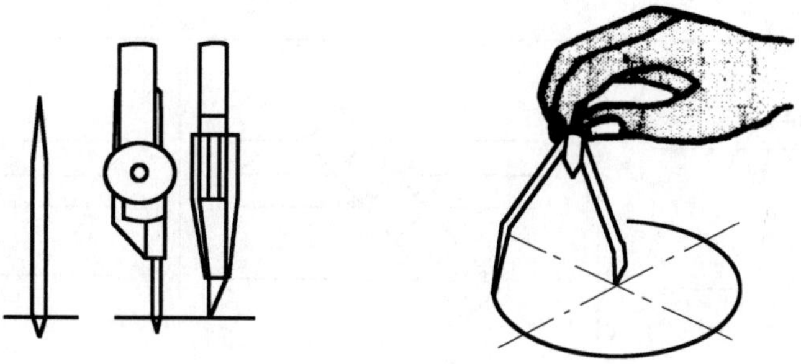

图 1-14　圆规的用法

分规的形状与圆规相似，只是两腿都装有钢针，用来量取线段的长度，或用来等分直线段或圆弧。分规的用法如图 1-15 所示。

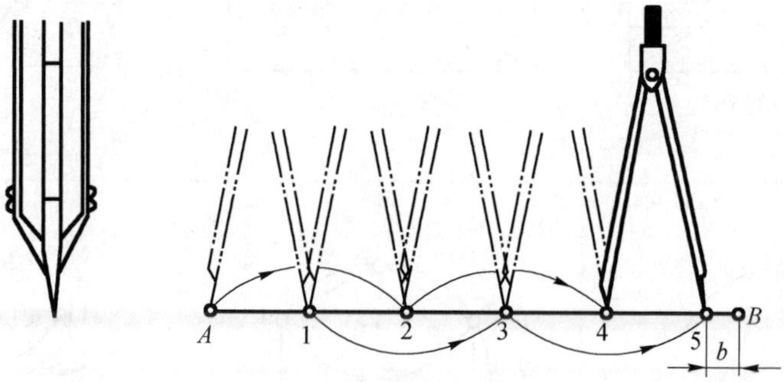

图 1-15　分规的用法

1.2.6　其他

绘图时常用的其他用品，如图纸、小刀、橡皮、擦线板、胶带纸、细砂纸、排笔、专业模板、数字模板、字母模板等。

1.3　几何作图

任何建筑物或构筑物的轮廓或细部形态，一般都是由直线、圆弧和非圆曲线组成的几何图形。因此，在绘制图样时，经常要运用一些基本的几何作图方法。

1.3.1　等分线段和圆周画法

等分线段、图幅和圆周的画图方法见表 1-10。

表 1-10　等分线段、图幅和圆周画法

等分任意线段		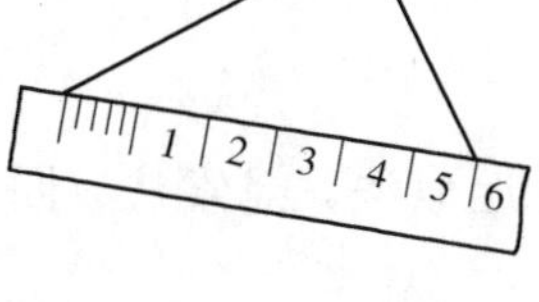	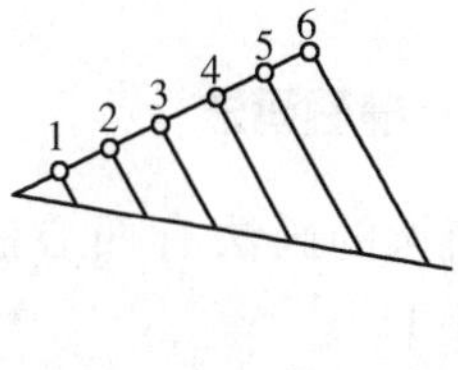

等分两平行线间距离	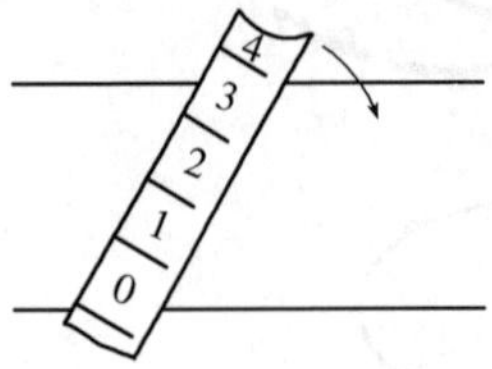	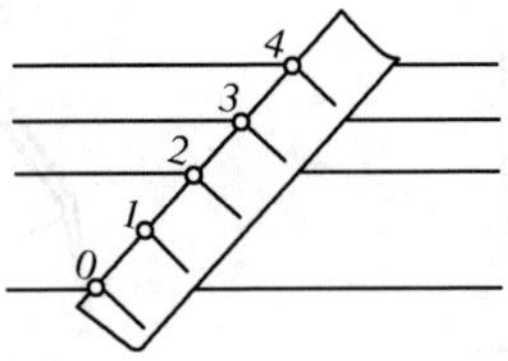	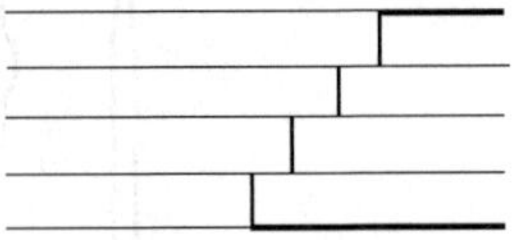
等分图纸幅面	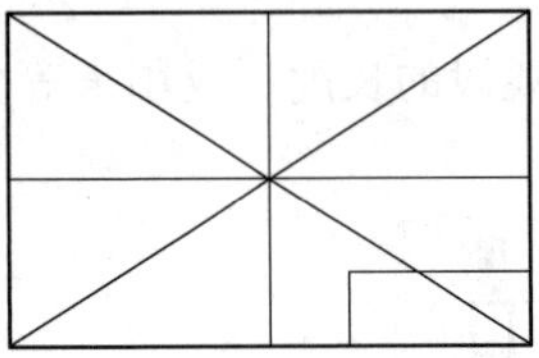 二、四等分	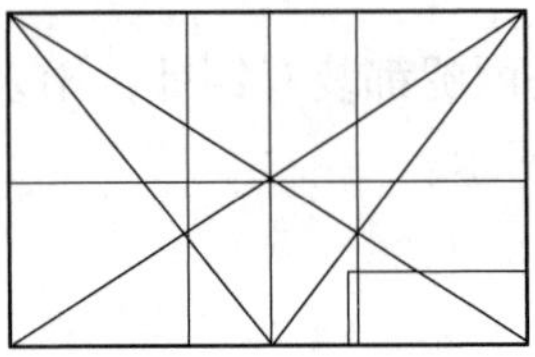 三、六等分	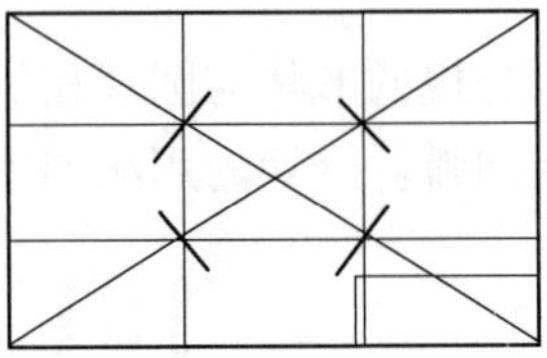 九等分
等分圆周作正多边形	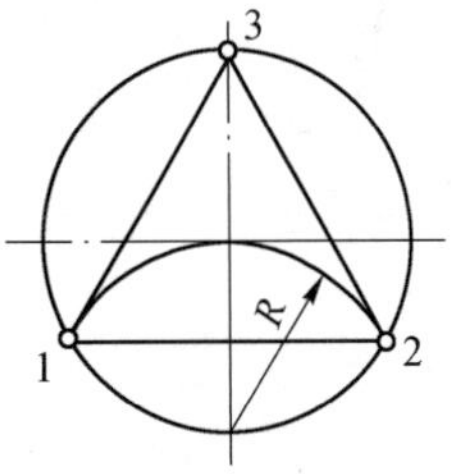 三等分	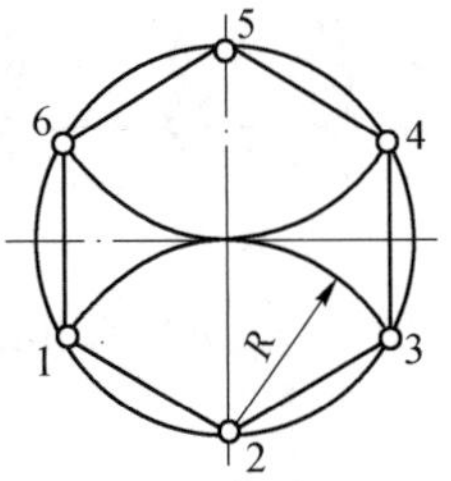 六等分	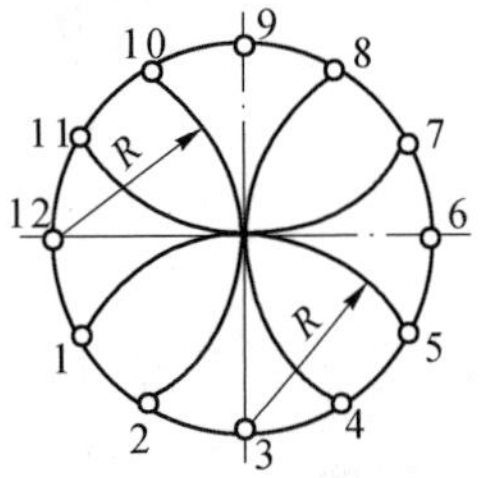 十二等分
	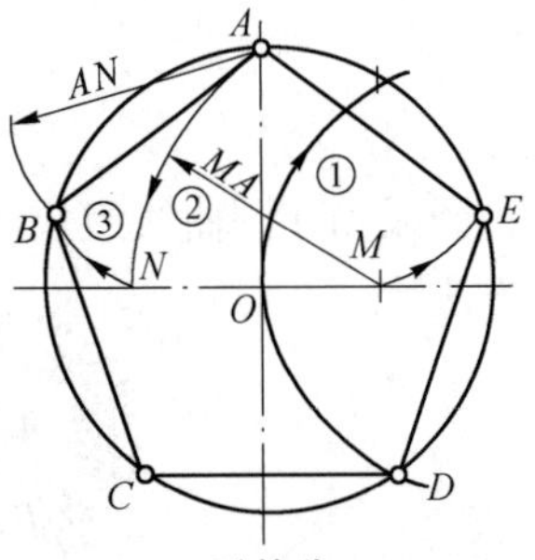 五等分 ①②③为作图步骤	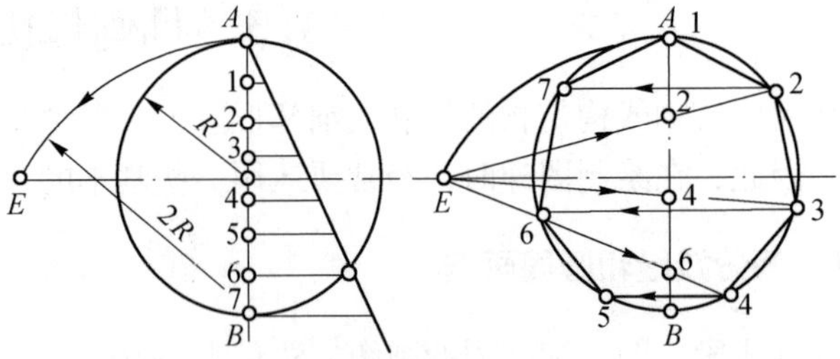 任意等分（七等分）	

1.3.2 椭圆画法

椭圆的画法有四心法、四心近似法、绳索法、同心圆法、卵圆作法等，作图过程见表 1-11。

表 1-11　椭圆画法

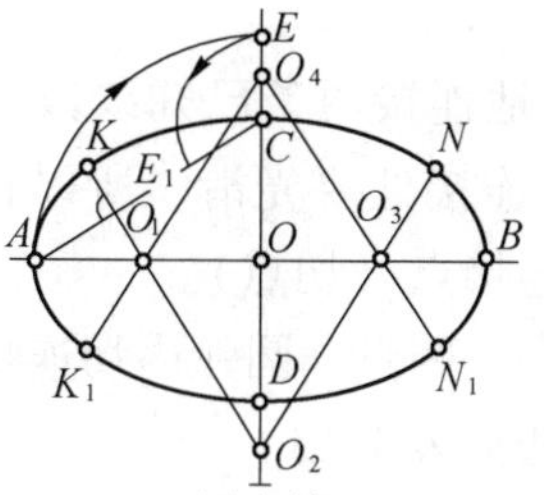

四心法

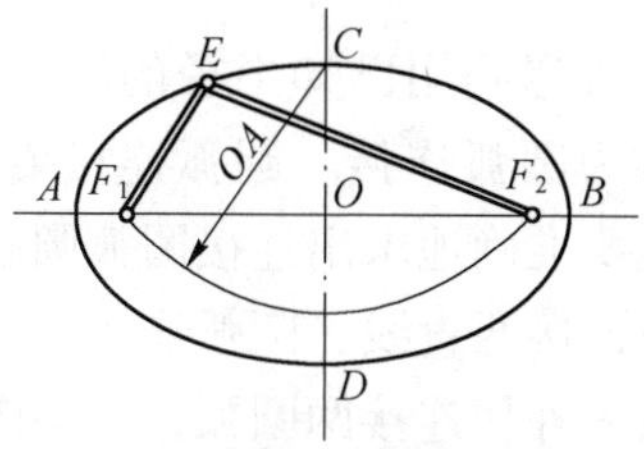

绳索法（园艺作法）

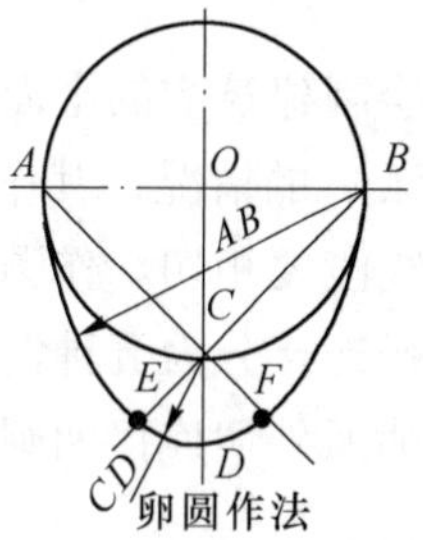

卵圆作法

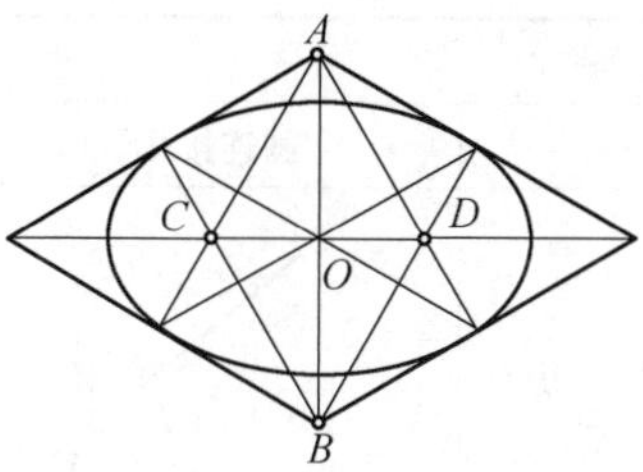

四心近似法

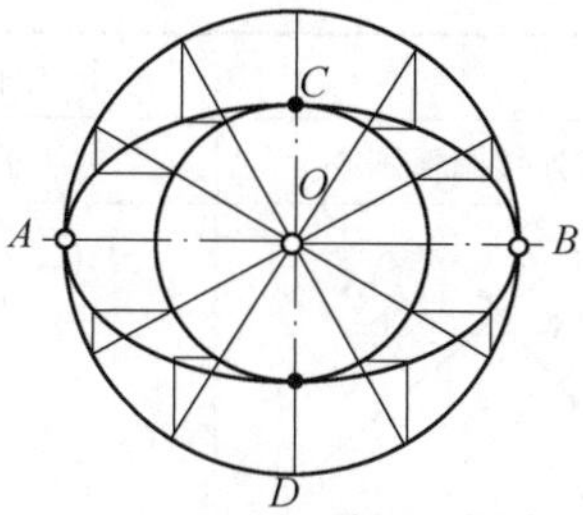

同心圆法

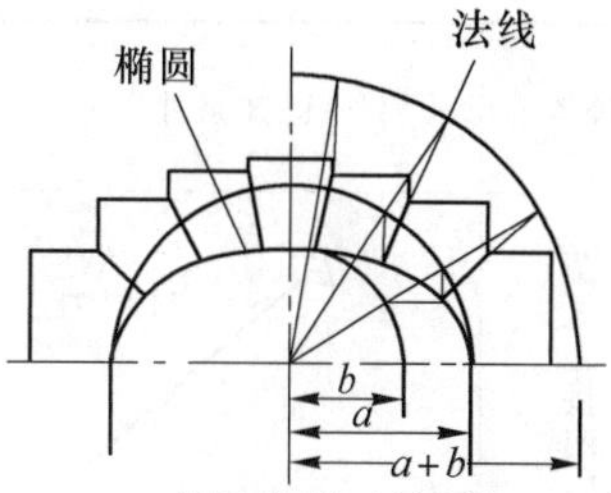

应用实例（法圆）

1.3.3　曲线画法

建筑形体常有曲线造型，如抛物线和螺旋线画法见表 1-12。

表 1-12　抛物线和螺旋线画法

抛物线

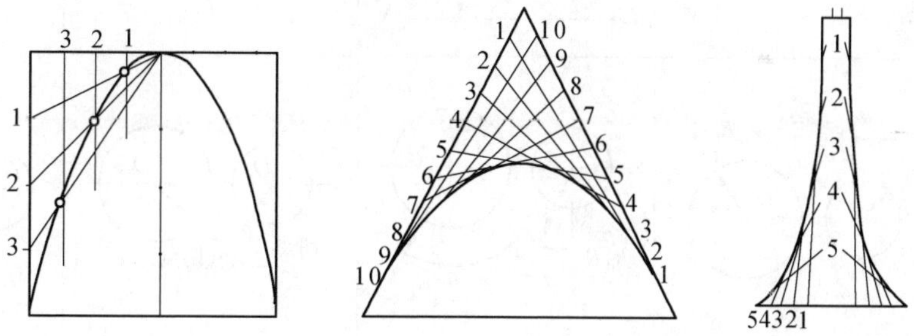

螺旋线

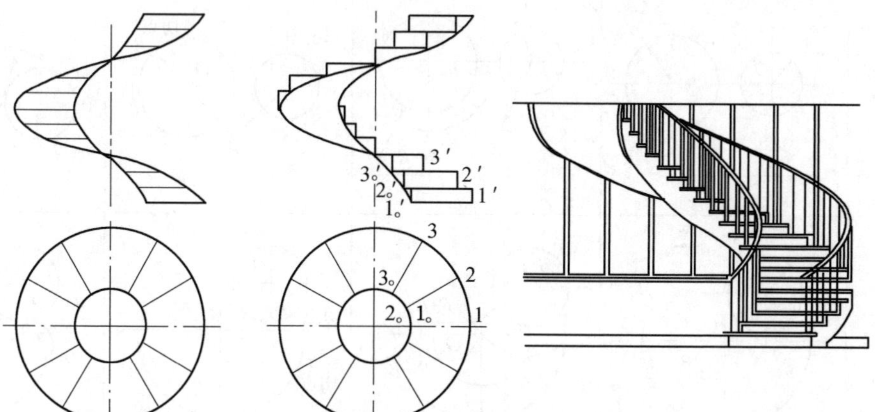

1.3.4 圆弧连接

在绘制建筑物的平面图形时，常遇到用已知半径的圆弧光滑地连接两条已知线段（直线或圆弧）的情况，其作图方法称为圆弧连接。圆弧连接要求在连接处要光滑，所以在连接处两线段要相切。作图的关键是要准确地求出连接圆弧圆心和连接点（切点）。

圆弧连接分为五种情况，圆弧连接两直线、圆弧连接一直线和一圆弧、圆弧内切连接两圆弧、圆弧外切连接两圆弧、圆弧内外切连接两圆弧，其画图方法见表 1-13。

表 1-13　圆弧连接画法

种类	已知条件	作图步骤：求连接圆弧圆心	作图步骤：求切点	作图步骤：画连接弧
圆弧连接两已知直线	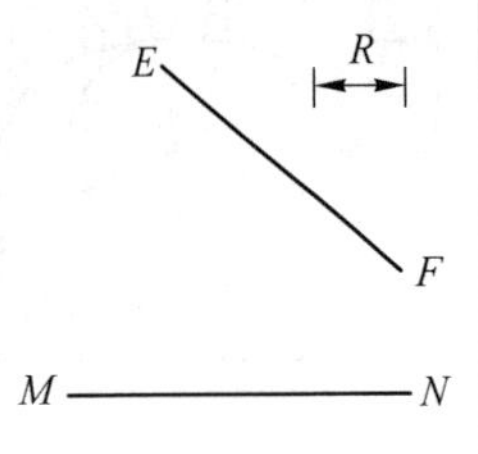	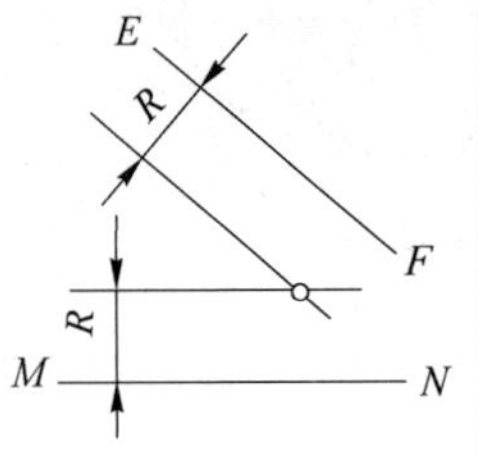	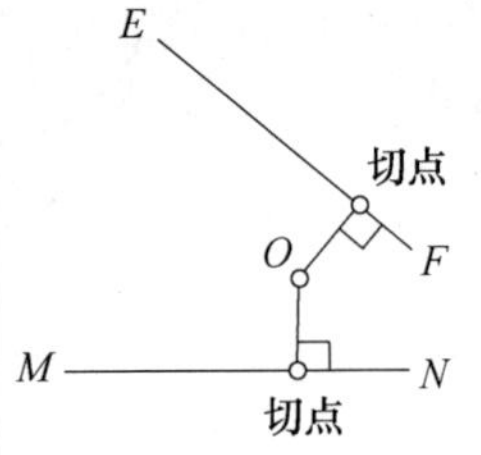	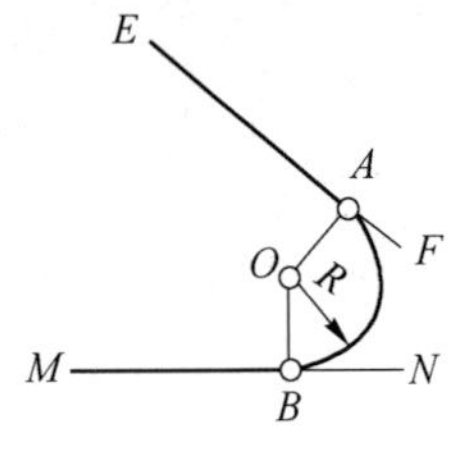
圆弧内连接已知直线和圆弧	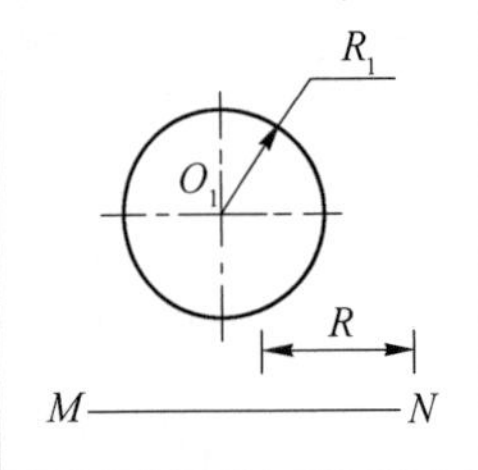	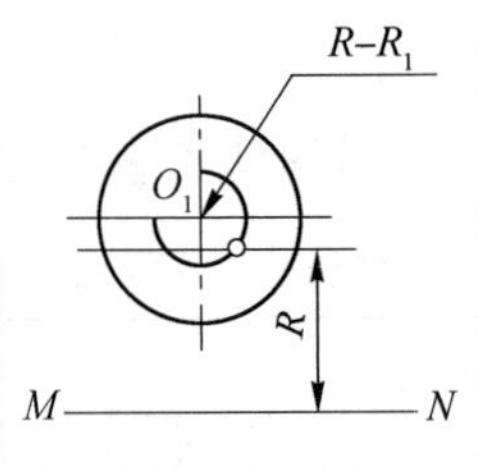	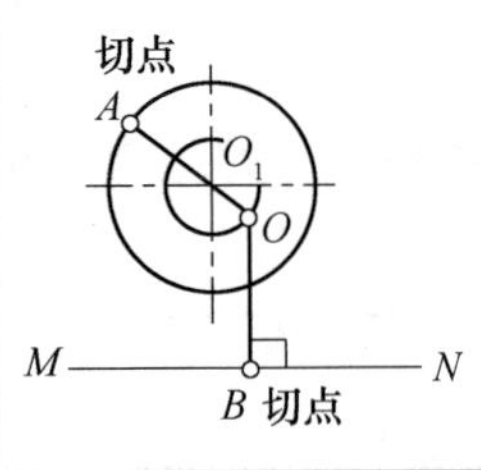	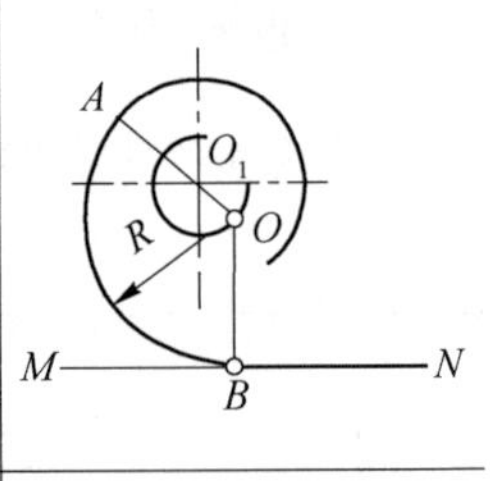
圆弧外连接两已知圆弧	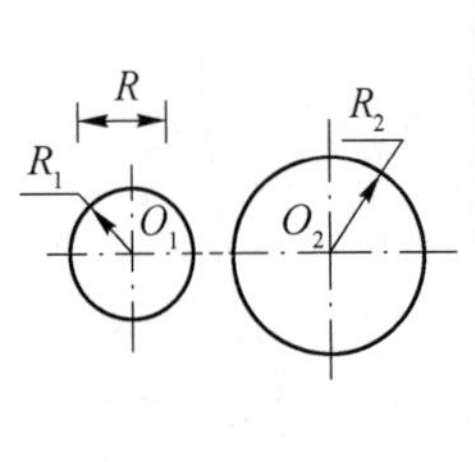	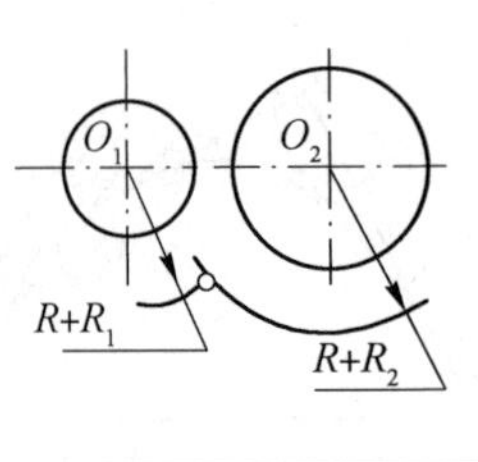	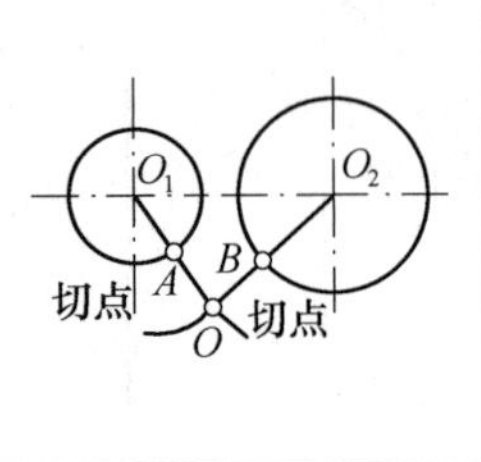	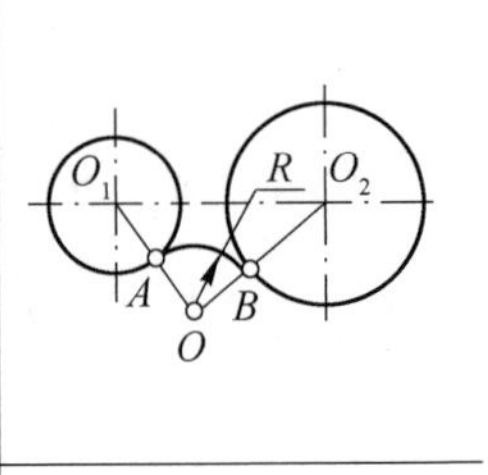
圆弧内连接两已知圆弧	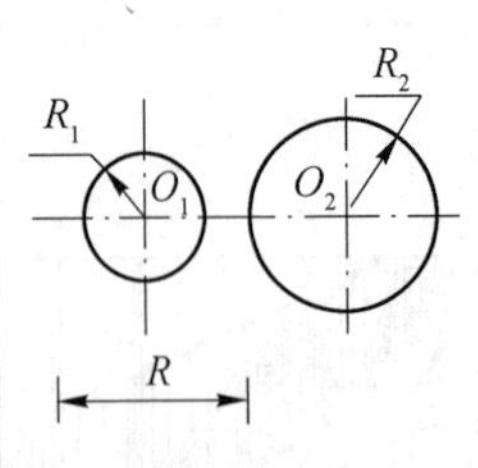	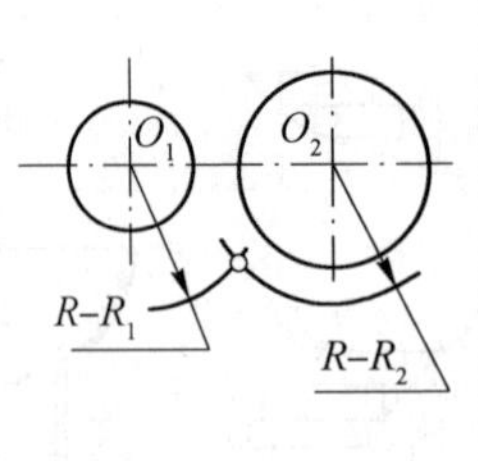	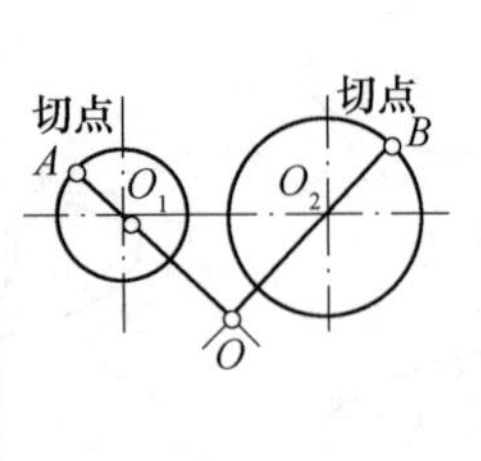	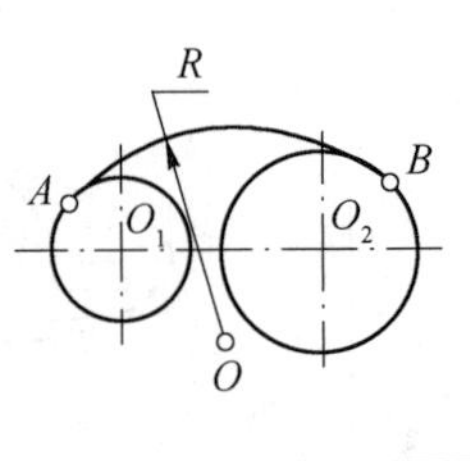
圆弧分别内外连接两已知圆弧	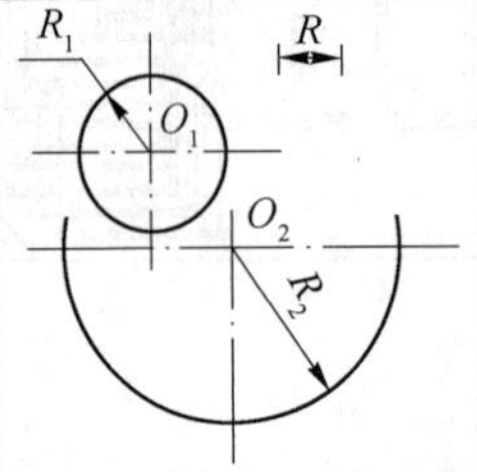	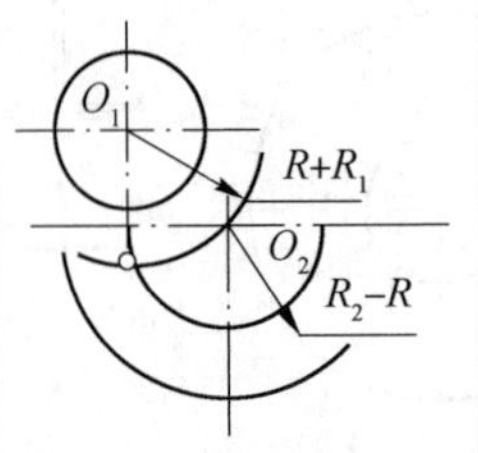	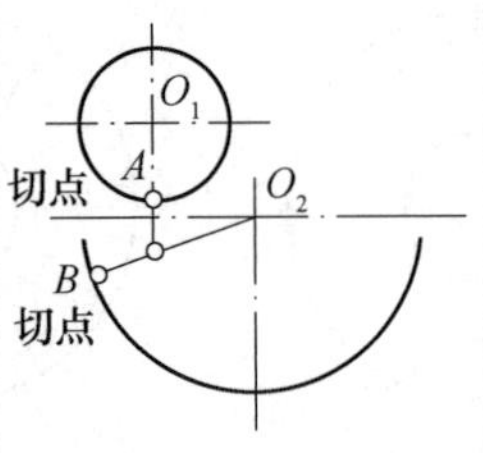	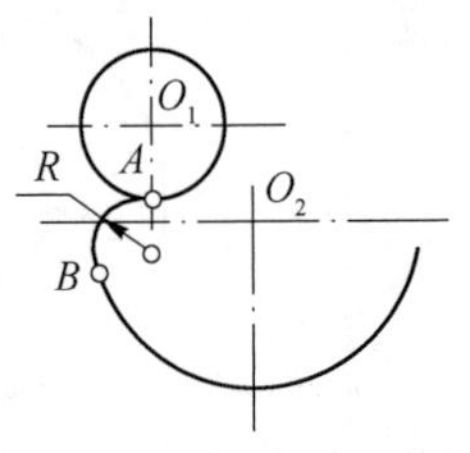

1.4 平面图形画法

一般平面图形都是由若干线段（直线或曲线）连接而成。要正确绘制一个平面图形，必须对平面图形进行尺寸分析和线段分析，从而确定平面图形的画图顺序和步骤。

1.4.1 平面图形的尺寸分析

尺寸按其在平面图形中所起的作用，可分为定形尺寸和定位尺寸。

1. 定形尺寸

确定平面图形各组成部分形状、大小的尺寸，称为定形尺寸，如确定直线的长度、角度的大小、圆弧的半径（直径）等的尺寸。图 1-16 中 *R*8、*R*9、*R*49、40 等都是定形尺寸。

2. 定位尺寸

确定平面图形各组成部分相对位置的尺寸，称为定位尺寸。图 1-16 中 11、24、38 等都是定位尺寸。

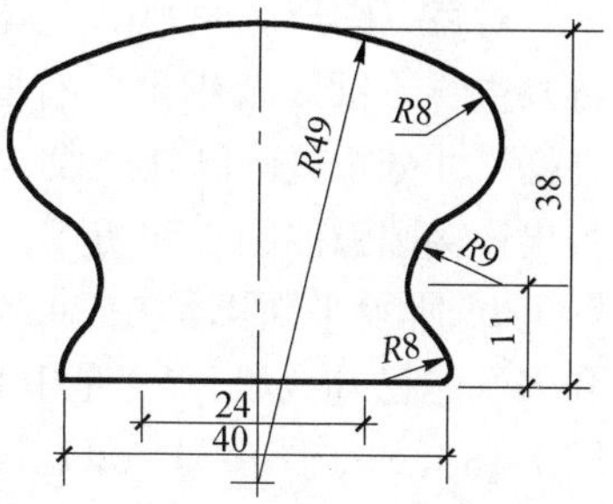

图 1-16　平面图形的尺寸分析

1.4.2 平面图形的线段分析

根据线段在图形中的细部尺寸和定位尺寸是否齐全，通常分成三类线段，即已知线段、中间线段、连接线段。

1. 已知线段

已知线段是根据给出的尺寸可直接画出的线段。如图 1-16 中 *R*49 圆弧，作图时只要在图形对称线上定出圆心，就可以画出这个圆。又如图中下部分 *R*8 圆弧和 24、40 直线也是已知线段。

2. 中间线段

中间线段是指缺少一个尺寸，需要依据相切或相接的条件才能画出的线段，如图 1-16 中 *R*9 圆弧。

3. 连接线段

连接线段是指缺少两个尺寸，完全依据两端相切或相接的条件才能画出的线段，如图 1-16的上部分 *R*8 圆弧。

在绘制平面图形时，应先画已知线段，再画中间线段，最后画连接线段。

1.4.3 平面图形的画图步骤

1. 应用示例

现以图 1-16 所示的平面图形（扶手）为例，介绍绘图的方法与步骤。

画平面图形的步骤如下：

（1）充分做好各项准备工作

布置好绘图环境，准备好圆规、铅笔、橡皮等绘图工具和用品；所有的工具和用品都要擦拭干净，不要有污迹，要保持两手清洁。

（2）固定图纸

将平整的图纸放在图板的偏左下部位，用丁字尺画下一条水平线时，应使大部分尺头在图板的范围内。微调图纸使其下边缘与尺身工作边平行，用胶带纸将四角固定在图板上。如图 1-17 所示。

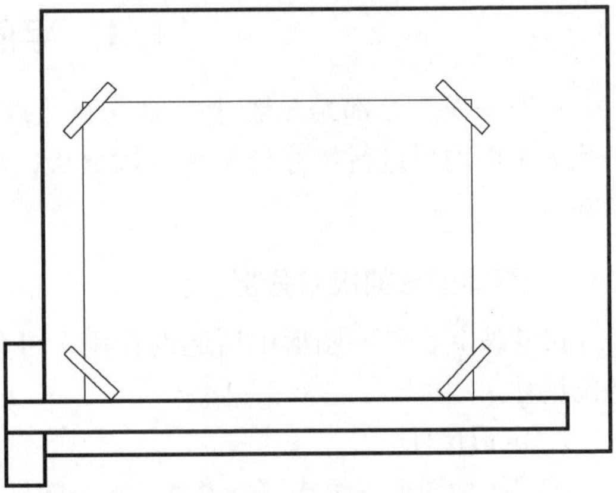

图 1-17　贴图纸

（3）绘制底图

画底稿时要用较硬的铅笔（2H 或 H），铅芯要削得尖一些，因图线要使绘图者自己能看得出便可，故要经常磨尖铅芯。

对每一图形应先画中心线、边线或底线，再画主要轮廓线及细部。有圆弧连接时，要根据尺寸分析先画已知线段，再画中间线段，找出连接圆弧的圆心和切点，再画连接线段。图 1-16 所示平面图形中 24、38、下部分 *R*8 和 *R*49 是已知线段；*R*9 是中间线段；上部分 *R*8 是连接线段。画底图的步骤如图 1-18（b）、图 1-18（c）、图 1-18（d）所示。

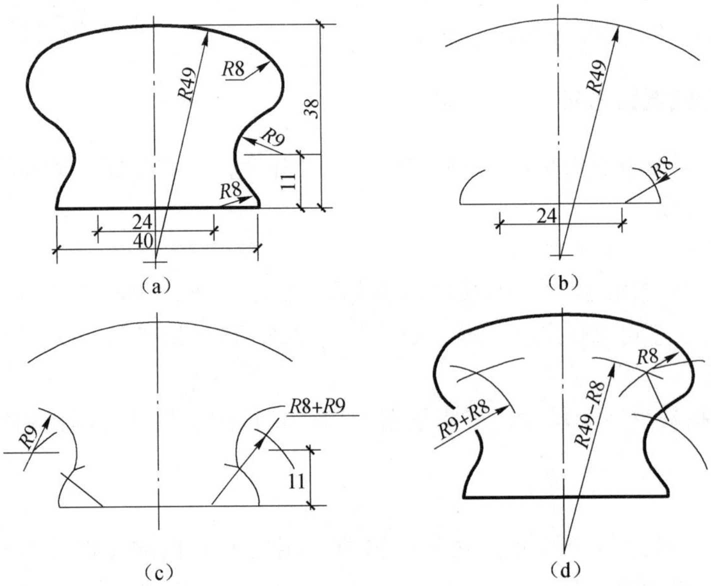

图 1-18　绘制平面图形的方法与步骤

（4）检查加深

在加深前必须对底稿进行仔细检查、改正，直至确认无误。用 B 或 2B 铅笔加深的顺序是：自下而上、自左至右依次画出同一线宽的图线；先画曲线后画直线；对于同心圆宜先画小圆后画大圆。

（5）标注尺寸

图形完成后，再画尺寸线、尺寸界线、箭头并注写尺寸数字，标注定形尺寸和定位尺寸。

2. 具体步骤

（1）选定比例，布置图面，使图形在图纸上位置适中；

（2）画出基准线；

（3）画出已知线段；

（4）画出中间线段；

（5）画出连接线段；

（6）分别标注定形尺寸和定位尺寸。

1.5　徒手绘图简介

徒手绘图是不用绘图仪器，凭目测按大致比例徒手画出草图。草图并非“潦草的图”，它同样要求图形正确、线型分明、比例匀称、字体工整、图面整洁。徒手绘图是工程技术人员的基本技能之一，要通过训练不断提高，常见的徒手作图方法如表1-14所示。

表1-14　常见的徒手作图方法

内　容	图　例	画　法
画水平线、垂直线	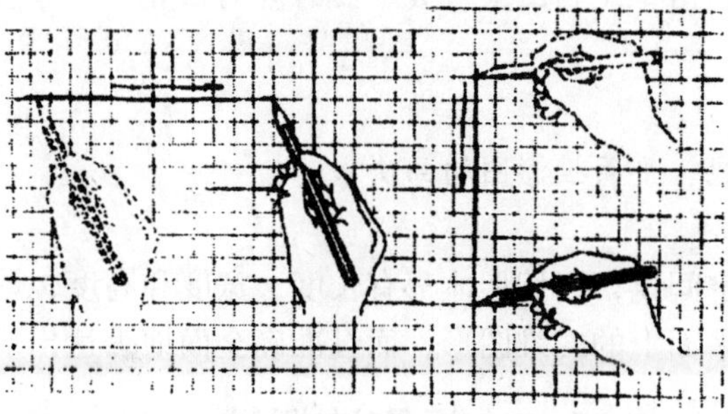	手腕不动，用手臂带动握笔的手水平移动或垂直移动
画各特殊角度斜线	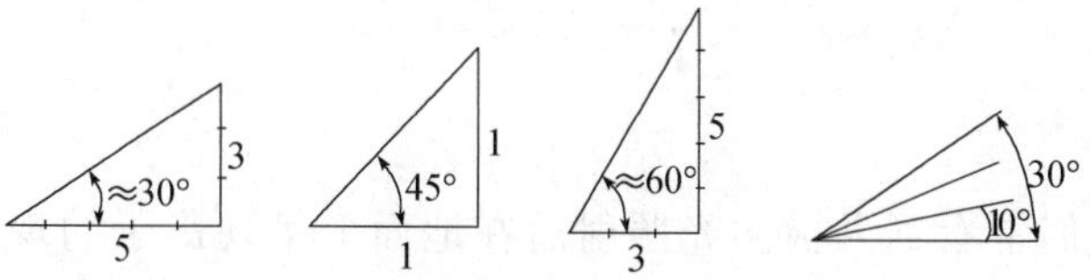	根据两直角边的比例关系，定出端点然后连接
画大圆和小圆	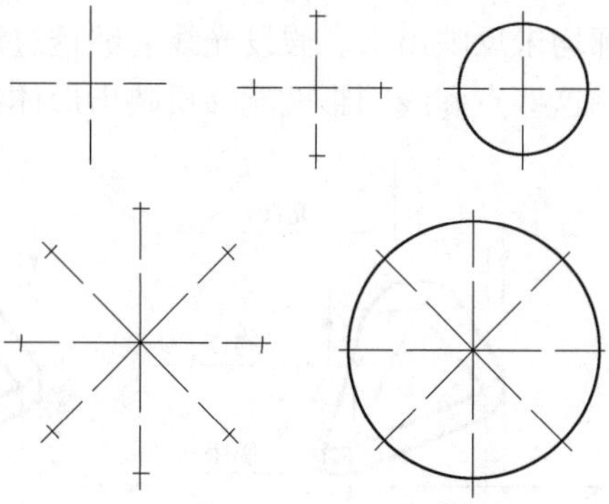	先画出中心线，目测半径，在中心线上截得四点，再将各点连接成圆。画大圆时，则可多作几条过圆心的线
画平面图形	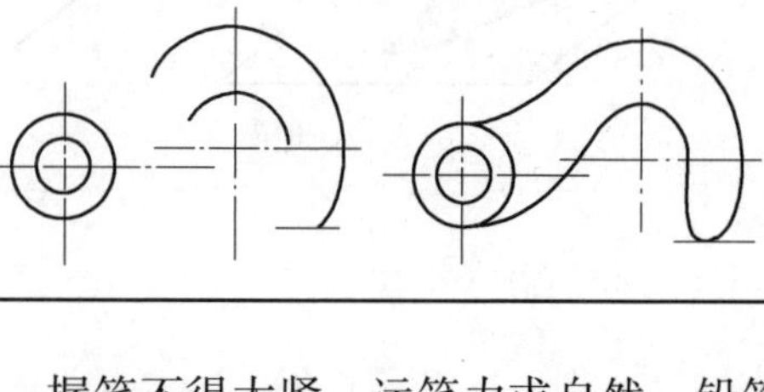	先按目测比例作出已知圆弧，再作连接圆弧与已知圆弧光滑连接

总之，画徒手草图时，握笔不得太紧，运笔力求自然，铅笔倾斜于运动方向，小手指微微接触纸面，目光随时注意线段的终点。

2　正投影基础

教学目标和要求

熟悉投影的概念、方法和分类；

掌握正投影的特性；

掌握各种位置点、直线、平面投影图的画法；

根据点、线、面的投影图，能判断点、线、面的空间位置。

教学重点和难点

掌握各种位置点、直线、平面投影图的画法。

我们生活在一个三维空间里，一切形体都有长度、宽度和高度，用投影的方法我们可以把空间的三维形体转变为平面上的二维图形，而且准确全面地表达出形体的形状和大小。

2.1　投影法概述

2.1.1　投影的形成

在日常生活中，我们常看到人被阳光照射后在地面上呈现影子的现象。如图 2-1（a）所示，将物体放在灯光和地面之间，在地面上就会产生影子，但是这个影子只反映了物体的外形轮廓，至于三个侧面的轮廓均未反映出来。假设光线能够透过形体而将各个顶点和各条侧棱都在平面上落下他们的影，这些点和线的影就能够反映出形体各部分形状的图形。

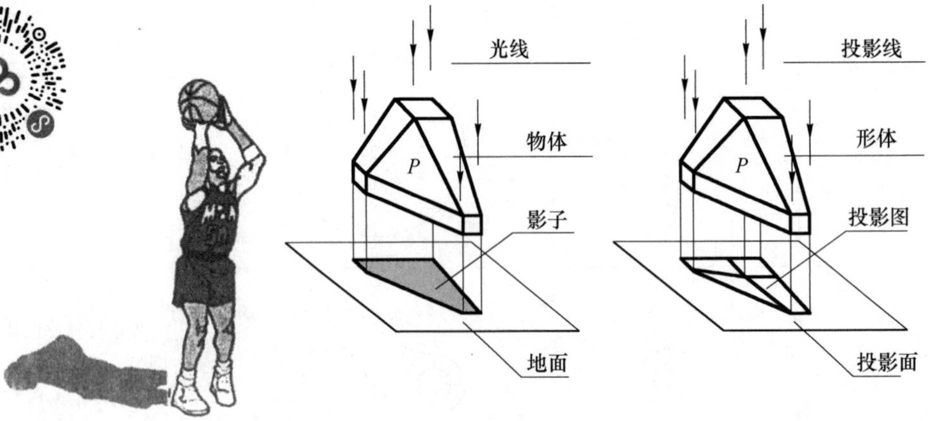

（a）　　　　（b）

图 2-1　影子和投影

（a）影子；（b）投影

在图 2-1（b）中，我们将物体称为形体，光源称为投影中心，通过物体顶点的光线称为投影线，落影平面称为投影面，透过形体上各点的投影线与投影面的交点称为点的投影。将相应各点的投影连接起来，即得到形体的投影。这样形成的平面图形称为投影图。此种形成投影的方法称为投影法。

2.1.2 投影法分类

根据投影中心（S）与投影面的距离，投影法可分为中心投影法和平行投影法两大类。

1. 中心投影法

当投影中心距离投影面为有限远时，所有的投影线都汇交于一点，这种投影法称为中心投影法，如图 2-2（a）所示，用这种方法所得的投影称为中心投影。

2. 平行投影法

当投影中心距离投影面为无限远时，所有的投影线均可看作互相平行，这种投影法称为平行投影法（图 2-2）。根据投影线与投影面的倾角不同，平行投影法又分为斜投影法和正投影法两种。

（1）斜投影法

当投影线倾斜于投影面时，称为斜投影法，见图 2-2（b），用这种方法所得的投影称为斜投影。

（2）正投影法

当投影线垂直于投影面时，称为正投影法，见图 2-2（c）。用这种方法所得的投影称为正投影。

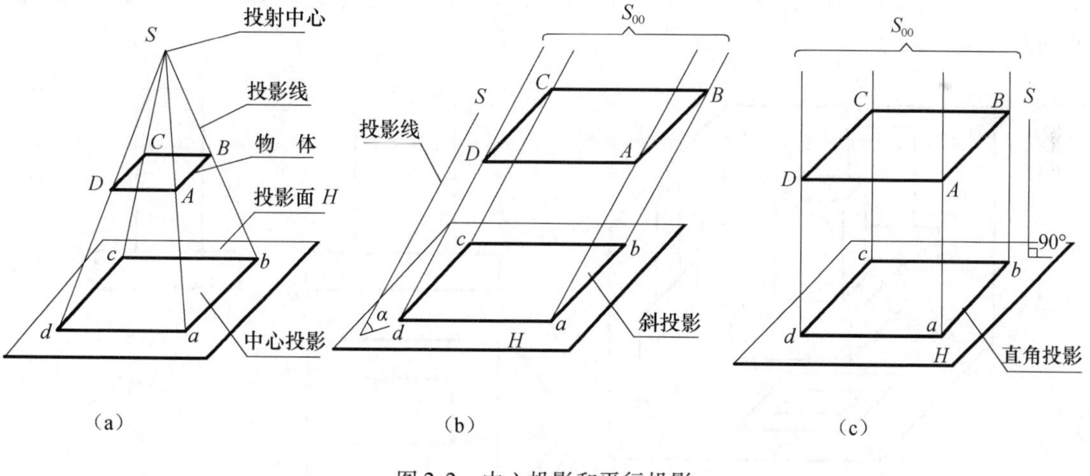

图 2-2　中心投影和平行投影

（a）中心投影；（b）斜投影；（c）正投影

一般工程图都是按正投影的原理绘制的，为叙述方便起见，如无特殊说明，以后书中所指“投影”为“正投影”。

2.1.3 工程上常用的投影图

表达工程物体时，由于表达目的和被表达对象特性的不同，往往需要采用不同的投影图。常用的投影图有四种：

1. 透视投影图

透视投影图简称为透视图，它是按中心投影法绘制的，如图 2-3 所示。这种图的优点是形象逼真，立体感强，其图样常用作建筑设计方案的比较、展览。缺点是绘图较繁，度量性差。

2. 轴测投影图

轴测投影图简称为轴测图，它是按平行投影法绘制的，如图 2-4 所示。这种图的优点是立体感较强。缺点是度量性较差，作图较麻烦，工程中常用作辅助图样。

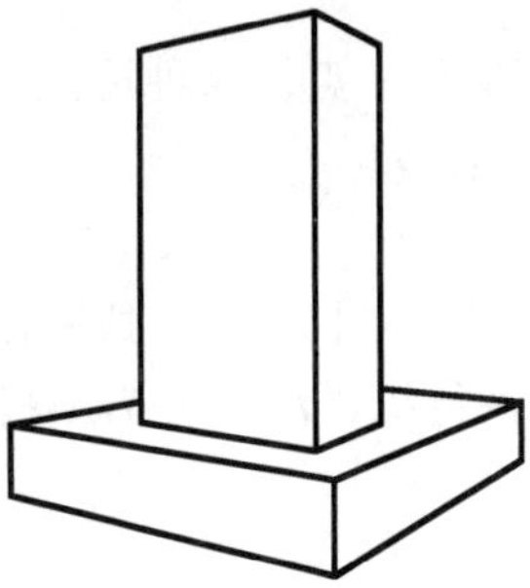

图 2-3　透视投影图

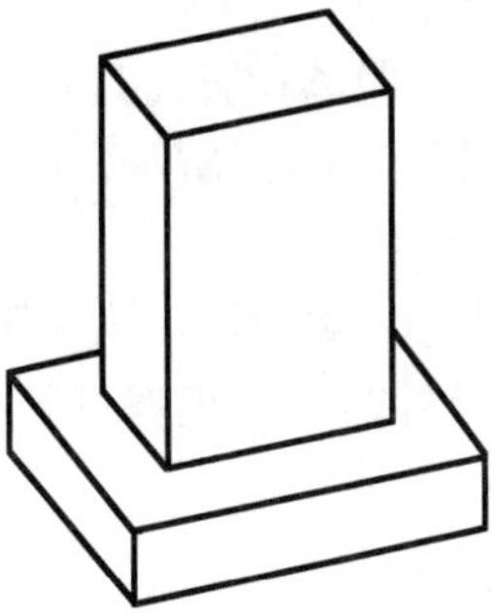

图 2-4　轴测投影图

3. 正投影图

用正投影法把物体向两个或两个以上互相垂直的投影面进行投影所得到的图样称为多面正投影图，简称为正投影图，如图 2-5 所示。这种图的优点是能准确地反映物体的形状和大小，作图方便，度量性好，在工程中应用最广。缺点是立体感差，需要经过一定的训练才能看懂。

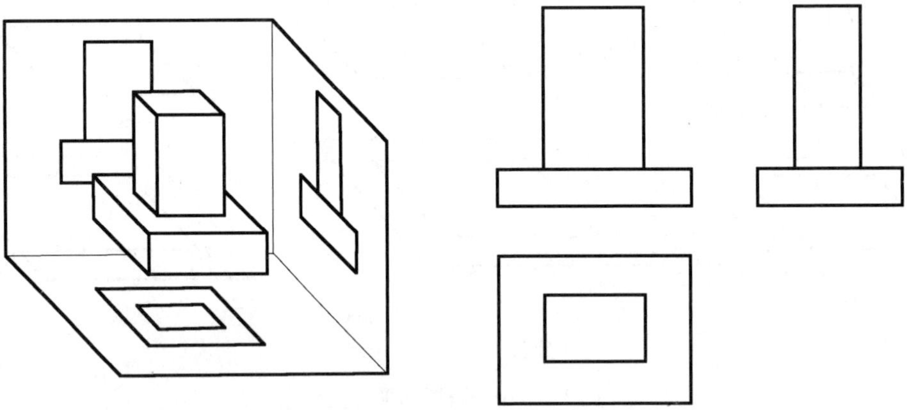

图 2-5　多面正投影图

4. 标高投影图

标高投影图是一种带有数字标记的单面正投影图，如图 2-6 所示。标高投影图常用来表达地面的形状。作图时用间隔相等的水平面截割地形面，其交线即为等高线，将不同高程的等高线投影在水平的投影面上，并标出各等高线的高程，即为标高投影图，从而表达出该处的地形情况。

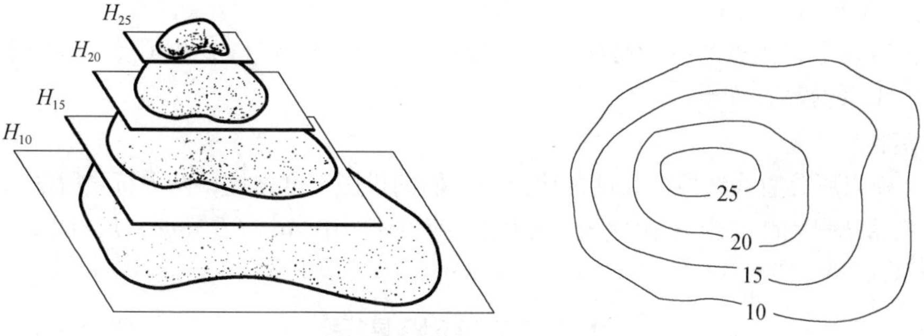

图 2-6　标高投影图

2.2　正投影的特性

在工程实践中，最经常使用的是正投影，正投影一般有以下几个特性：

（1）实形性

当直线线段或平面图形平行于投影面时，其投影反映实长或实形，如图 2-7（a）、图 2-7（b）所示。

（2）积聚性

当直线或平面平行于投影线时（在正投影中垂直于投影面），其投影积聚为一点或一直线，如图 2-7（c）、图 2-7（d）所示。

（3）类似性

当直线或平面倾斜于投影面而又不平行于投影线时，其投影小于实长或不反映实形，但与原形类似，如图 2-7（e）、图 2-7（f）所示。

（4）平行性

互相平行的两直线在同一投影面上的投影保持平行，如图 2-7（g）所示，$AB /\!/ CD$，则 $ab /\!/ cd$。

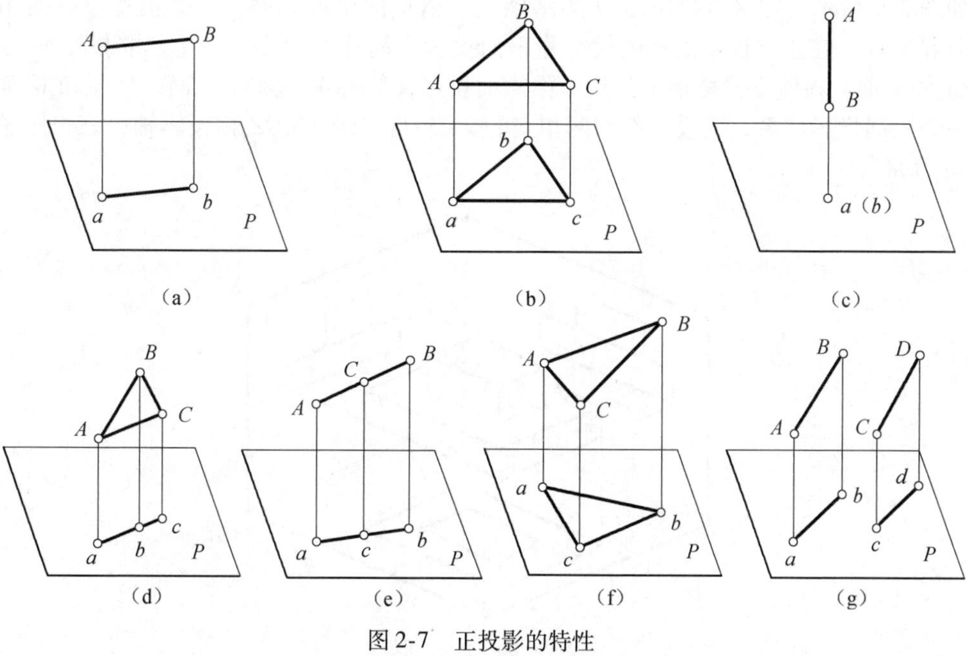

图 2-7　正投影的特性

（5）从属性

若点在直线上，则点的投影必在直线的投影上，如图 2-7（e）中 C 点在 AB 上，C 点的投影 c 必在 AB 的投影 ab 上。

（6）定比性

直线上一点所分直线线段的长度之比等于它们的投影长度之比；两平行线段的长度之比等于它们没有积聚性的投影长度之比，如图 2-7（e）中 $AC:CB=ac:cb$，图 2-7（g）中 $AB:CD=ab:cd$。

2.3 三面投影图

2.3.1 物体的一面投影

如图 2-8 所示，在长方体的下面放一个水平投影面用 H 表示，简称 H 面。在水平投影面上的投影称水平投影，简称 H 投影。从图中可看出，长方体的 H 投影只反映长方体的长度和宽度，不能反映其高度。由此，我们可以得出结论，物体的一面投影不能确定物体的形状。

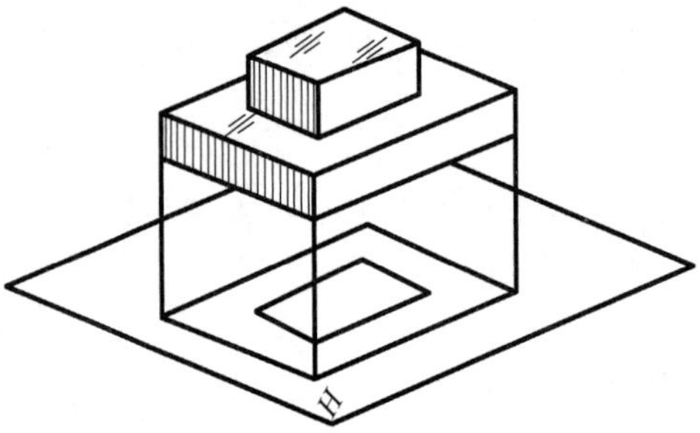

图 2-8 物体的一面投影图

2.3.2 物体的三面投影

如图 2-9 所示，在水平投影面 H 的基础上，增加两个投影面，一个正立投影面用 V 表示，简称 V 面。在正立投影面上的投影称正面投影，简称 V 投影。一个侧立投影面用 W 表示，简称 W 面。在侧立投影面上的投影称侧面投影，简称 W 投影。V 面、H 面和 W 面共同组成一个三面投影体系，三投影面两两相交的交线 OX、OY 和 OZ 称投影轴，三投影轴的交点 O 称为原点。

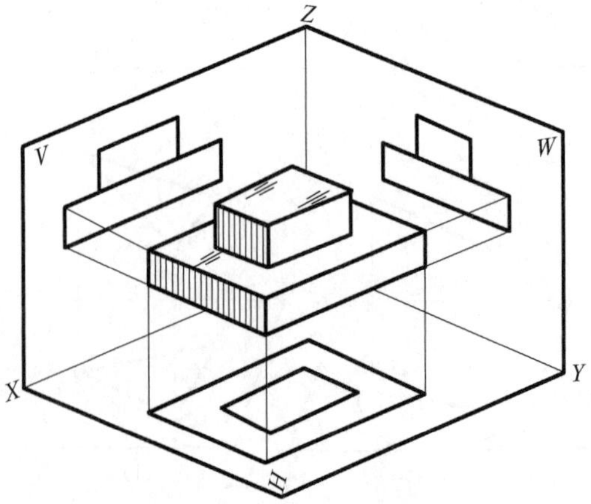

图 2-9 物体的三面投影

形体的 V、H、W 投影所确定的形状是唯一的。因此，我们可得出结论：通常情况下，物体的三面投影，可以确定唯一物体的形状。

2.3.3 三面投影图展开

为使三个投影面处于同一个图纸平面上，我们需要把三个投影面展开。如图 2-10（a）所示，规定 V 面固定不动，H 面绕 OX 轴向下旋转 90°，W 面绕 OZ 轴向右旋转 90°，从而都与 V 面处在同一平面上。这时 OY 轴分为两条，一条随 H 面转到与 OZ 轴在同一铅直线上，标注为 OY_H；另一条随 W 面转到与 OX 轴在同一水平线上，标注为 OY_W，如图 2-10（b）所示。正面投影（V 投影）、水平投影（H 投影）和侧面投影（W 投影）组成的投影图，称为三面投影图。

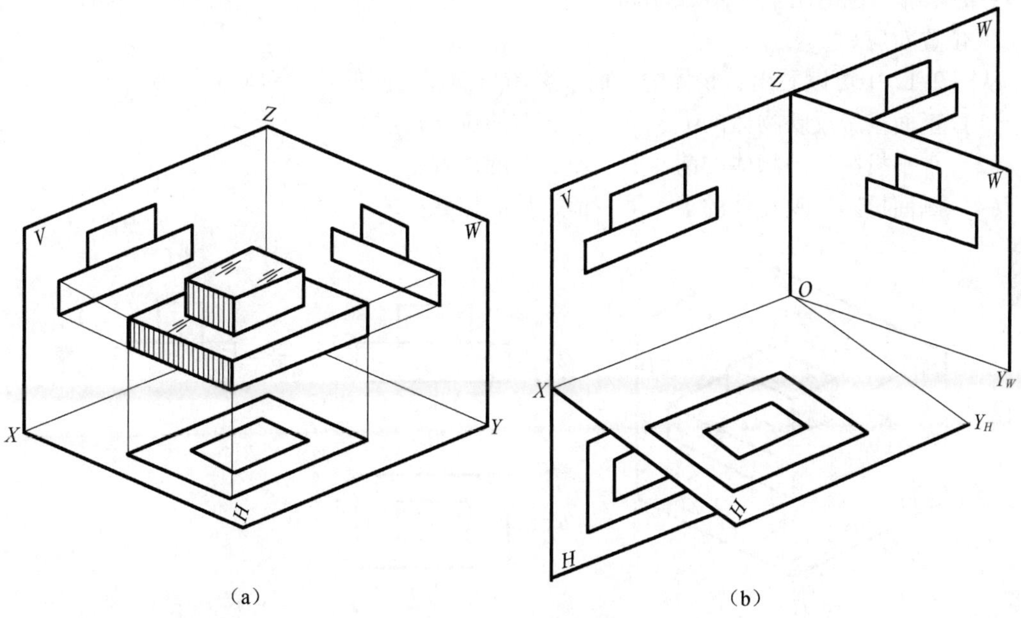

图 2-10　三面投影图的展开

实际作图时，只需画出物体的三个投影而不需画投影面边框线，如图 2-11 所示。熟练作图后，三条轴线亦可省去。

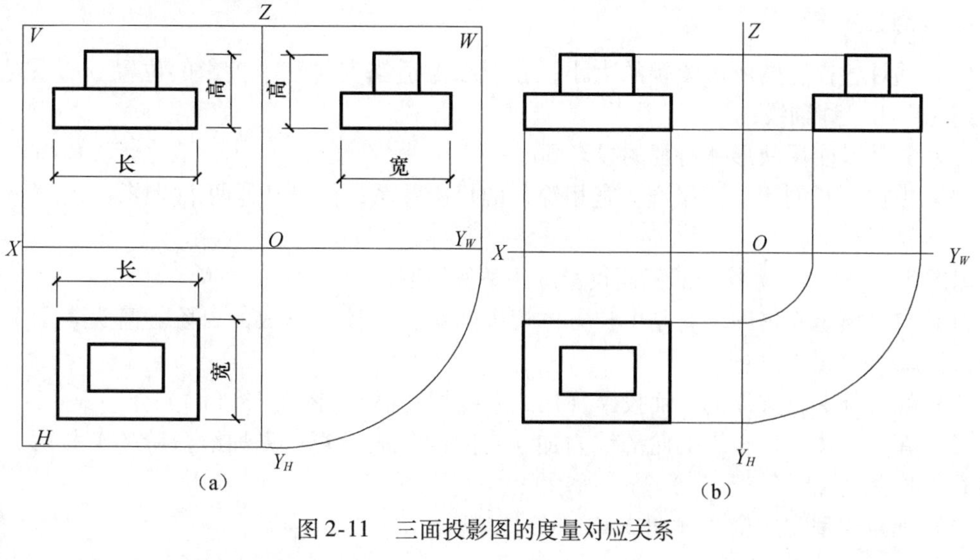

图 2-11　三面投影图的度量对应关系

2.3.4 三面投影图的特性

1. 度量相等

三面投影图共同表达同一物体，它们的度量关系为：

（1）正面投影与水平投影长对正；

（2）正面投影与侧面投影高平齐；

（3）水平投影与侧面投影宽相等。

这种关系称为三面投影图的投影规律，简称三等规律。应该指出：三等规律不仅适用于物体总的轮廓，也适用于物体的局部。

2. 位置对应

从图 2-12 中可以看出：物体的三面投影图与物体之间的位置对应关系为：

（1）正面投影反映物体的上、下、左、右的位置；

（2）水平投影反映物体的前、后、左、右的位置；

（3）侧面投影反映物体的上、下、前、后的位置。

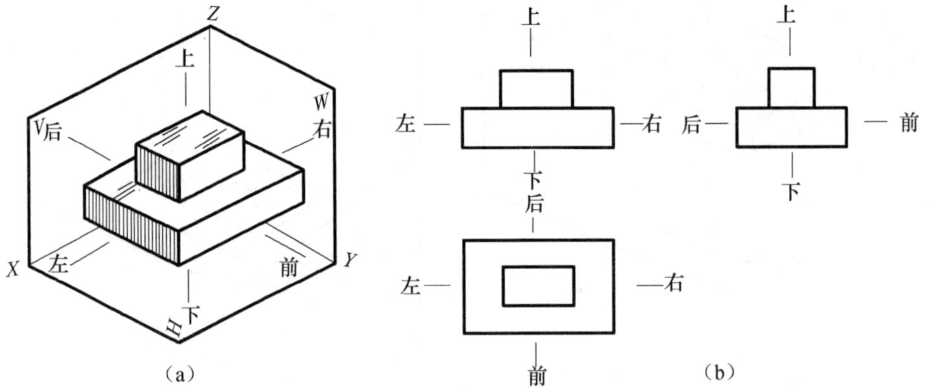

图 2-12　投影图和物体的位置对应关系

2.3.5 画三面投影图

1. 画图步骤

（1）估计各投影图所占图幅的大小，在图纸上适当安排三个投影的位置。如系对称图形，则先作出对称轴线；

（2）先从最能反映形体特征的投影画起；

（3）根据“长对正，高平齐，宽相等”的投影关系，作出其他两个投影。

2. 画法举例

以图 2-13 所示台阶模型的三面投影画法举例说明：

（1）台阶模型立体图。它是由长方体切去两块长方体后形成的台阶。箭头表示 V 投影方向（图 2-13（a））；

（2）绘出外形长方体的三面投影（用细实线打底稿）（图 2-13（b））；

（3）在长方体三面投影的轮廓线内加绘台阶的三面投影：先加绘台阶的 V 投影，据此再绘 H、W 投影（图 2-13（c）箭头所示）；

（4）加粗线型完成全图（图 2-13（d））。

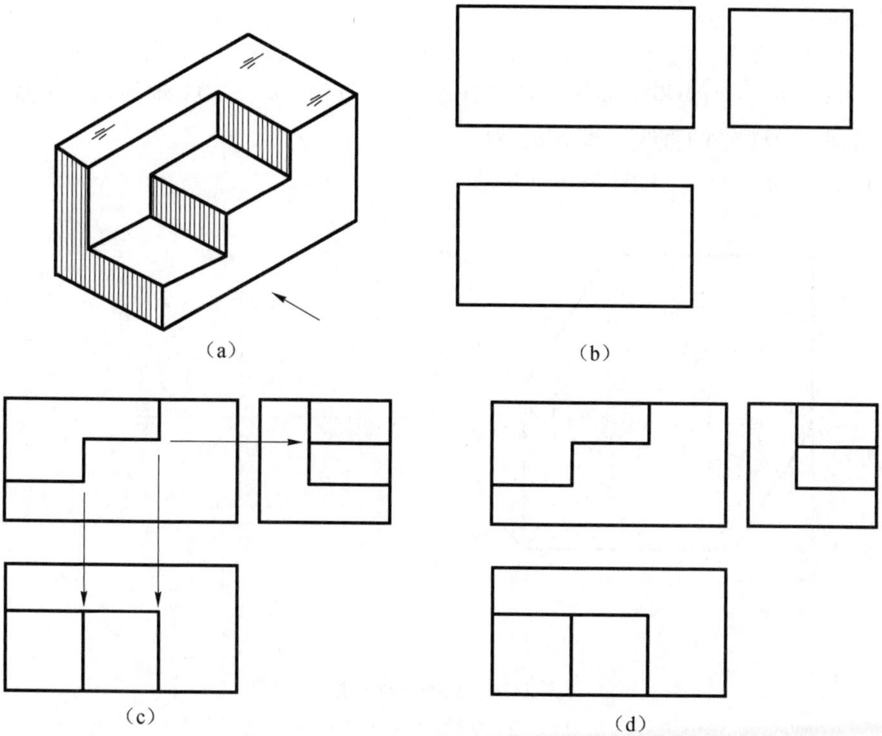

图 2-13　台阶模型的三面投影图

（a）立体图；（b）作长方体投影；（c）切去两个长方体后的形状；（d）擦去多余线条，加粗加深线型

2.4　点的投影

任何形体都是有多个表面所围成的，这些表面都可以看成是由点、线等几何元素所组成的。因此，点是组成空间形体最基本的几何元素，要研究形体的投影问题，首先要研究点的投影。

2.4.1　点的三面投影

1. 点的三面投影形成

图 2-14（a）是空间点 A 的三面投影的直观图，过 A 点分别向 H、V、W 面的投影为 a、a'（读作 a 一撇）、a''（读作 a 两撇）。

约定：空间点用大写字母表示（如 A），其在 H 面上的投影称为水平投影，用相应的小写字母表示（如 a）；在 V 面上的投影称为正面投影，用相应的小写字母并在右上角加一撇表示（如 a'）；在 W 面上的投影称为侧面投影，用相应的小写字母并在右上角加两撇表示（如 a''）。

将三面投影体系按投影面展开规律展开，便得到 A 点的三面投影图，因为投影面的大小不受限制，所以通常不必画出投影面的边框。图 2-14（b）是点 A 的三面投影图。

2. 点的三面投影规律

从图 2-14（a）可看出：$aa_x = Aa' = a''a_z$，即 A 点的水平投影 a 到 OX 轴的距离等于 A 点的侧面投影 a'' 到 OZ 轴的距离，都等于 A 点到 V 面的距离。由图 2-14（a）可看出，由 Aa' 和 Aa 确定的平面 Aaa_xa' 为一矩形，故得：$aa_x = Aa'$（A 点到 V 面的距离），$a'a_x = Aa$（A 点

到 H 面的距离）。

同时，还可以看出：因 $Aa \perp H$ 面，$Aa' \perp V$ 面，故平面 $Aa_xa' \perp H$ 面，$Aa_xa' \perp V$ 面，则 $OX \perp a'a_x$，$OX \perp aa_x$。当两投影面体系按展开规律展开后，aa_x 与 OX 轴的垂直关系不变，故 $a'a_xa$ 为一垂直于 OX 轴的直线，即 $a'a \perp OX$。

同理可知：$a'a'' \perp OZ$。见图 2-14（b）

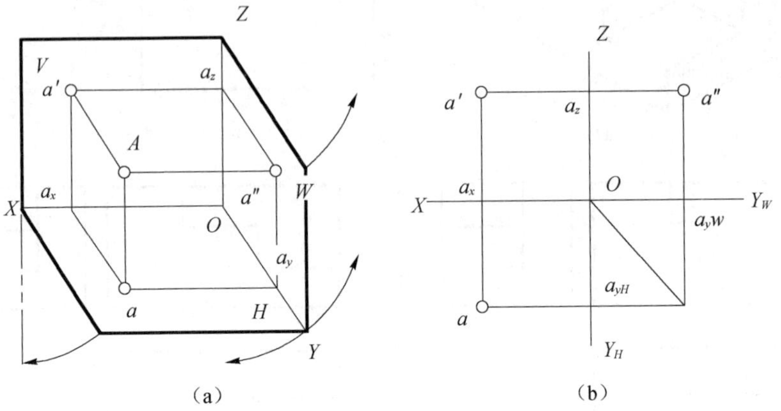

图 2-14　点的三面投影

（a）空间状况；（b）投影图

综上所述，可得点的三面投影规律如下：

（1）一点的水平投影与正面投影的连线垂直于 OX 轴；

（2）一点的正面投影与侧面投影的连线垂直于 OZ 轴；

（3）一点的水平投影到 OX 轴的距离等于该点的侧面投影到 OZ 轴的距离，都反映该点到 V 面的距离。

由上述规律可知，由已知点的两个投影便可求出第三个投影。

3. 例题分析

下面用例题说明如何根据点的两个投影便可求出第三个投影。

【例 2-1】 见图 2-15（a），已知点 A、B 的两面投影，求作第三面投影。

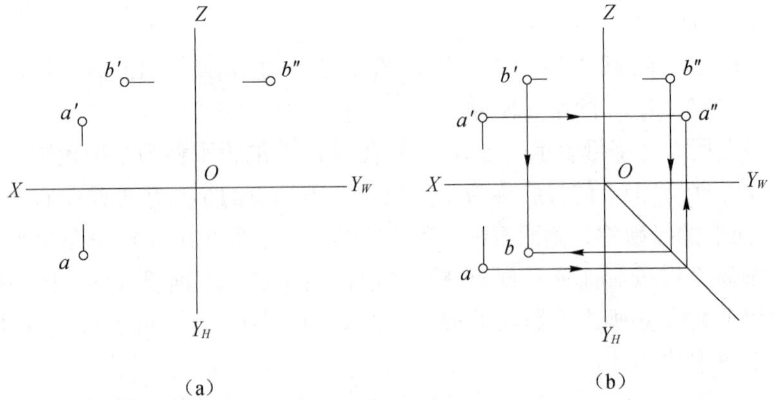

图 2-15　已知两面投影求第三面投影

（a）已知条件；（b）作图

（1）分析

由三面投影规律可知：一点的水平投影与正面投影的连线垂直于 OX 轴；一点的正面投影与侧面投影的连线垂直于 OZ 轴；一点的水平投影到 OX 轴的距离等于该点的侧面投影到 OZ 轴的距离，都反映该点到 V 面的距离。

（2）作图（过程见图 2-15（b））

①过 O 作 45°辅助线，过 a' 作 $a'a'' \perp OZ$ 轴，过 a 作直线平行 OX 轴，与 45°辅助线相交后作平行于 OZ 轴的直线且交 $a'a''$ 于 a''。

②过 b' 作 $bb' \perp OX$ 轴，过 b'' 作直线平行 OZ 轴，与 45°辅助线相交后作平行于 OX 轴的直线交 bb' 于 b。

4. 特殊位置点的投影规律

如果空间点处于特殊位置，比如点恰巧在投影面上或投影轴上，那么，这些点的投影规律又如何呢？如图 2-16 所示：

（1）若点在投影面上，则点在该投影面上的投影与空间点重合，另两个投影均在投影轴上，如图 2-16（b）中的点 A 和点 B；

（2）若点在投影轴上，则点的两个投影与空间点重合，另一个投影在投影轴原点，如图 2-16（b）中的点 C。

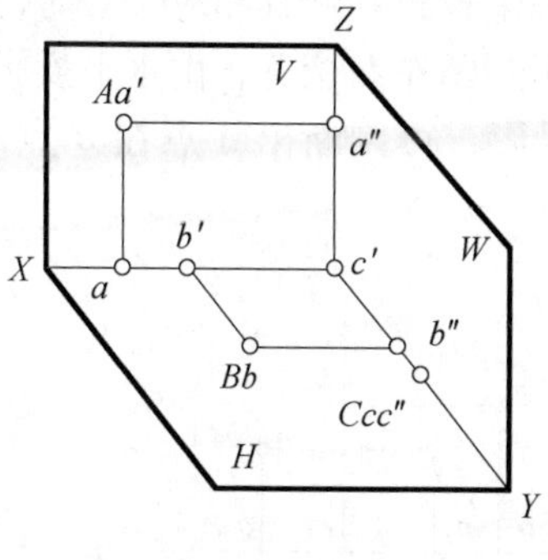

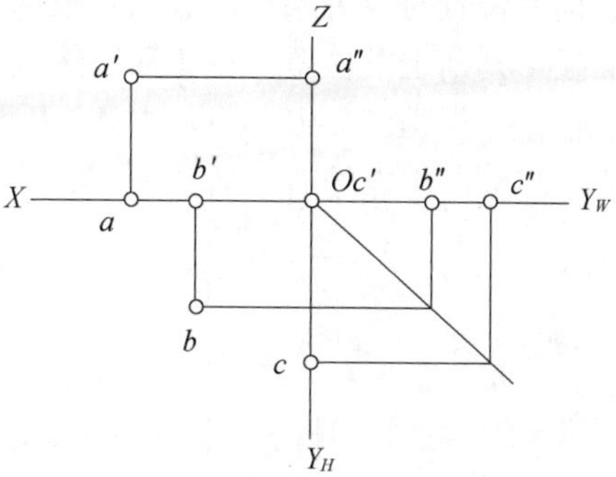

图 2-16　投影面、投影轴上的点的投影

（a）空间状况；（b）投影图

5. 点的投影与坐标的关系

空间点的位置除了用投影表示以外，还可以用坐标来表示。

我们可以把投影面当作坐标面，把投影轴当作坐标轴，把投影原点当作坐标原点，则点到三个投影面的距离便可用点的三个坐标来表示，如图 2-17 所示，点的投影与坐标的关系如下：

A 点到 H 面的距离 $Aa = Oa_z = a'a_x = a''a_y = z$ 坐标

A 点到 V 面的距离 $Aa' = Oa_y = aa_x = a''a_z = y$ 坐标

A 点到 W 面的距离 $Aa'' = Oa_x = a'a_z = aa_y = x$ 坐标

由此可见，已知点的三面投影就能确定该点的三个坐标；反之，已知点的三个坐标，就能确定该点的三面投影或空间点的位置。

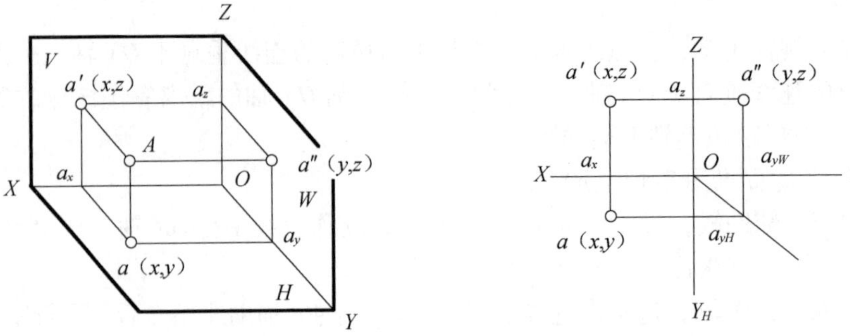

（a）　　（b）

图 2-17　点的投影与坐标

（a）空间状况；（b）投影图

2.4.2　两点的相对位置与重影点

1. 两点的相对位置

根据两点的投影，可判断两点的相对位置。如图 2-18 所示：从图 2-18（a）表示的上下、左右、前后位置对应关系可以看出：根据两点的三个投影判断其相对位置时，可由正面投影或侧面投影判断上下位置，由正面投影或水平投影判断左右位置，由水平投影或侧面投影判断前后位置。根据图 2-18（b）中 *A*、*B* 两点的投影，可判断出 *A* 点在 *B* 点的左、前、上方；反之，*B* 点在 *A* 点的右、后、下方。

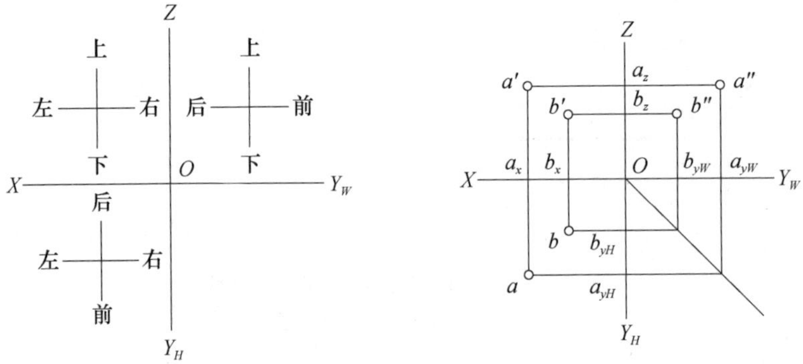

（a）　　（b）

图 2-18　两点的相对位置

（a）空间状况；（b）作图

2. 重影点及可见性的判断

当空间两点位于某一投影面的同一条投影线上时，则此两点在该投影面上的投影重合，这两点称为对该投影面的重影点。

如图 2-19（a）所示，*A*、*C* 两点处于对 *V* 面的同一条投影线上，它们的 *V* 面投影 a'、c' 重合，*A*、*C* 两点就称为对 *V* 面的重影点。同理，*A*、*B* 两点处于对 *H* 面的同一条投影线上，两点的 *H* 面投影 *a*、*b* 重合，*A*、*B* 两点就称为对 *H* 面的重影点。

当空间两点在某一投影面上的投影重合时，其中必有一点遮挡另一点，这就存在着可见性的问题。如图 2-19（b）所示，*A* 点和 *C* 点在 *V* 面上的投影重合为 a'（c'），*A* 点在前遮挡

C 点，其正面投影 a' 是可见的，而 C 点的正面投影（c'）不可见，加括号表示（称前遮后，即前可见后不可见）。同时，A 点在上遮挡 B 点，a 为可见，（b）为不可见（称上遮下，即上可见下不可见）。同理，也有左遮右的重影状况（左可见右不可见），如 A 点遮住 D 点。

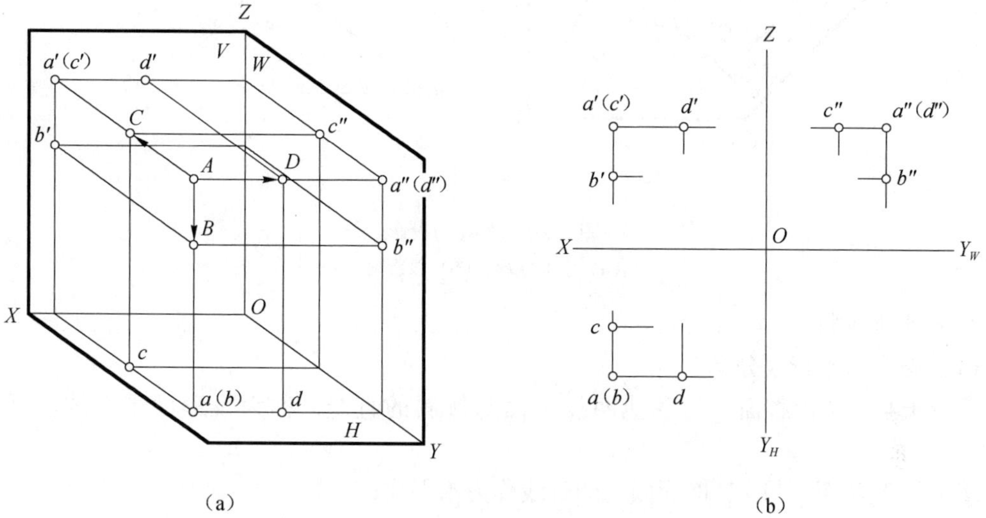

图 2-19　重影点的可见性

（a）空间状况；（b）投影图

2.5　直线的投影

直线的投影一般情况下仍然是直线。由于空间两个点可以确定一条直线，所以直线的投影可以由直线上任意两点的同面投影连成直线来确定。

2.5.1　各类直线的投影特性

根据直线与投影面的相对位置的不同，直线可分为投影面平行线、投影面垂直线和一般位置直线，投影面平行线和投影面垂直线统称为特殊位置直线。

1. 一般位置直线

（1）空间位置

一般位置直线对三个投影面都处于倾斜位置，它与 H、V、W 面的倾角 α、β、γ 均不等于0°或90°，如图2-20（a）所示。

（2）投影特性

如图2-20（a）所示，通过直线 AB 上各点向投影面作投影，这些投影线在空间形成了一个平面，这个平面与投影面 H 的交线 ab 就是直线 AB 的 H 面投影。

绘制一条直线的三面投影图，可将直线上两端点的各同面投影相连，便得直线的投影。如图2-20（b）所示。

根据一般位置直线的空间位置，我们可得其投影特性如下：

一般位置直线的三个投影均倾斜于投影轴，均不反映实长；三个投影与投影轴的夹角均不反映直线与投影面的夹角。

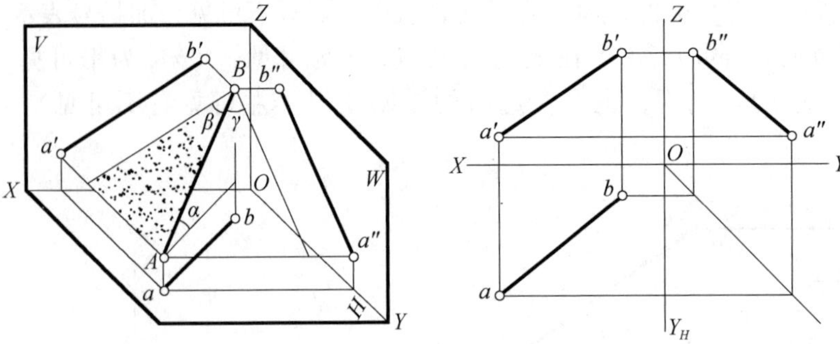

（a）　　　　　　　　　　（b）

图 2-20　直线的投影

（a）空间状况；（b）投影图

2. 投影面平行线

（1）投影面平行线分类

平行于某一个投影面，与其他两投影面都倾斜的直线，称为投影面平行线。可分为三种：

①平行于 *H* 面，与 *V*、*W* 面倾斜的直线称为水平线；

②平行于 *V* 面，与 *H*、*W* 面倾斜的直线称为正平线；

③平行于 *W* 面，与 *H*、*V* 面倾斜的直线称为侧平线。

（2）投影特性

根据投影面平行线的空间位置，我们可以得出其投影特性。投影面平行线的投影特性见表 2-1。

表 2-1　投影面平行线的投影特性

直线的位置	正平线	水平线	侧平线
直观图	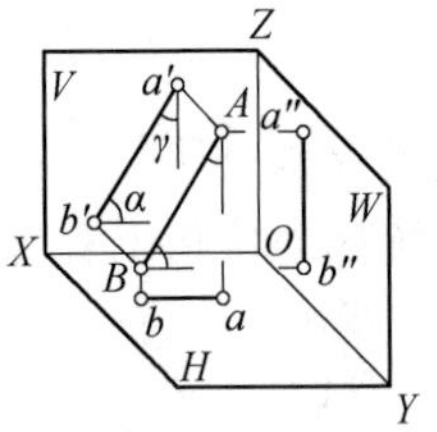	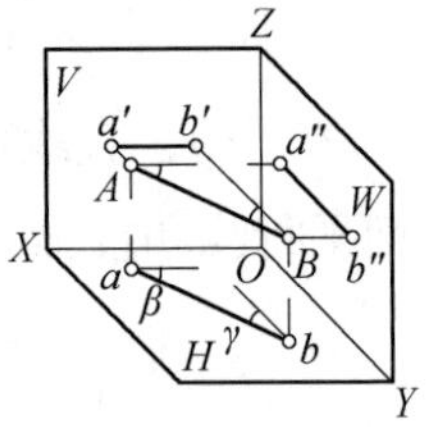	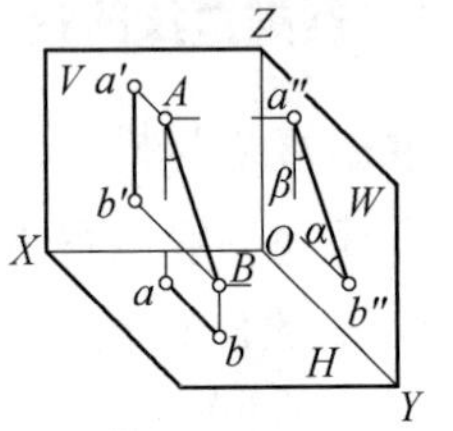
投影图	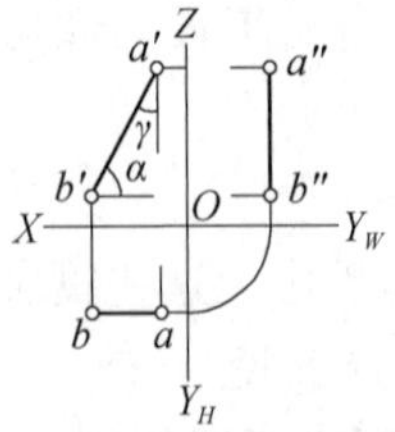	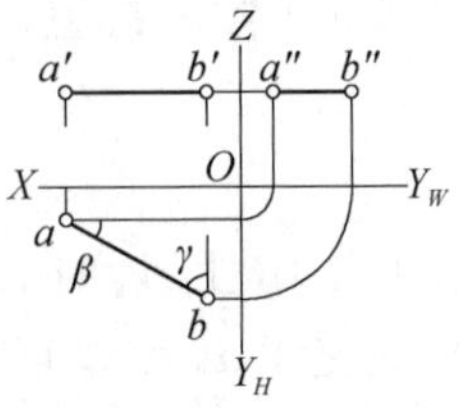	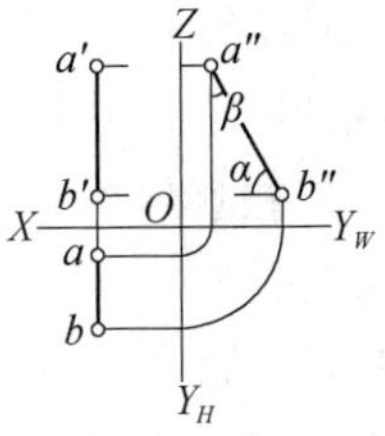
投影特性	1. 正面投影 $a'b'$ 反映线段实长，它与 OX、OZ 轴的夹角为 α、γ； 2. 其他两投影分别平行 OX/OZ 轴（或同垂直于 OY 轴）	1. 水平投影 ab 反映线段实长，它与 OX 轴、OY_H 轴的夹角即 β、γ； 2. 其他两投影分别平行 OX/OY_W 轴（或同垂直于 OZ 轴）	1. 侧面投影 $a''b''$ 反映线段实长，它与 OY_W、OZ 轴的夹角即 α、β； 2. 其他两投影分别平行 OZ/OY_H 轴（或同垂直于 OX 轴）

从表 2-1 可概括出投影面平行线的投影特性：投影面平行线在其所平行的投影面上的投影反映实长，并反映与另两投影面的夹角；在其他两投影面上的投影分别平行于该直线所平行的那个投影面的两条投影轴（或在其他两投影面上的投影同垂直于同一投影轴），且长度都小于其实长。

3. 投影面垂直线

（1）投影面垂直线分类

把垂直于某一个投影面，与其他两投影面都平行的直线，称为投影面垂直线。投影面垂直线分为三种：

①垂直于 *V* 面的直线称为正垂线；

②垂直于 *H* 面的直线称为铅垂线；

③垂直于 *W* 面的直线称为侧垂线。

（2）投影特性

根据投影面垂直线的空间位置，我们可以得出其投影特性。投影面垂直线的投影特性见表 2-2。

表 2-2　投影面垂直线的投影特性

直线的位置	正垂线	铅垂线	侧垂线
直观图	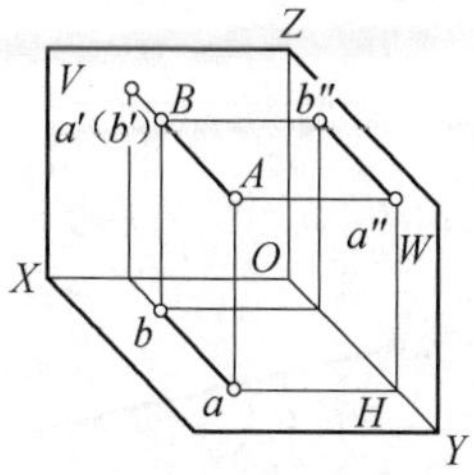	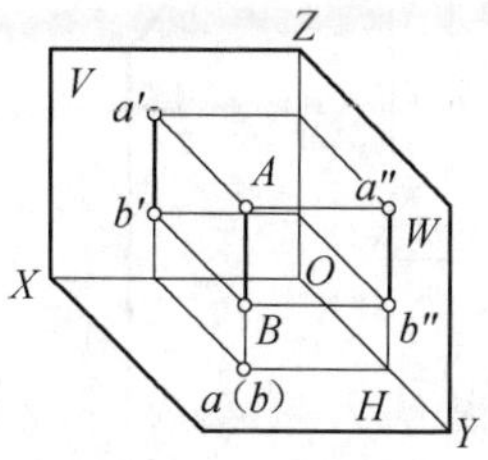	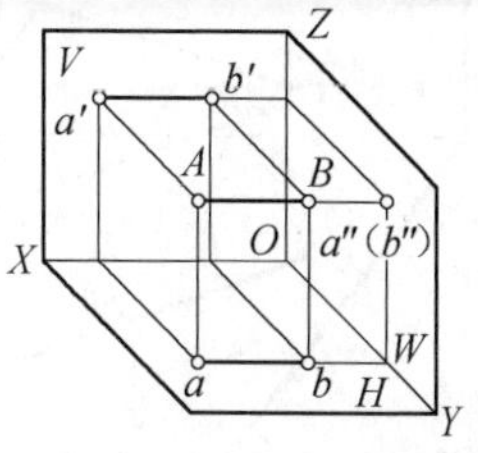
投影图	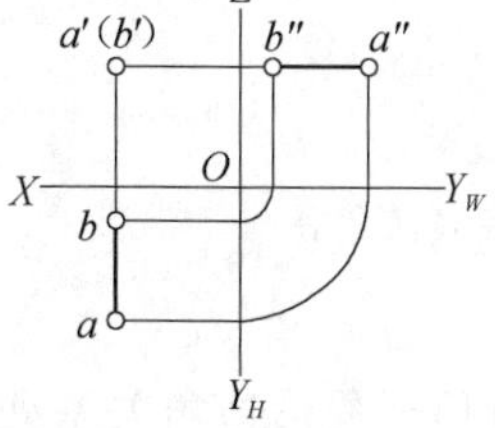	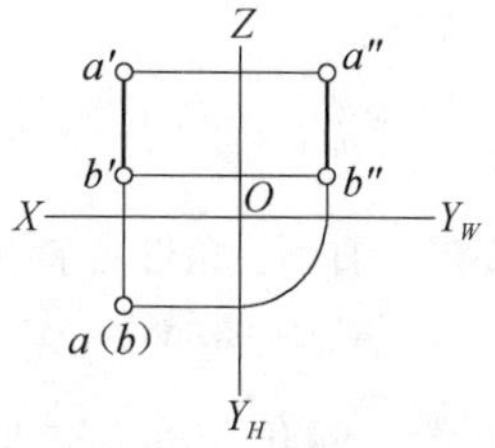	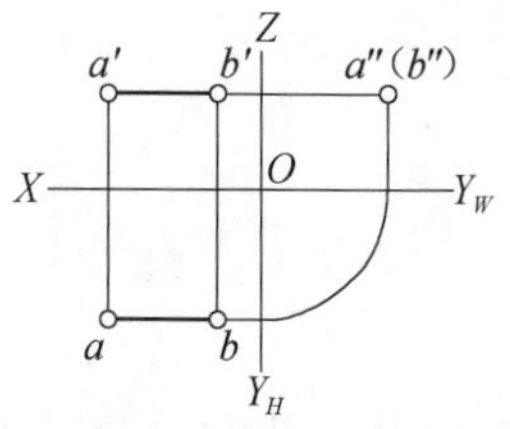
投影特性	1. 正面投影 a'（b'）积聚成一点； 2. 水平投影 $ab \perp OX$ 轴，侧面投影 $a''b'' \perp OZ$ 轴（即 ab、$a'b'$ 均平行于 OY 轴），并且都反映线段实长	1. 水平投影 a（b）积聚成一点； 2. 正面投影 $a'b' \perp OX$ 轴，侧面投影 $a''b'' \perp OY_W$ 轴（即 $a'b'$、$a''b''$ 均平行于 OZ 轴），并且都反映线段实长	1. 侧面投影 a''（b''）积聚成一点； 2. 正面投影 $a'b' \perp OZ$ 轴，水平投影 $ab \perp OY_H$ 轴（即 $a'b'$、ab 均平行于 OX 轴），并且都反映线段实长

从表 2-2 可概括出投影面垂直线的投影特性：投影面垂直线在其所垂直的投影面上的投影积聚成一点；在其他两个投影面上的投影分别垂直于该直线所垂直的那个投影面的两条投影轴（或其他两投影同平行于同一投影轴），并且都反映线段的实长。

2.5.2　直角三角形法求一般位置直线的实长及倾角

我们在投影图中可以采用直角三角形法求线段的实长和倾角，即在投影、倾角、实长三者之间建立起直角三角形关系，从而在直角三角形中求出实长和倾角。

根据几何学原理可知：直线与其投影面的夹角就是直线与它在该投影面的投影所成的角。如图 2-21（a）所示；要求直线 AB 与 H 面的夹角 α 及实长，我们可以自 A 点引 $AB_1 /\!/ ab$，得直角三角形 AB_1B，其中 AB 是斜边，$\angle B_1AB$ 就是 α 角，直角边 $AB_1 = ab$，另一直角边 BB_1 等于 B 点的 Z 坐标与 A 点的 Z 坐标之差，即 $BB_1 = z_B - z_A = \Delta z$。所以在投影图中就可根据线段的 H 投影 ab 及坐标差 Δz 作出与 $\triangle AB_1B$ 全等的一个直角三角形，从而求出 AB 与 H 面的夹角 α 及 AB 线段的实长，如图 2-21（b）所示。

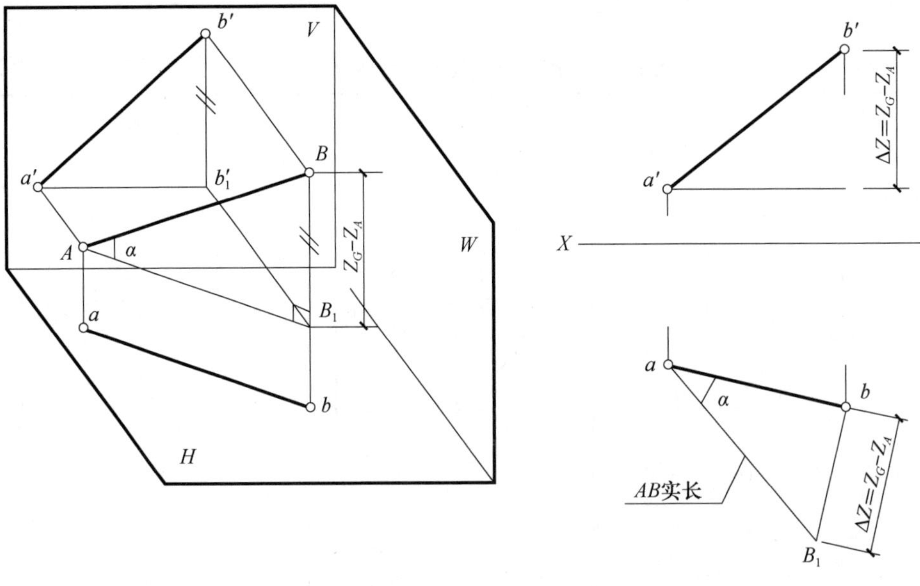

图 2-21　直角三角形法求线段实长及倾角 α

（a）空间示意图；（b）投影图

由此，我们总结出 AB 的投影、倾角与实长之间的直角三角形边角关系如表 2-3 所示。

表 2-3　线段 AB 的各种直角三角形边角关系

倾角	α	β	γ
直角三角形边角关系	斜边：AB实长；直角边：Δz、水平投影 ab；角：α	斜边：AB实长；直角边：Δy、正面投影 $a'b'$；角：β	斜边：AB实长；直角边：Δx、侧面投影 $a''b''$；角：γ
	Δz = A、B 两点的 Z 坐标差	Δy = A、B 两点的 Y 坐标差	Δx = A、B 两点的 X 坐标差

从表2-3可以看出，构成各直角三角形共有四个要素，即：（1）某投影的长度（直角边）；（2）坐标差（直角边）；（3）实长（斜边）；（4）对投影面的倾角（投影与实长的夹角）。在这四个要素中，只要知道其中任意两个要素，就可求出其它两个要素。并且我们还能够知道：不论用哪个直角三角形，所作出的直角三角形的斜边一定是线段的实长，斜边与投影的夹角就是该线段与相应的投影面的倾角。

利用直角三角形关系图解关于直线段投影、倾角、实长问题的方法称为直角三角形法。在图解过程中，若不影响图形清晰时，直角三角形可直接画在投影图上，也可画在图纸的任何空白地方。

【例2-2】 如图2-22（a），已知直线AB的水平投影ab和A点的正面投影a'，并知AB对H面的倾角$\alpha=30°$，B点高于A点，求AB的正面投影$a'b'$。

解：（1）分析

在构成直角三角形四个要素中，已知其中两要素，即水平投影ab及倾角$\alpha=30°$，可直接作出直角三角形，从而求出b'。

（2）作图

1）在图纸的空白地方，如图2-22（c），以ab为一直角边，过a作30°的斜线，此斜线与过b点的垂线交于B_0点，bB_0即为另一直角边Δz。

2）利用bB_0即可确定b'，如图2-22（b）。

此题也可将直角三角形直接画在投影图上，以便节约时间与图纸，如图2-22（b）。

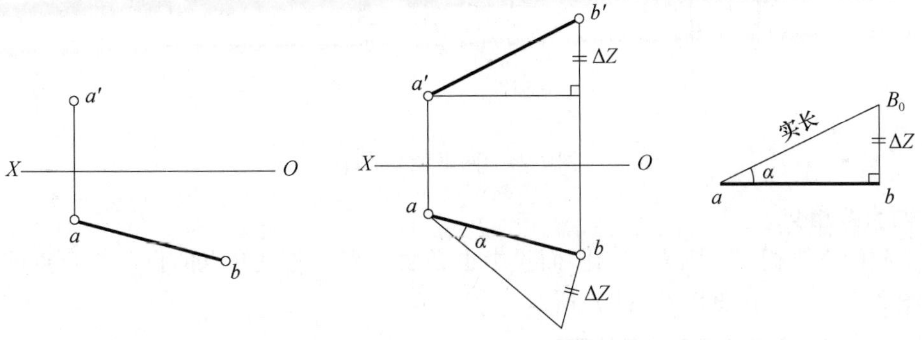

图2-22 利用直角三角形法求$a'b'$

（a）已知条件；（b）作图（一）；（c）作图（二）

2.5.3 两直线的相对位置

两直线在空间的相对位置关系有三种情况：平行、相交、交叉。

1. 两直线平行

若空间两直线平行，则它们的同面投影必然互相平行，如图2-23（a）和图2-23（b）所示。

反过来，若两直线的同面投影互相平行，则此两直线在空间也一定互相平行。但当两直线均为某投影面平行线时，见图2-24（a），则需要观察两直线在该投影面上的投影才能确定它们在空间是否平行。见图2-24（b），通过侧面投影可以看出AB、CD两直线在空间不平行。

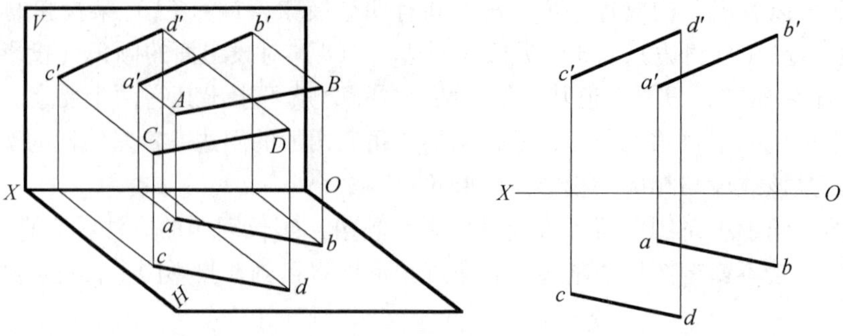

（a）　　　　　　　　（b）

图 2-23　两直线平行

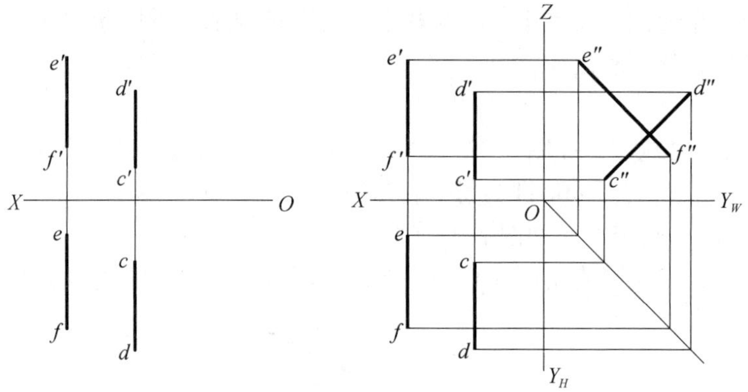

（a）　　　　　　　　（b）

图 2-24　两直线不平行

2. 两直线相交

若空间两直线相交，则它们的同面投影也必然相交，并且交点的投影符合点的投影规律，如图 2-25（a）和图 2-25（b）所示。

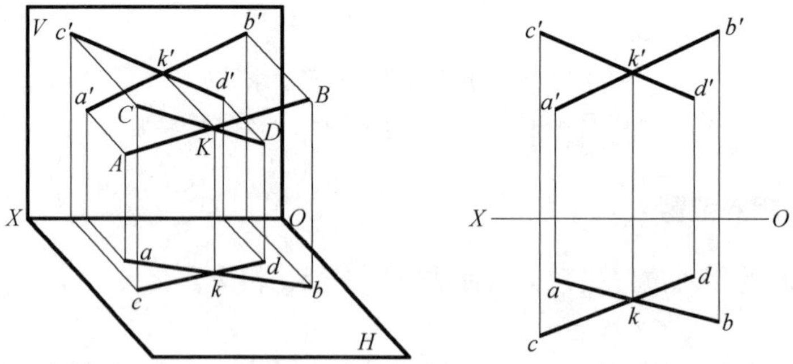

（a）　　　　　　　　（b）

图 2-25　两直线相交

3. 两直线交叉

空间两条既不平行也不相交的直线，称为交叉直线，其投影不满足平行和相交两直线的投影特点。若空间两直线交叉，则它们的同面投影可能有一个或两个平行，但不会三个同面投影都平行；它们的同面投影可能有一个、两个或三个相交，但交点不符合点的投影规律（交点的连线不垂直于投影轴）。

交叉两直线同面投影的交点是两直线对该投影面的重影点的投影，对重影点需要判别可见性。重影点的可见性可根据重影点的其他投影按照前遮后、上遮下、左遮右的原则来判断。如图2-24（a）和图2-26（b）所示，AB 与 CD 的 H 面投影 ab、cd 的交点为 CD 上的Ⅰ、Ⅲ点和 AB 上的Ⅱ、Ⅳ点在 H 面上的重合投影，从 V 面投影看，Ⅰ点在上，Ⅱ点在下，所以 1 为可见，2 为不可见。同理，AB 与 CD 的 V 面投影 $a'b'$、$c'd'$ 的交点为 AB 上的Ⅲ点与 CD 上Ⅳ点在 V 面上的重合投影，从 H 面投影看，Ⅲ点在前，Ⅳ点在后，所以 $3'$ 可见，$4'$ 不可见。

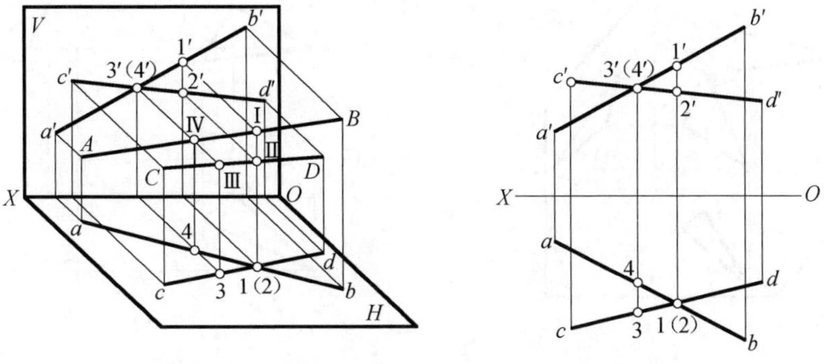

（a）　　　　（b）

图2-26　两直线交叉

2.6　平面的投影

2.6.1　平面的表示法

根据初等几何学所述，平面的表示方法有以下几种，如图2-27所示。

图a：不在同一直线上的三点；图b：一直线和直线外一点；图c：两相交直线；图d：两平行直线；图e：任意平面图形（如四边形、三角形、圆等）。

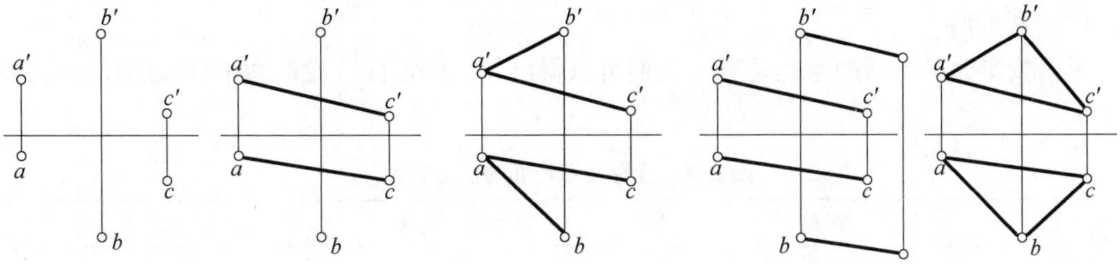

（a）　　（b）　　（c）　　（d）　　（e）

图2-27　几何元素表示平面

2.6.2　各种位置平面的投影特性

根据平面与投影面相对位置的不同，平面可分为投影面平行面、投影面垂直面、一般位置平面。投影面平行面和投影面垂直面统称特殊位置平面。

1. 一般位置平面

（1）空间位置

与三个投影面均倾斜，形成一定角度的平面，称为一般位置平面，如图如图 2-26（a）所示。

（2）投影特性

因为一般位置平面与三个投影既不平行，也不垂直。因此，可概括出一般位置平面的三个投影既不反映实形，也不积聚成直线，均是类似形。如图 2-28（b）所示。

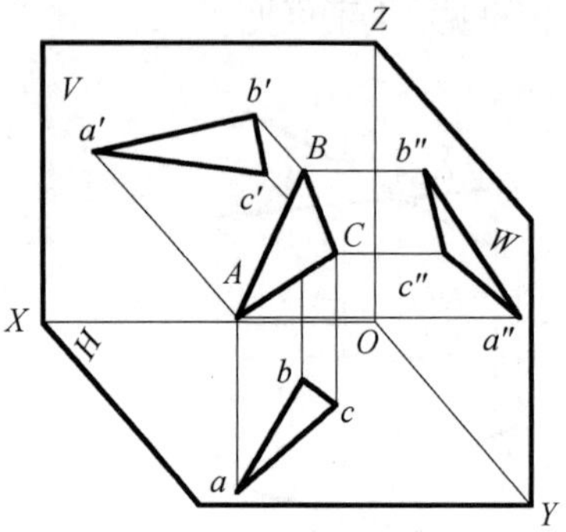

（a）

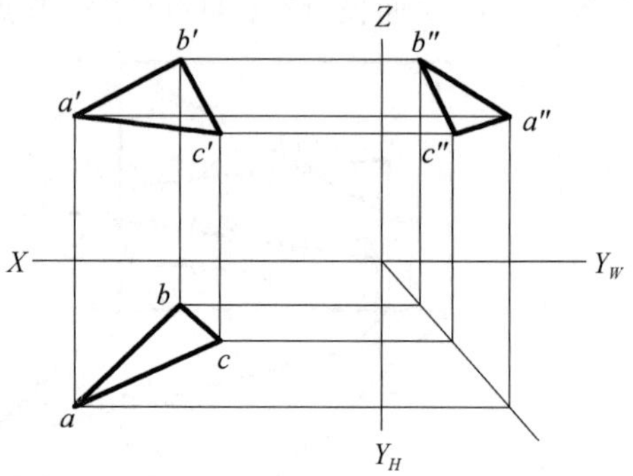

（b）

图 2-28　一般位置平面

（a）空间示意；（b）投影图

2. 投影面平行面

（1）投影面平行面分类

把平行于某一个投影面，与其他两个投影面都垂直的平面，称为投影面平行面。投影面平行面分为三种：

①平行于 *H* 面，与 *V*、*W* 面垂直的平面称为水平面；

②平行于 *V* 面，与 *H*、*W* 面垂直的平面称为正平面；

③平行于 *W* 面，与 *H*、*V* 面垂直的平面称为侧平面。

（2）投影特性

根据投影面平行面的空间位置，我们可以得出其投影特性。投影面平行面的投影特性见表 2-4。

表 2-4　投影面平行面的投影特性

名　称	正平面	水平面	侧平面
直观图	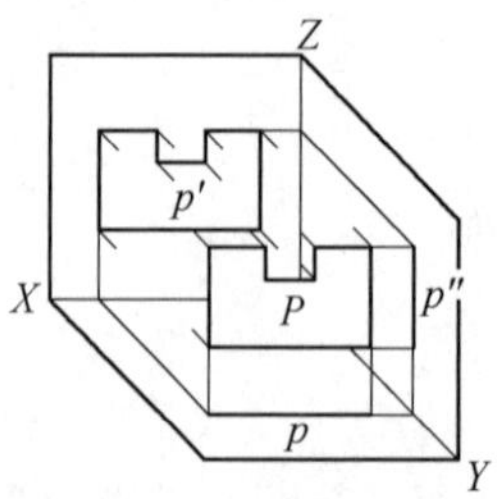	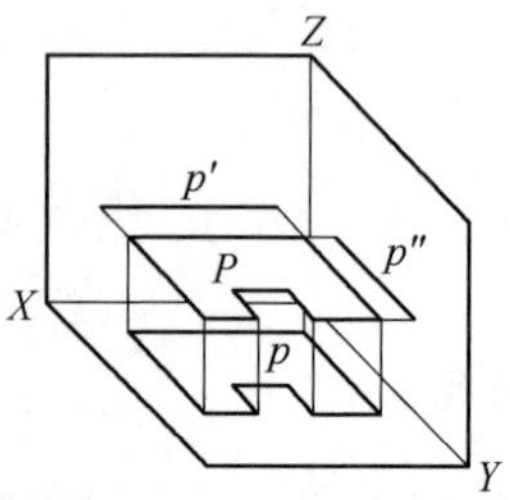	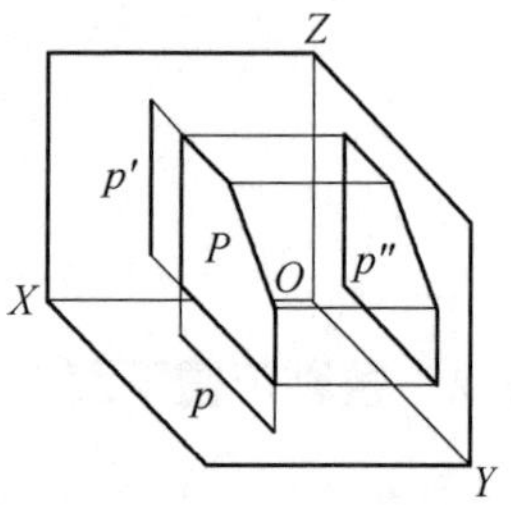

续表

名　称	正平面	水平面	侧平面
投影图	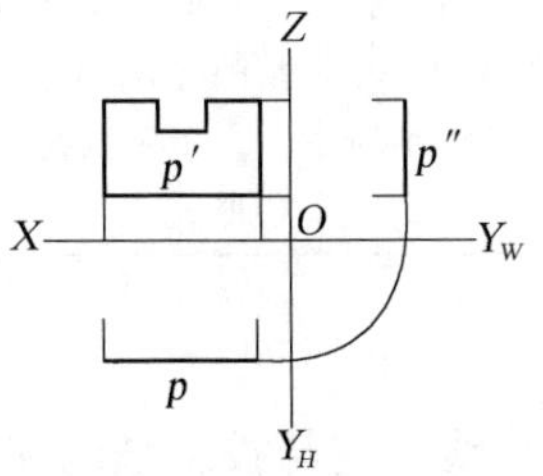	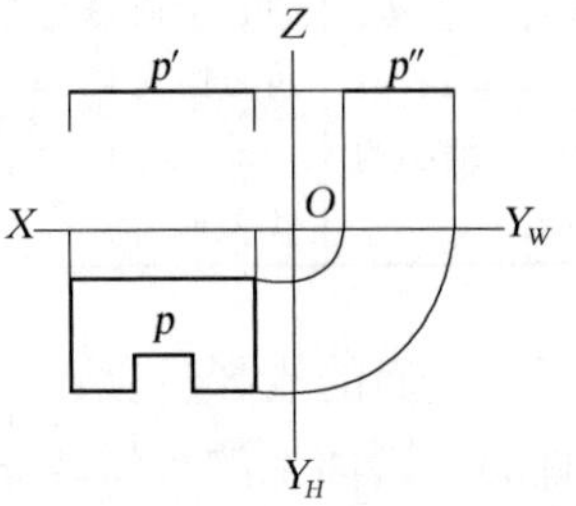	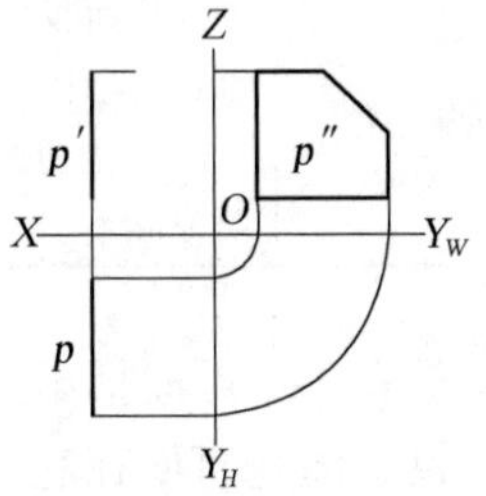
投影特性	1. *V* 面投影反映实形； 2. *H* 面投影、*W* 面投影积聚成直线，分别平行于投影轴 *OX*、*OZ*	1. *H* 面投影反映实形； 2. *V* 面投影、*W* 面投影积聚成直线，分别平行于投影轴 *OX*、OY_W	1. *W* 面投影反映实形； 2. *V* 面投影、*H* 面投影积聚成直线，分别平行于投影轴 *OZ*、OY_H

从表 2-4 可概括出投影面平行面的投影特性：

投影面平行面在它所平行的投影面上的投影反映实形；在其他两个投影面上的投影，分别积聚成直线，并且分别平行于该平面所平行的那个投影面的两条投影轴。

3. 投影面垂直面

(1) 投影面垂直面分类

把垂直于某一个投影面，与其他两个投影面都倾斜的平面，称为投影面垂直面。投影面垂直面分为三种：

①垂直于 *H* 面，与 *V*、*W* 面倾斜的平面称为铅垂面；

②垂直于 *V* 面，与 *H*、*W* 面倾斜的平面称为正垂面；

③垂直于 *W* 面，与 *H*、*V* 面倾斜的平面称为侧垂面。

(2) 投影特性

投影面垂直面的投影特性见表 2-5。

表 2-5　投影面垂直面的投影特性

名　称	正垂面	铅垂面	侧垂面
直观图	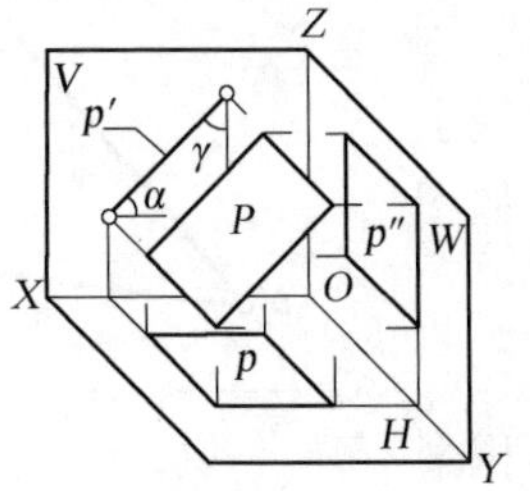	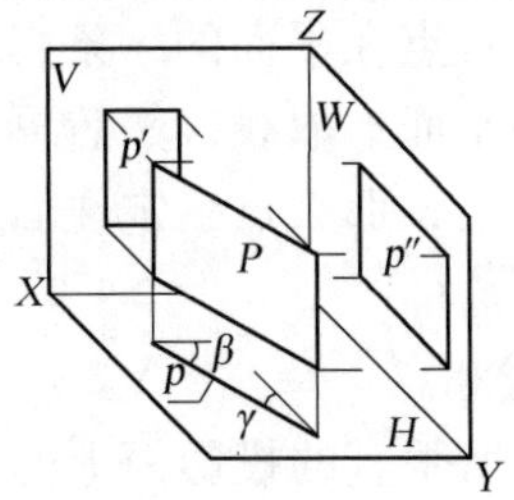	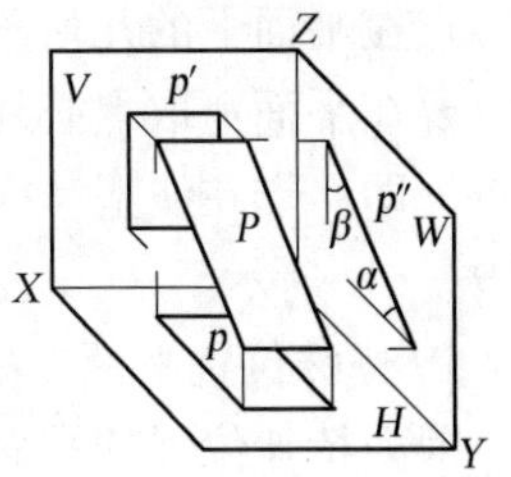
投影图	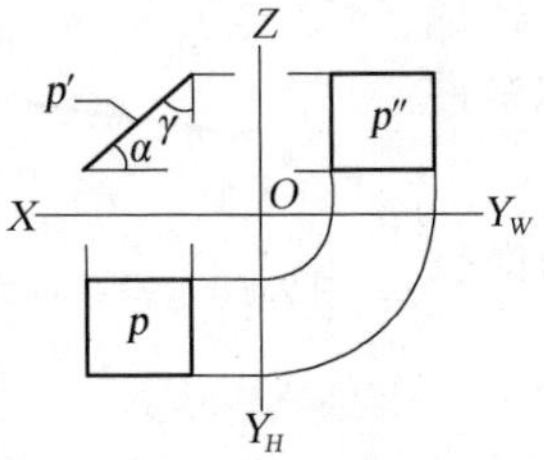	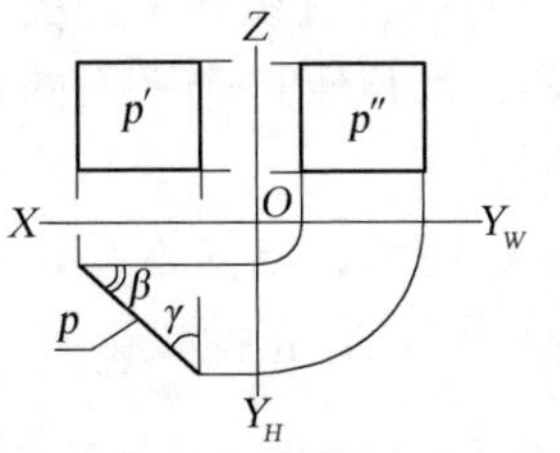	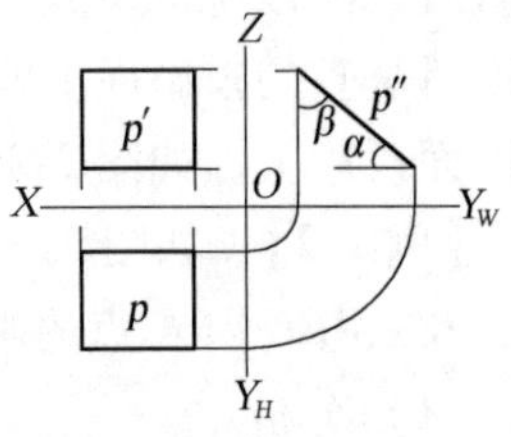

续表

名称	正垂面	铅垂面	侧垂面
投影特性	1. V 面投影积聚成一直线，并反映与 H、W 面的倾角 α、γ； 2. 其他两投影为面积缩小的类似形	1. H 面投影积聚成一直线，并反映与 V、W 面的倾角 β、γ； 2. 其他两投影为面积缩小的类似形	1. W 面投影积聚成一直线，并反映与 H、V 面倾角 α、β； 2. 其他两投影为面积缩小的类似形

从表 2-5 可概括出投影面垂直面的投影特性：

投影面垂直面在它所垂直的投影面上的投影积聚成直线，它与投影轴的夹角，分别反映该平面对其他两投影面的夹角；在其他两投影面上的投影为面积缩小的类似形。

2.6.3 平面上的直线和点

1. 平面上的直线

直线在平面上的几何条件是：直线通过平面上的两点，或通过平面上一点且平行于平面上的一直线，如图 2-29（a）和图 2-29（b）所示。

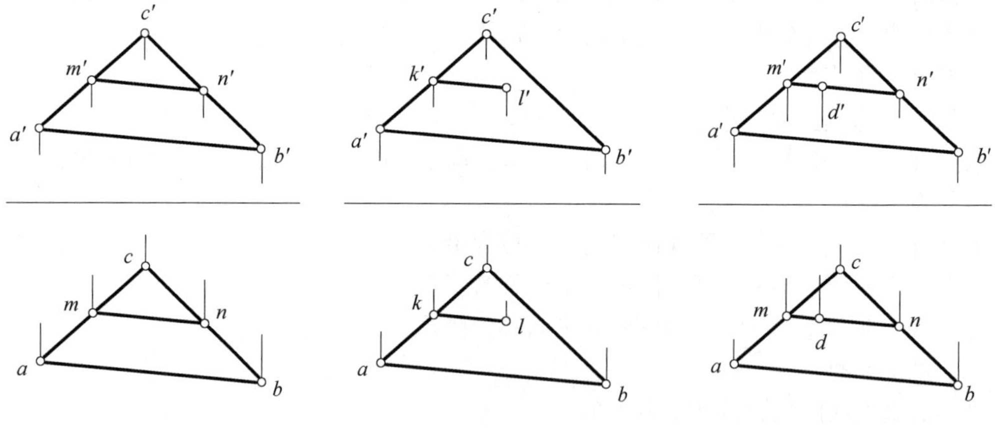

（a）　（b）　（c）

图 2-29　平面上的直线和点

2. 平面上的点

点在平面上的几何条件是：点在平面的一条直线上。因此，要在平面上取点必须先在平面上取线，然后再在此线上取点，即：点在线上，线在面上，那么点一定在面上。如图 2-29（c）所示。

3. 特殊位置平面上的直线和点

因为特殊位置的平面在它所垂直的投影面上的投影积聚成直线，所以特殊位置平面上的点、直线和平面图形，在该平面所垂直的投影面上的投影，都位于这个平面的有积聚性的同面投影上，如图 2-30 所示。

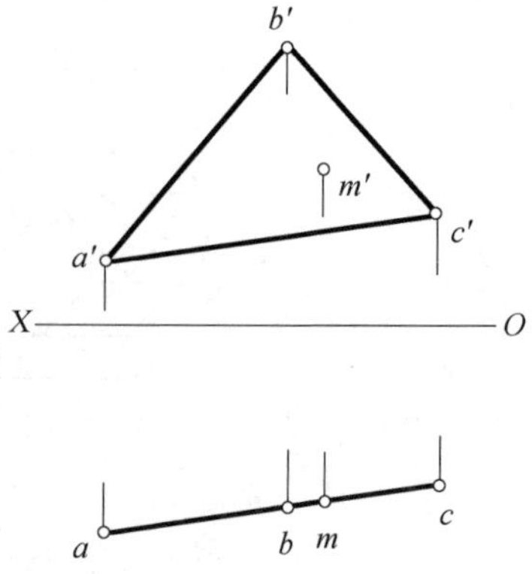

图 2-30　投影面垂直面上的点

【例 2-2】 如图 2-31（a）所示，已知 $\triangle ABC$ 的两面投影，及 $\triangle ABC$ 内 K 点的水平投影 k，作正面投影 k'。

（1）分析

由初等几何可知，过平面内一个点可以在平面内作无数条直线，任取一条过该点且属于该平面的已知直线，则点的投影一定落在该直线的同面投影上。

（2）作图（过程如图 2-31（b）、图 2-31（c）所示）

过△*ABC* 的某一顶点与点 *K* 作一直线如 *AL*，*k'*在直线 *AL* 的正面投影上。

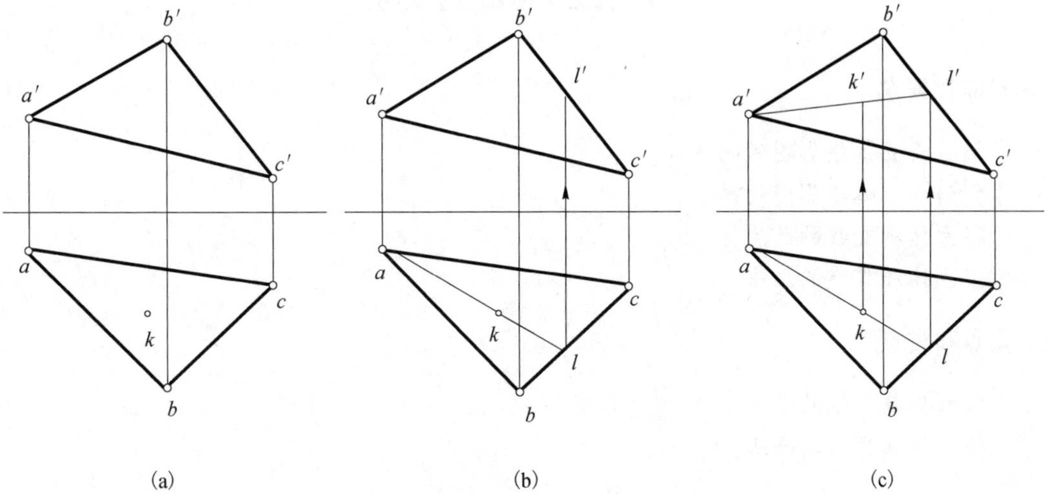

图 2-31　作平面内点的投影

（a）已知；（b）作图过程一；（c）作图过程二

3 立体的投影

教学目标和要求

掌握平面立体投影图的画法；
掌握曲面立体投影图的画法；
掌握立体截交线的画法；
掌握立体相贯线的画法。

教学重点和难点

掌握立体截交线的画法；
掌握立体相贯线的画法。

建筑形体是由基本立体叠加、切割、相交构成的。常见的基本立体分为平面立体和曲面立体两大类。在这一章将介绍基本立体的投影，平面切割基本立体后的投影以及两基本立体相交后的投影。

3.1 平面立体的投影

平面立体的每个表面都是平面，如棱柱、棱锥，由底面和侧面围成。立体的侧面称为棱面，棱面的交线称为棱线，棱线的交点称为顶点。平面立体的投影实质就是画出组成立体各表面的投影。看得见的棱线画成实线，看不见的棱线画成虚线。

3.1.1 棱柱

棱柱的棱线互相平行，上底面和下底面互相平行且大小相等。常见的棱柱有三棱柱、四棱柱、五棱柱和六棱柱。

现以图 3-1 所示的五棱柱为例说明棱柱的投影特征和作图方法。

1. 棱柱的投影

（1）分析

图 3-1（a）所示正五棱柱的顶面和底面平行于水平面，后棱面平行于正面，各棱面均垂直于水平面。在这种位置下，五棱柱的投影特征是：顶面和底面的水平投影重合，并反映实形——正五边形。五个棱面的水平投影分别积聚为五边形的五条边。正面和侧面投影上大小不同的矩形分别是各棱面的投影，不可见的棱线画虚线。

（2）作图

①先画出对称中心线，见图 3-1（b）。

②再画出两个底面的三面投影：其 H 投影重合，反映正五边形实形，是五棱柱的特征投影。它们的 V 投影和 W 投影均积聚为直线。

③画出各棱线的三面投影：H 投影积聚为正五边形的五个顶点，其 V 投影和 W 投影均反映实长。

④三面投影满足长对正、高平齐、宽相等三等定律，省略三根投影轴。如图 3-1（b）所示。

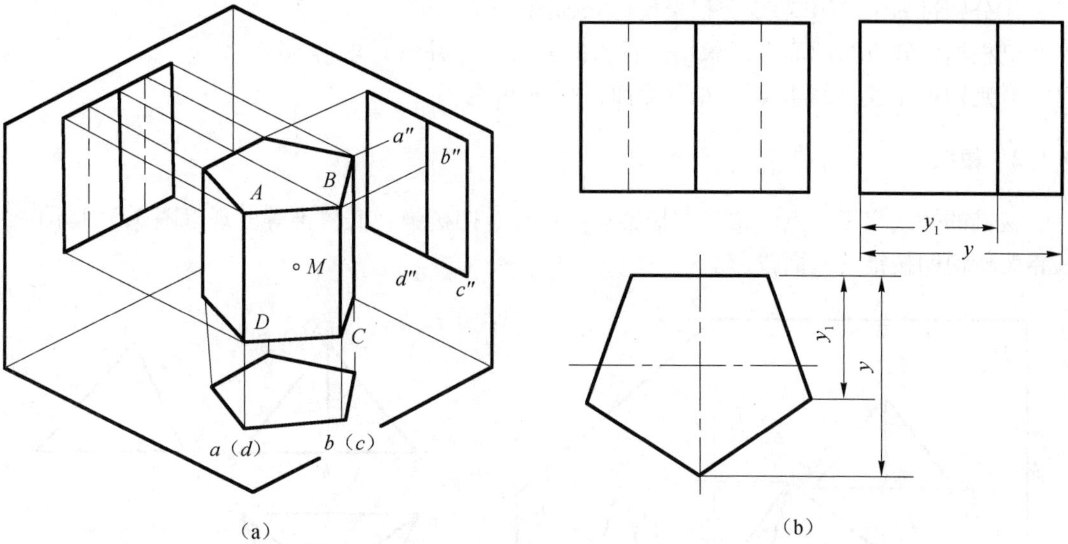

图 3-1　正五棱柱的投影

（a）空间示意；（b）投影图

2. 棱柱表面取点、取线

由于组成棱柱的各表面都是平面，因此，在平面立体表面上取点、取线的问题，实质上就是在平面上取点、取线的问题。

判别立体表面上点和线可见与否的原则是：如果点、线所在表面的投影可见，那么点、线的同面投影可见，否则不可见。

【例 3-1】　如图 3-2（a）所示，已知五棱柱棱面上点 M 的正面投影 m'，求作另外两投影 m、m''。

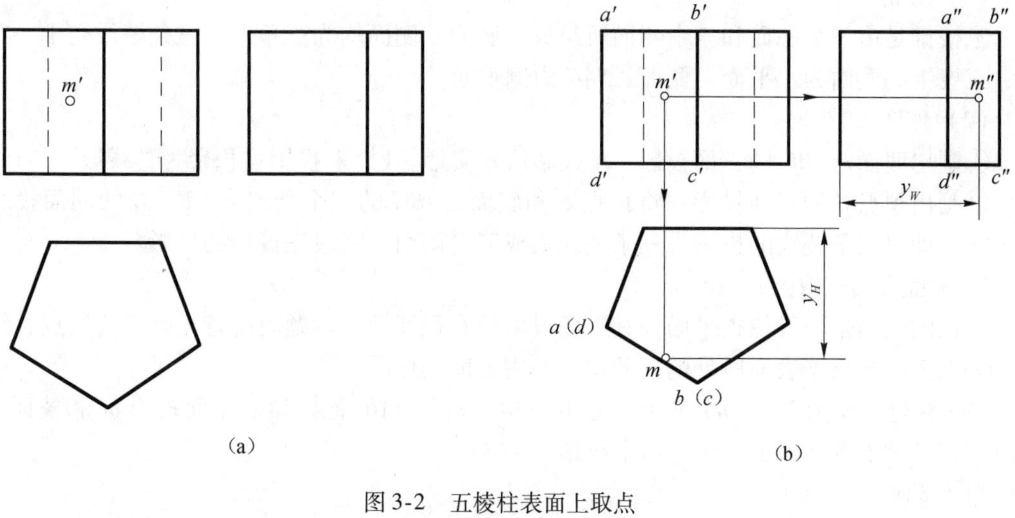

图 3-2　五棱柱表面上取点

（a）已知条件；（b）作图

（1）分析

从图中可知：M 点的正面投影 m'可见，由此判断 M 点在五棱柱的左前面 $ABCD$ 上，左前面为铅垂面，H 投影有积聚性，其 M 点 H 投影 m 必在该侧面的积聚投影上。

（2）作图（过程如图 3-2（b）所示）

①分别过 m'向下引垂线交积聚投影 $abcd$ 于 m 点。

②根据已知点的两面投影求第三投影的方法（二补三）求得 m''。

③判别可见性：因 M 点在左前侧面，则 m''可见。

3.1.2 棱锥

棱锥的棱线交于一点。常见的棱锥有三棱锥、四棱锥、五棱锥等。现以图 3-3 所示的三棱锥为例说明棱锥的三面投影。

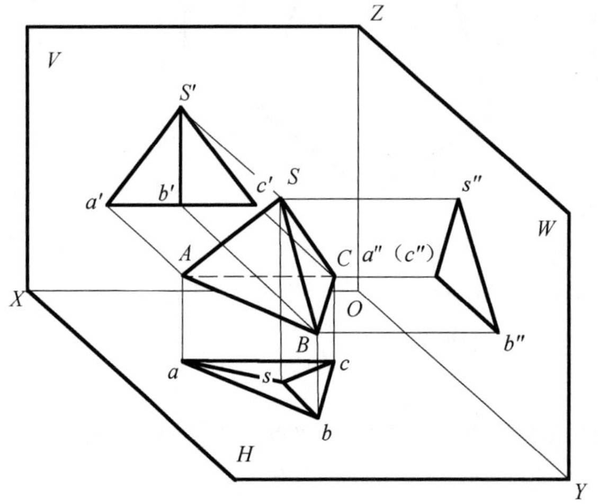

（a）

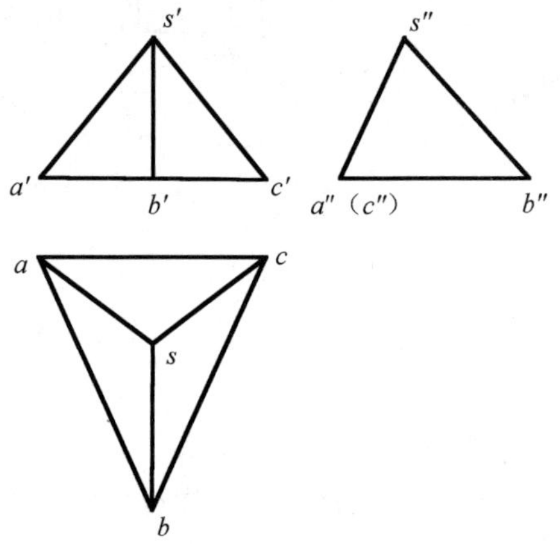

（b）

图 3-3 三棱锥的投影

（a）空间示意；（b）投影图

1. 棱锥的投影

（1）分析

三棱锥是由一个底面和三个侧面所组成。底面及侧面均为三角形。三条棱线交于一个顶点，三棱锥的底面为水平面，侧面△SAC 为侧垂面。

（2）作图

①画出底面△ABC 的三面投影：H 投影反映实形，V、W 投影均积聚为直线段。

②画出顶点 S 的三面投影：将顶点 S 和底面△ABC 的三个顶点 A、B、C 的同面投影两两连线，即得三条棱线的投影，三条棱线围成三个侧面，完成三棱锥的投影。

2. 棱锥表面上取点、取线

棱锥的棱面是一般位置平面，其三面投影没有积聚性，解题时应首先确定所给点、线在哪个表面上，再根据表面所处的空间位置利用辅助线作图。

【例 3-2】 如图 3-4（a）所示，已知三棱锥棱面 SAB 上点 M 的正面投影 m'和棱面 SAC 上点 N 的水平投影 n，求作另外两个投影。

（1）分析

M 点所在棱面 SAB 是一般位置平面，其投影没有积聚性，必须借助在该平面上作辅助线的方法求作另外两个投影，如图3-4（b）所示。也可以在棱面 *SAB* 上过 *M* 点作 *AB* 的平行线为辅助线作出其投影。*N* 点所在棱面 *SAC* 是侧垂面，可利用积聚性画出其投影。

（2）作图（过程如图3-4（b）、图3-4（c）所示）

①过 m'作 $m'd'/\!/a'b'$交 $s'a'$于 d'，由 d'作垂线得出 d，过 d 作 ab 的平行线，再由 m'求得 m。

②由 m'高平齐、宽相等求得 m''，如图3-4（b）所示。

③*N* 点在三棱锥的后面侧垂面上，其侧面投影 n''必在 $s''a''$上，因此不需要作辅助线，利用“高平齐”可直接作出 n'。

④再由 n'、n''，根据“宽相等”直接作出 n。如图3-4（c）所示。

⑤判别可见性：m、n、m''可见。

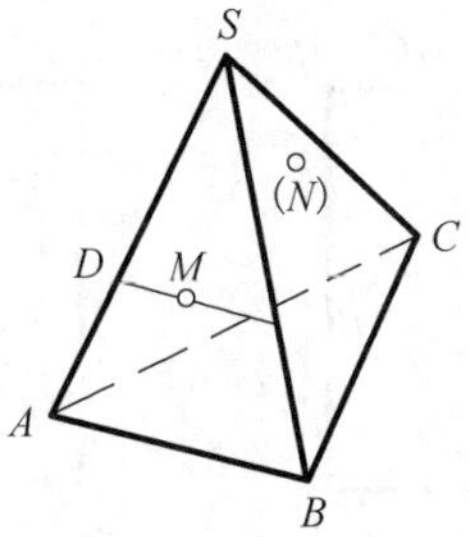

(a)

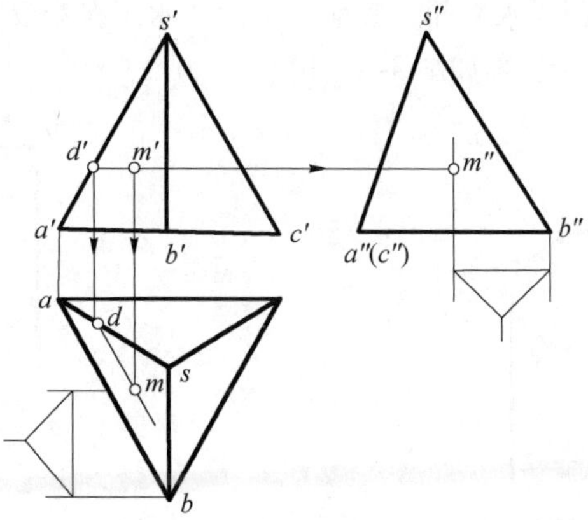

(b)

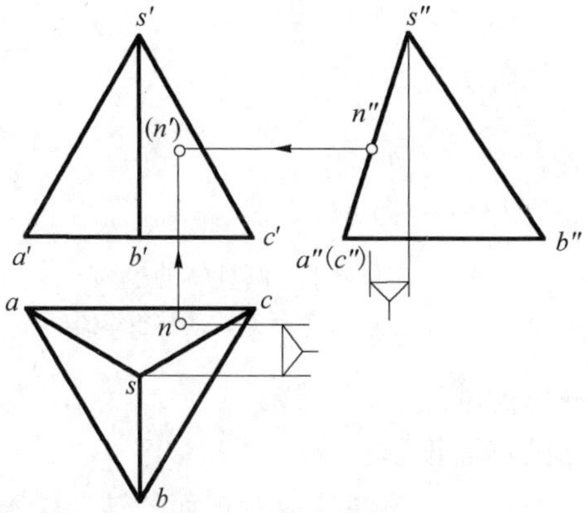

(c)

图3-4　三棱锥表面上取点

3.2　曲面立体的投影

常见的曲面立体是回转体，主要有圆柱体、圆锥体、圆球体等。曲面立体是由曲面或曲面与平面围成的。

在投影面上表示回转体就是把组成回转体的曲面或曲面与平面表示出来，然后判别其可见性。曲面上可见与不可见的分界线称为回转面对该投影面的转向轮廓线。因为转向轮廓线是对某一投影面而言，所以它们的其他投影不应画出。

3.2.1 圆柱体

圆柱体由圆柱面和上下两底面围成。圆柱面可看成由一条母线绕平行于它的轴线回旋而成，圆柱面上任意一条平行于轴线的直母线称为圆柱面的素线。下面以图 3-5（a）所示的圆柱为例说明圆柱体的三面投影。

1. 圆柱体的投影

（1）分析

圆柱体由圆柱面、顶面、底面围成。圆柱面是由直线绕与其平行的轴线旋转一周形成的。因此圆柱也可看作是由无数条相互平行且长度相等的素线所围成。圆柱轴线垂直于 H 面，底面、顶面为水平面，底面、顶面的水平投影反映圆的实形，其他投影积聚为直线段。

（2）作图（过程如图 3-5（b）所示）

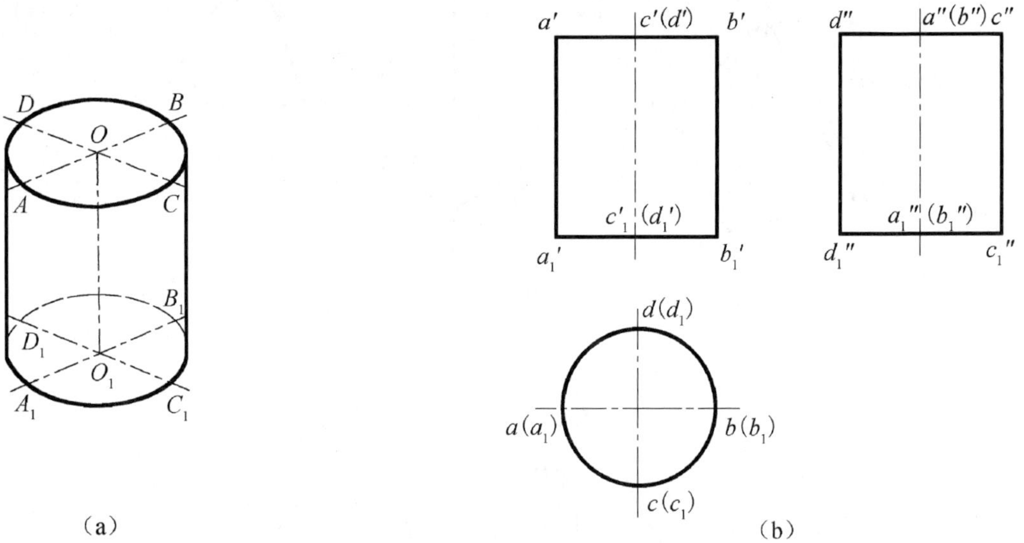

（a） （b）

图 3-5 圆柱体的投影

（a）空间示意；（b）投影图

①用点画线画出圆柱体的轴线、中心线；

②画出顶面、底面圆的三面投影；

③画转向轮廓线的三面投影，该圆柱面对正面的转向轮廓线（正视转向轮廓线）为 AA_1 和 BB_1，其侧面投影与轴线重合，对侧面的转向轮廓线（侧视转向轮廓线）为 DD_1 和 CC_1，其正面投影与轴线重合；

④还应注意圆柱体的 H 投影圆是整个圆柱面积聚成的圆周，圆柱面上所有的点和线的 H 投影都重合在该圆周上。圆柱体的三面投影特征为一个圆对应两个矩形。

2. 圆柱表面上取点、取线

在圆柱体表面上取点，可直接利用圆柱投影的积聚性作图。

【例 3-3】 如图 3-6（a）所示，已知圆柱面上的点 M、N 的正面投影，求其另两个投影。

（1）分析

M 点的正面投影 m' 可见，又在点画线的左面，由此判断 M 点在左前半圆柱面上，侧面投影可见；N 点的正面投影（n'）不可见，又在点画线的右面，由此判断 N 点在右后半圆柱面上，侧面投影不可见。

（2）作图（过程如图3-6（b）所示）

①求 m、m''。过 m' 向下作垂线交于圆周上一点为 m，根据 y_1 坐标求出 m''；

②求 n、n''。作法与 M 点相同。

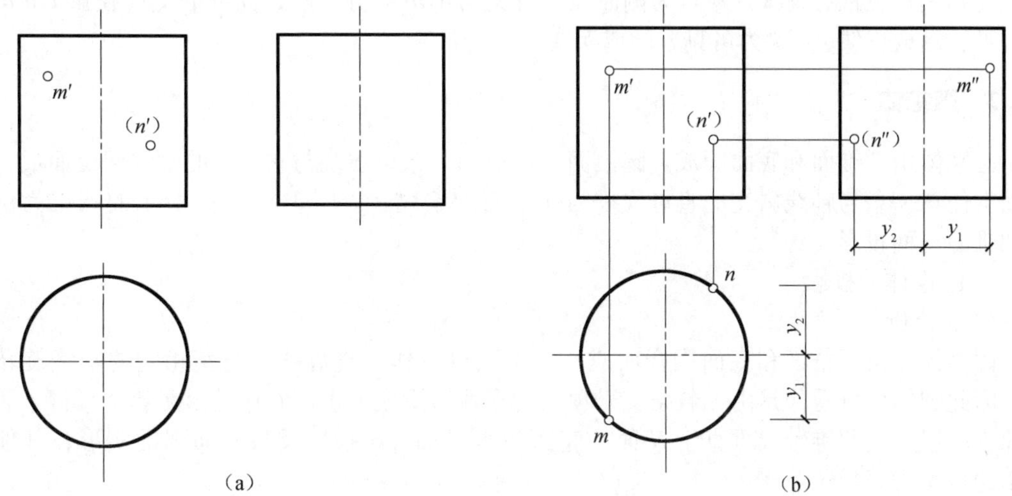

图3-6　圆柱表面上取点

（a）已知条件；（b）作图

【例3-4】 如图3-7（a）所示，已知圆柱面上的三点 ABC 的一个投影 a'、b、c''，求其另两个投影，并把 ABC 顺序连接起来。

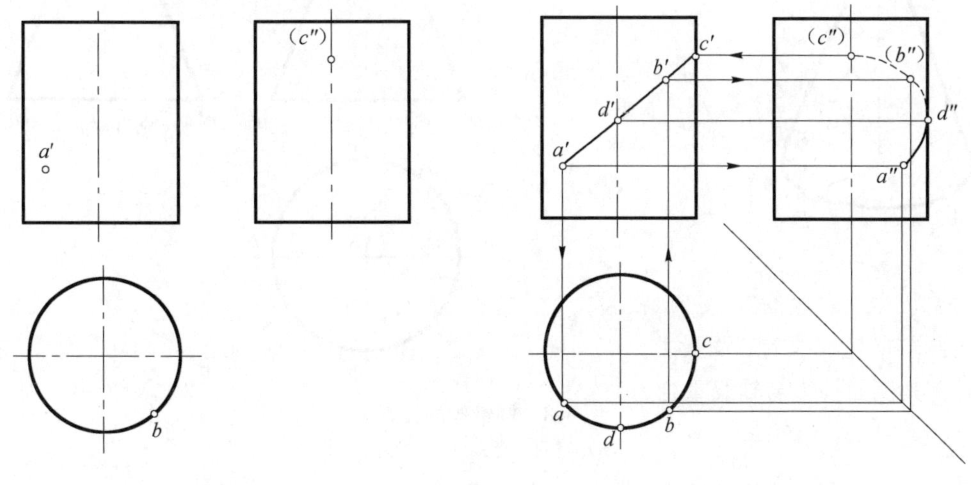

图3-7　圆柱表面上取线

（a）已知条件；（b）作图

（1）分析

圆柱面上的线除了素线外均为曲线，由此判断线段 ABC 是圆柱面上的一段曲线。AB 位于前半圆柱面上，C 位于最右的转向轮廓线上，因此 $a'b'c'$ 可见。为了准确地画出曲线 ABC 的投影，找出转向轮廓线上的点（如 D 点），把它们光滑连接即可。

(2) 作图（过程如图3-7（b）所示）

①求端点A、C的投影。利用积聚性求得H投影a、c，再根据y坐标求得a''、c''；

②求侧视转向轮廓线上的点D的投影d、d''；

③求中间点B的投影b、b''；

④判别可见性并连线。D点为侧面投影可见与不可见分界点，曲线的侧面投影$c''b''d''$为不可见，画成虚线。$a''d''$为可见，画成实线。

3.2.2 圆锥体

圆锥体由圆锥面和底面围成。圆锥面可看成由一条母线绕与它斜交的轴线回旋而成，圆锥面上任意一条与轴线斜交的直母线称为柱锥面的素线。以图3-8（a）所示的圆锥为例说明圆锥的三面投影。

1. 圆锥体的投影

(1) 分析

圆锥体是由圆锥面和底面围合而成。圆锥面可看作一直母线绕与其相交的轴线旋转而成。因此圆锥体可看作是由无数条交于顶点的素线所围成，也可看作是由无数个平行于底面的纬圆所组成。圆锥轴线垂直于H面，底面为水平面，H投影反映底面圆的实形，其他两投影均积聚为直线段。

(2) 作图（过程如图3-8（b）所示）

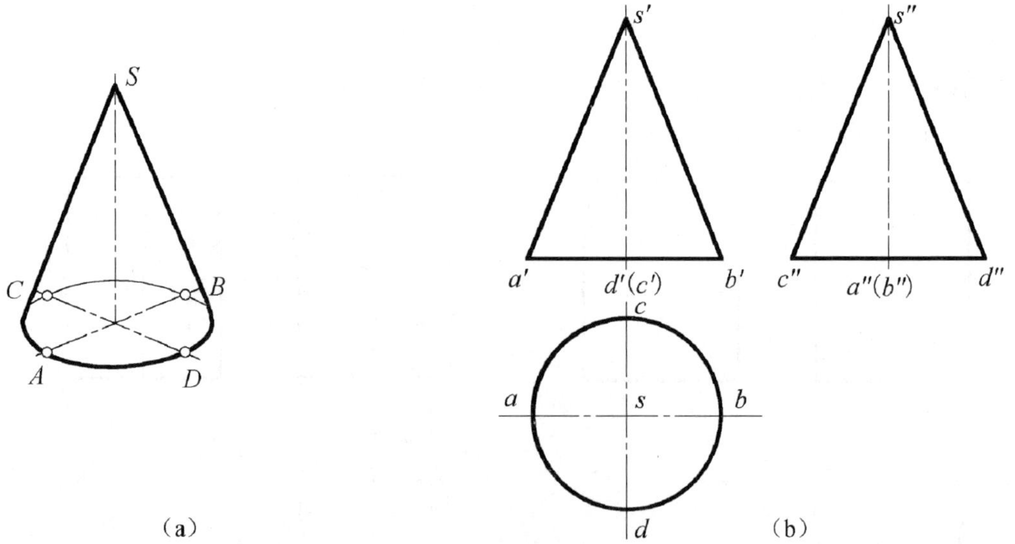

图3-8 圆锥体的投影

（a）空间示意；（b）投影图

①用点画线画出圆锥体各投影轴线、中心线；

②画出底面圆和锥顶S的三面投影；

③画出各转向轮廓线的投影。正视转向轮廓线的V投影$s'a'$、$s'b'$，侧视转向轮廓线的W投影为$s''c''$、$s''d''$；

④圆锥面的三个投影都没有积聚性。圆锥面三面投影的特征为一个圆对应两个三角形。

2. 圆锥体表面上取点、取线

由于圆锥面的三个投影都没有积聚性，求表面上的点时，需要采用辅助线法。为了作图方便，在曲面上作的辅助线应尽可能的是直线（素线）或平行于投影面的圆（纬圆）。因此在圆锥面上取点的方法有两种：素线法和纬圆法。

【例 3-5】 如图 3-9 所示，已知圆锥面上点 M 的正面投影 m'，求 m、m''。

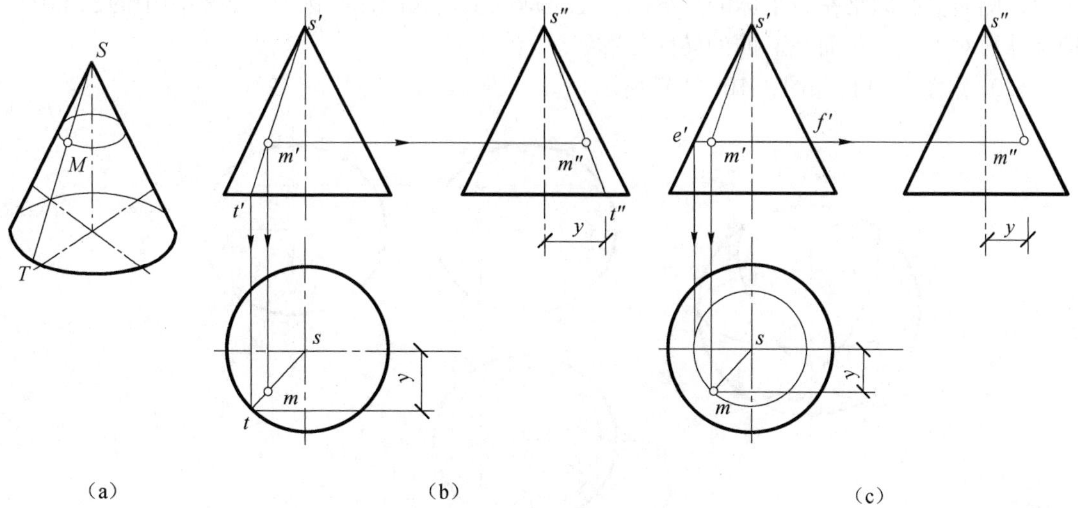

图 3-9　圆锥面上取点

（a）空间示意；（b）素线法；（c）纬圆法

方法一：素线法

（1）分析

如图 3-9（a）所示，M 点在圆锥面上，一定在圆锥面的一条素线上，故过锥顶 S 和点 M 作一素线 ST，求出素线 ST 的各投影，根据点线的从属关系，即可求出 m、m''。

（2）作图（过程如图 3-9（b）所示）

①在图 3-9（b）中连接 $s'm'$ 延长交底圆于 t'，在 H 投影上求出 t 点，根据 t、t' 求出 t''，连接 st、$s''t''$ 即为素线 ST 的 H 投影和 W 投影。

②根据点线的从属关系求出 m、m''。

方法二：纬圆法

（1）分析

过点 M 作一平行于圆锥底面的纬圆。该纬圆的水平投影为圆，正面投影、侧面投影为一直线。M 点的投影一定在该圆的投影上。

（2）作图（过程如图 3-9（c）所示）

①在图 3-9（c）中，过 m' 作与圆锥轴线垂直的线 $e'f'$，它的 H 投影为一直径等于 $e'f'$、圆心为 S 的圆，m 点必在此圆周上。

②由 m'、m 求出 m''。

3.2.3　圆球体

圆球体由圆球面围合而成，圆球表面可看作由一条圆母线绕其直径回转而成。以如图 3-10（a）所示的圆球为例说明圆球体的三面投影。

1. 圆球体的投影

（1）分析

圆球的三个投影均为大小相等的圆，其直径等于圆球的直径。正面投影圆是前后半球的分界圆，也是球面上最大的正平圆；水平投影圆是上下半球的分界圆，也是球面上最大的水平圆；侧面投影圆是左右半球的分界圆，也是球面上最大的侧平圆。三投影图中的三个圆分别是球面对 V 面、H 面、W 面的转向轮廓线。

（2）作图（过程如图 3-10（b）所示）

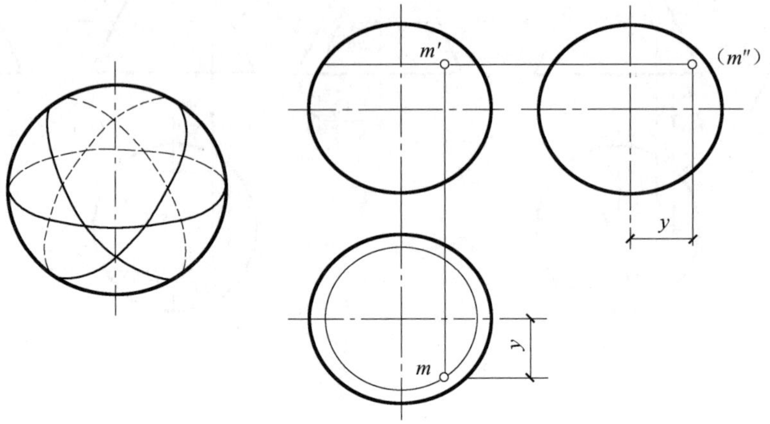

（a）　　　　（b）

图 3-10　圆球体的投影及圆球面上取点

（a）空间示意；（b）投影图

①确定球心位置，并用点画线画出它们的对称中心线。各中心线分别是转向轮廓线投影的位置；

②分别画出球面上对三个投影面的转向轮廓线圆的投影。

2. 圆球面上取点、取线

球面的三个投影均无积聚性。过表面上一点，可作属于球面上的无数个纬圆。为作图方便，选用平行于投影面的纬圆作辅助纬圆，即过球面上一点可作正平纬圆、水平纬圆或侧平纬圆。

【例 3-6】 如图 3-10（b）所示，已知属于球面上的点 M 的正面投影 m'，求其另两投影。

（1）分析

根据 m' 的位置和可见性，可判断 M 点在上半球的右前部，因此 M 点的水平投影 m 可见，侧面投影 m'' 不可见。

（2）作图

过 m' 作一水平纬圆，作出水平纬圆的 H、W 投影，从而求得 m、m''。当然，也可采用过 m' 作正平纬圆或侧平纬圆来解决，这里不再详述。

3.3　切割体的投影

立体被平面切割后剩余部分的投影，叫做切割体的投影。在工程中常常会遇到这样的形体。如图 3-11（a）所示木榫头和图 3-11（b）所示顶尖。

截割立体的平面称为截平面；截平面与立体表面的交线称为截交线；由截交线所围成的平面图形称为截面（断面）。如图 3-12（a）、图 3-12（b）所示。

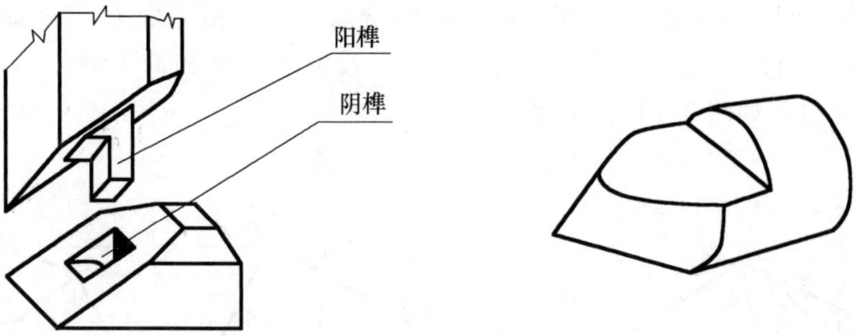

（a）　　　　（b）

图 3-11　切割体

（a）木榫头；（b）顶尖

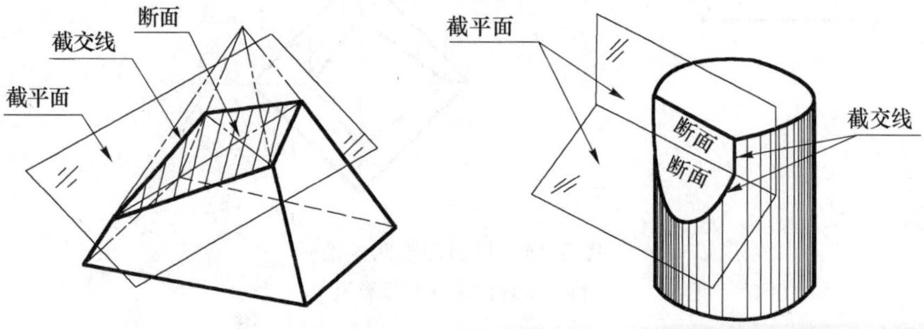

（a）　　　　（b）

图 3-12　截交线概念

（a）平面体的截交线；（b）曲面体的截交线

根据截平面的位置以及立体形状的不同，所得截交线的形状也不同，但任何截交线都具有以下基本性质：

（1）封闭性。立体表面上的截交线总是封闭的平面图形（平面折线、平面曲线或两者组合）。

（2）共有性。截交线既属于截平面，又属于立体的表面。

从以上性质可知：求画截交线实质上就是要求画出截平面与立体表面上一系列共有点的问题。

3.3.1　平面切割体的投影

1. 截交线分析

平面截切平面立体所得的截交线，是由直线段组成的封闭的平面多边形。平面多边形的每一个顶点是平面立体的棱线与截平面的交点，每一条边是平面立体的表面与截平面的交线。画截交线的实质就是求出平面立体的棱线与截平面的交点，或直接求出平面立体的表面与截平面的交线。

下面举例说明画截交线的步骤。

2. 平面截切棱锥

【例 3-7】 如图 3-13 所示，求四棱锥被正垂面 P 截割后，截交线的投影。

（1）分析

由图 3-13（a）可见，截平面 P 与四棱锥的四个侧面都相交，所以截交线为四边形。四边形的四个顶点是四棱锥的四条棱线与截平面的交点。由于截平面 P 为正垂面，故截交线的 V 面投影积聚为直线，可直接确定，然后再由 V 投影求出 H 和 W 投影。

（2）作图（过程如图 3-13（b）所示）

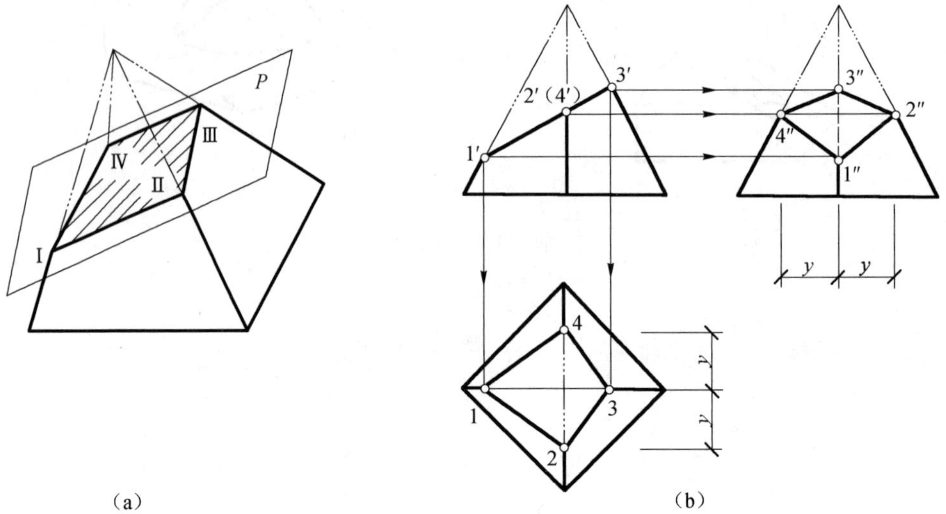

（a）　　（b）

图 3-13　平面截割四棱锥

（a）立体图；（b）投影图

①根据截交线投影的积聚性，在 V 面投影中直接求出截平面 P 与四棱锥四条棱线交点的 V 面投影 1′、2′、3′、4′。

②根据从属性，在四棱锥各条棱线的 H、W 面投影上，求出交点的相应投影 1、2、3、4 和 1″、2″、3″、4″。

③将各点的同面投影依次相连（注意同一侧面上的两点才能相连），即得截交线的各投影。由于四棱锥去掉了被截平面切去的部分，所以截交线的三个投影均为可见。

3. 平面截切棱柱

【例 3-8】 如图 3-14（a）所示，求作被截五棱柱的三面投影图。

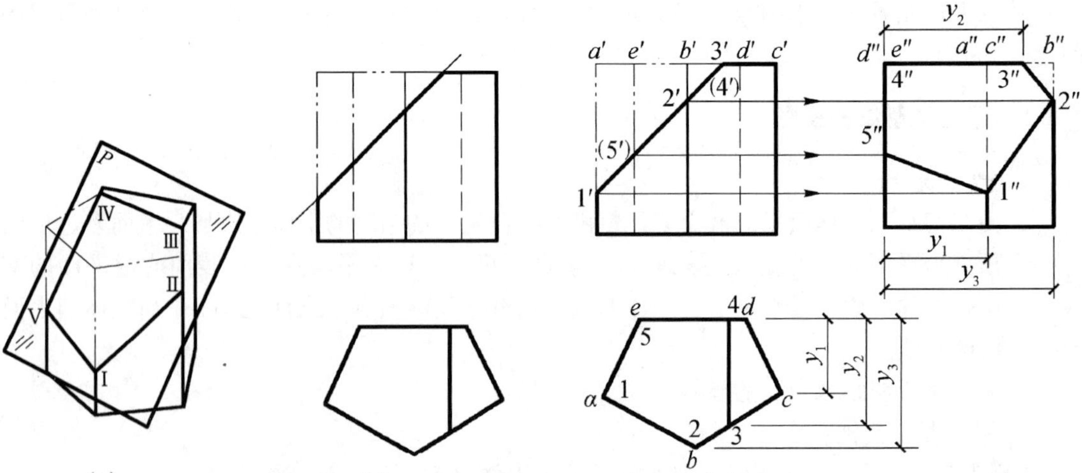

（a）　　（b）　　（c）

图 3-14　求缺口五棱锥的投影

（a）立体图；（b）已知条件；（c）投影图

（1）分析

由于截平面是一个正垂面，所以截交线的 V 面投影与截平面的正面投影重合，从 V 面投影中可以看出，五棱柱被平面截的是上顶面和四个棱面，故截交线是一个五边形。五边形的五个顶点就是截平面与五棱柱的三条侧棱及上顶面的两条边的交点。

（2）作图（具体过程如图 3-14（c）所示）

①在 V 投影面上找出五个点正面投影 1′、2′、3′、4′、5′的位置；

②根据“长对正”原则画出五个点的水平投影 1、2、3、4、5 的位置；

③根据五个点正面投影和水平投影画出侧面投影 1″、2″、3″、4″、5″的位置。

4. 画截交线的步骤

（1）分析截平面数目以及它们与投影面的相对位置。

（2）确定截交线的形状，找出截交线上顶点的一面投影。

①求截平面与棱线的交点；

②求截平面与底边的交点；

③求两截平面与棱面的交点。

（3）找出截交线上顶点的其他两面投影。

（4）同一棱面上的相邻两点相连。

（5）判别可见性。可见表面上的交线可见，否则不可见；不可见的交线用虚线表示。

（6）整理立体的棱线。

3.3.2 曲面切割体的投影

1. 截交线分析

平面与曲面立体相交，其截交线一般为封闭的平面曲线，特殊情况为直线或曲线。其形状取决于曲面立体的几何特征，以及截平面与曲面立体的相对位置。截交线是截平面与曲面立体表面的共有线，求截交线时只需求出若干共有点，然后按顺序光滑连接成封闭的平面图形即可。因此，求曲面立体的截交线实质上就是在曲面立体表面上取点。

2. 平面截切圆柱

平面截切圆柱时，根据截平面与圆柱轴线的相对位置的不同，截交线有三种不同的形状，见表 3-1。

表 3-1　平面截切圆柱

截平面位置	截平面与轴线平行	截平面与轴线垂直	截平面与轴线倾斜
立体图	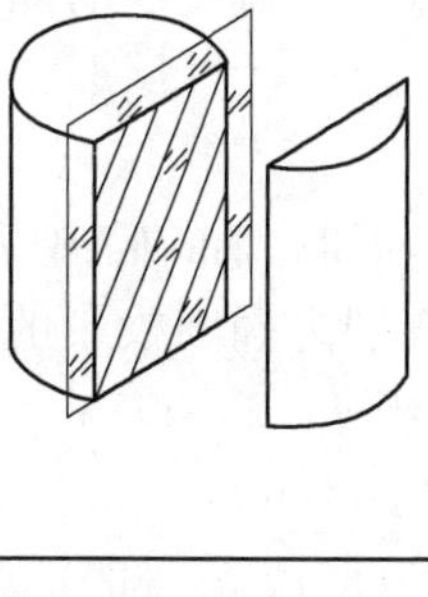	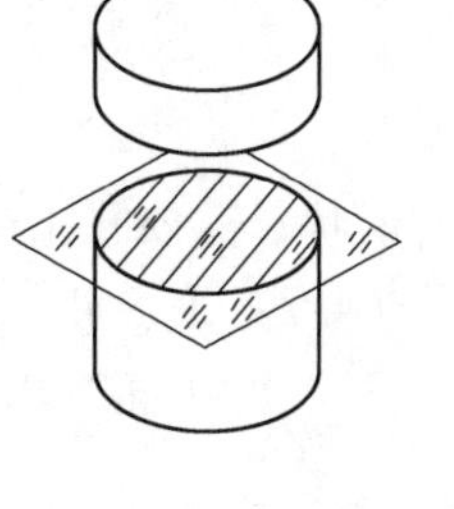	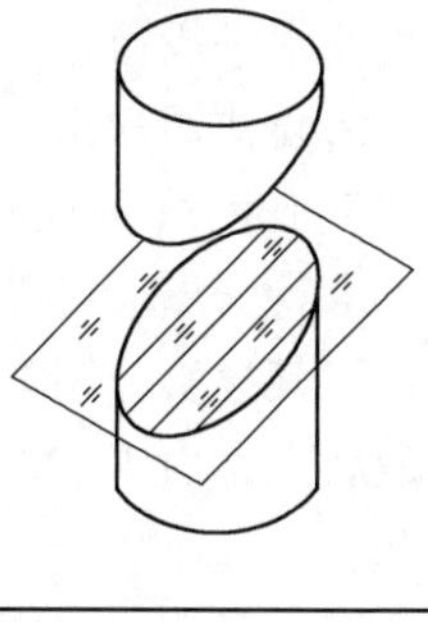

续表

截平面位置	截平面与轴线平行	截平面与轴线垂直	截平面与轴线倾斜
投影图	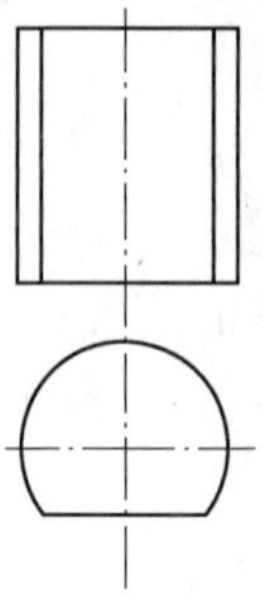	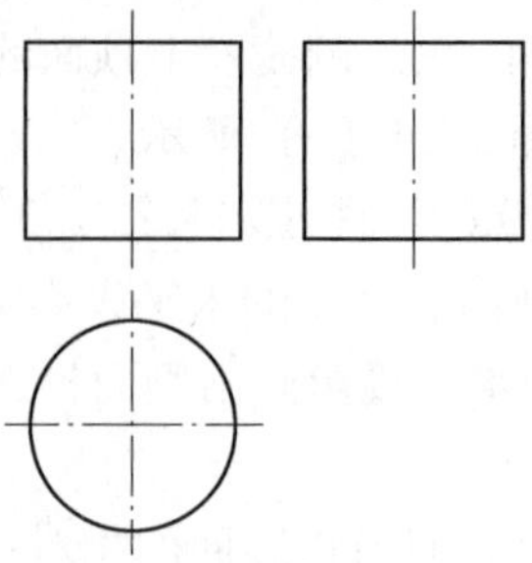	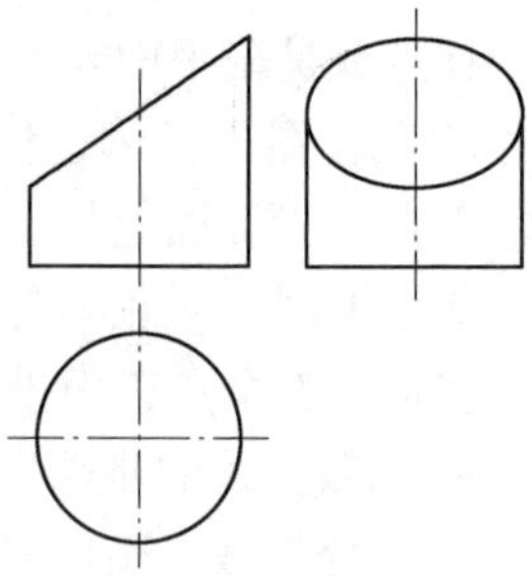
特点	截交线为直线	截交线为圆	截交线为椭圆

【**例 3-9**】 如图 3-15 所示，求正垂面 *P* 截切圆柱所得的截交线的投影。

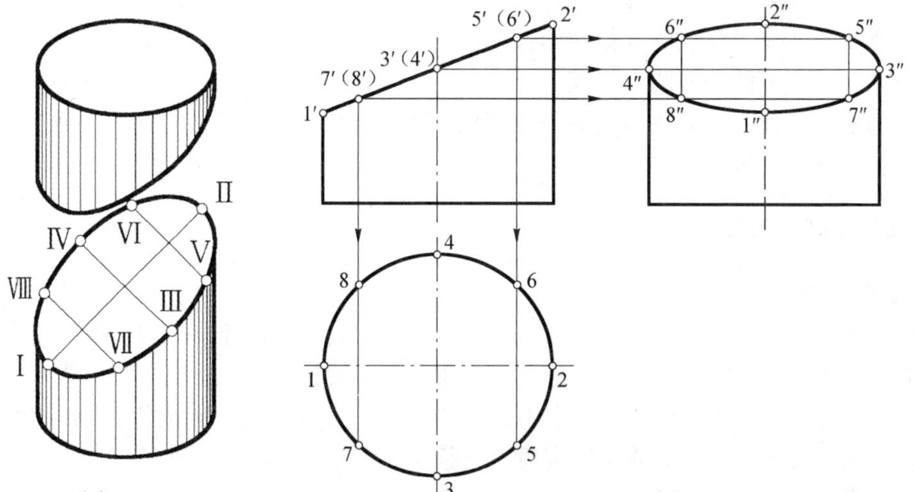

（a）　（b）

图 3-15　平面截切圆柱

（a）立体图；（b）作图

（1）分析

正垂面 *P* 倾斜于圆柱轴线，截交线的形状为椭圆。平面 *P* 垂直于 *V* 面，所以截交线的 *V* 投影和平面 *P* 的 *V* 投影重合，积聚为一段直线。由于圆柱面的水平投影具有积聚性，所以截交线的水平投影也有积聚性，与圆柱面 *H* 投影的圆周重合。截交线的侧面投影仍是一个椭圆，需要作图求出。

（2）作图（过程如下）

①求特殊点。要确定椭圆的形状，需要找出椭圆的长轴和短轴。椭圆短轴为Ⅰ Ⅱ，长轴为Ⅲ Ⅳ，其投影分别为 1′2′、3′（4′）。Ⅰ、Ⅱ、Ⅲ、Ⅳ分别为椭圆投影的最低、最高、最前、最后点，由 *V* 投影 1′、2′、3′、4′可直接求出 *H* 投影 1、2、3、4 和 *W* 投影 1″、2″、3″、4″；

②求一般点。为作图方便，在 *V* 投影上对称性地取 5′（3′）、7′（8′）点，*H* 投影 5、3、

7、8 一定在柱面的积聚投影上，由 H、V 投影再求出其 W 投影 5″、3″、7″、8″。取点的多少一般可根据作图准确程度的要求而定；

③依次光滑连接 1″、8″、4″、6″、2″、5″、3″、7″、1″即得截交线的侧面投影，将不到位的轮廓线延长到 3″和 4″。

3. 平面截切圆锥

平面截切圆锥时，根据截平面与圆锥相对位置的不同，其截交线有五种不同的情况，见表 3-2。

表 3-2　平面截切圆锥

截平面位置	截平面垂直于轴线	截平面倾斜于轴线	截平面平行于一条素线	截平面平行于轴线（平行于两条素线）	截平面通过锥顶
立体图		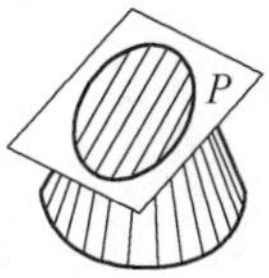	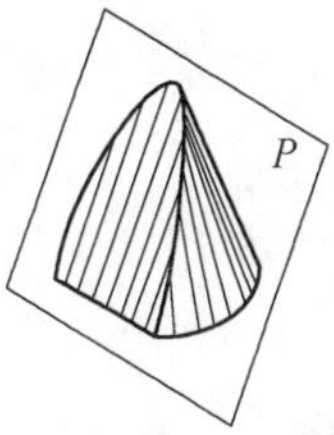	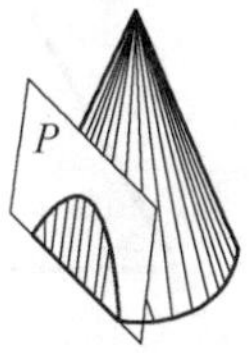	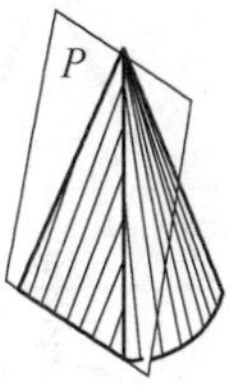
投影图	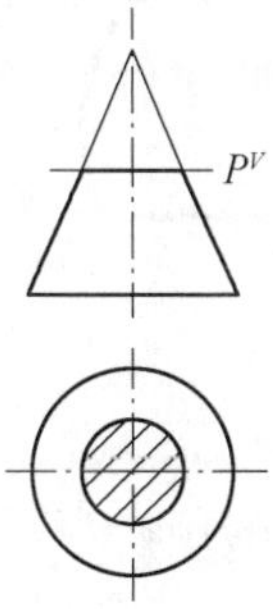	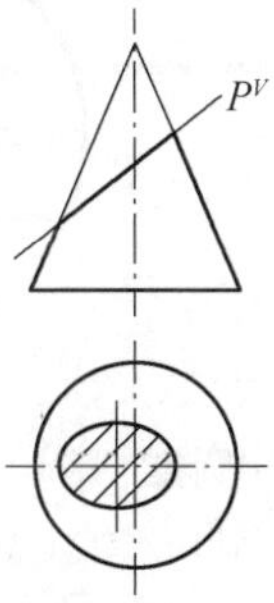	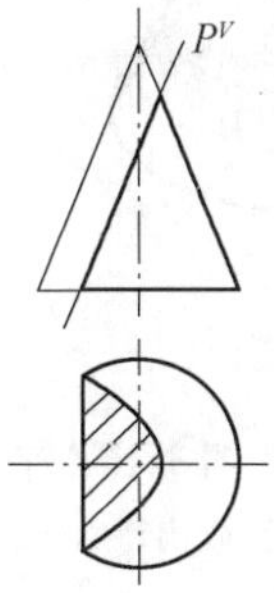	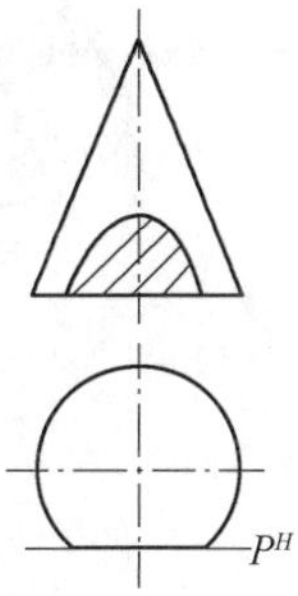	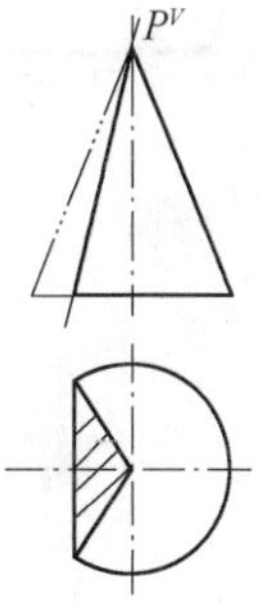
特点	截交线为圆	截交线为椭圆	截交线为抛物线	截交线为双曲线	截交线为两素线

【例 3-10】 如图 3-16 所示，求正平面 P 截切圆锥所得的截交线的投影。

（1）分析

由图 3-16 可看出，截平面 P 为平行于圆锥轴线的正平面，截切圆锥所得的截交线为双曲线，双曲线的 H 投影和 W 投影与正平面 P 的积聚投影重合，为一直线段，均不反映实形。

（2）作图（过程如下）

①求特殊点。确定双曲线的顶点和端点，图 3-16（b）中点Ⅰ和Ⅴ为双曲线的端点，位于圆锥底面圆周上；点Ⅲ为双曲线的顶点（最高点）；这三点均可直接求出三面投影。

②求一般点。再找出两个一般位置的点Ⅱ和Ⅳ，作辅助圆 R 与截平面 P 相交于 2、4 两点，用纬圆法求出其余两面投影。

③依次光滑连接 1′、2′、3′、4′、5′，即得截交线的 V 投影。

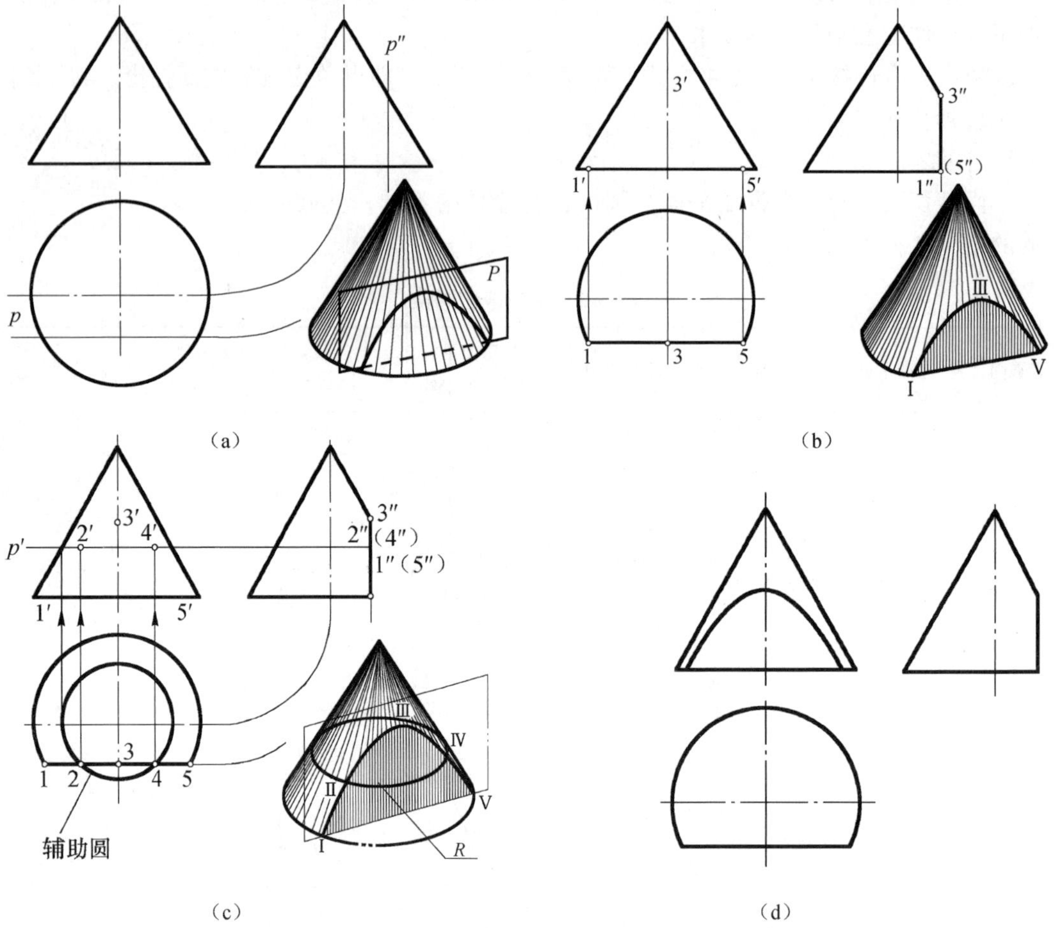

图 3-16　平面截切圆锥

(a) 已知条件；(b) 画出特殊点；(c) 画出一般点；(d) 完成全图

4. 平面截切圆球

平面与球面相交，不管截平面的位置如何，其截交线均为圆。而截交线的投影可分为三种情况，见表 3-3。

表 3-3　平面截切球

截平面位置	与 *V* 面平行	与 *H* 面平行	与 *V* 面垂直
轴测图	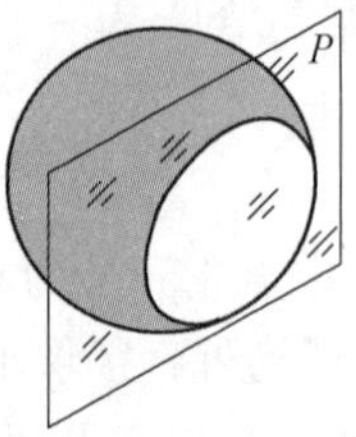	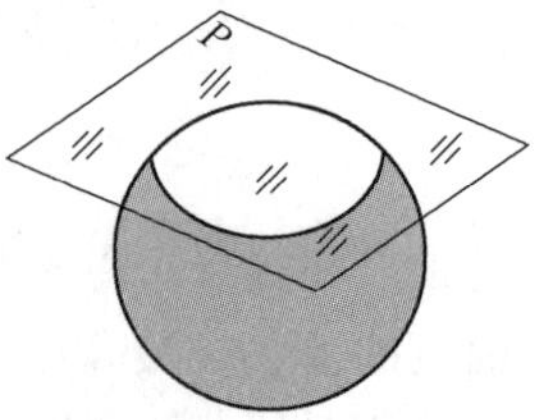	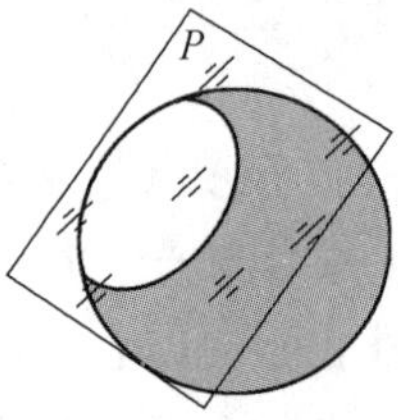

截平面位置	与 V 面平行	与 H 面平行	与 V 面垂直
投影图	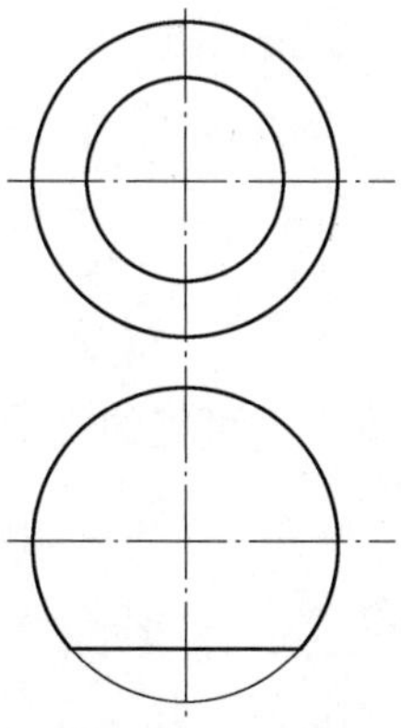	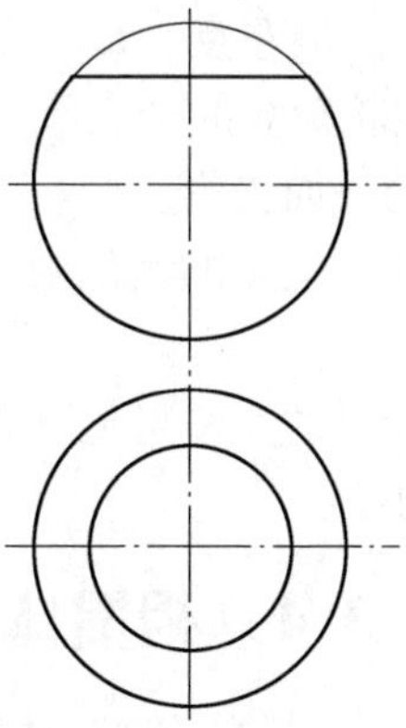	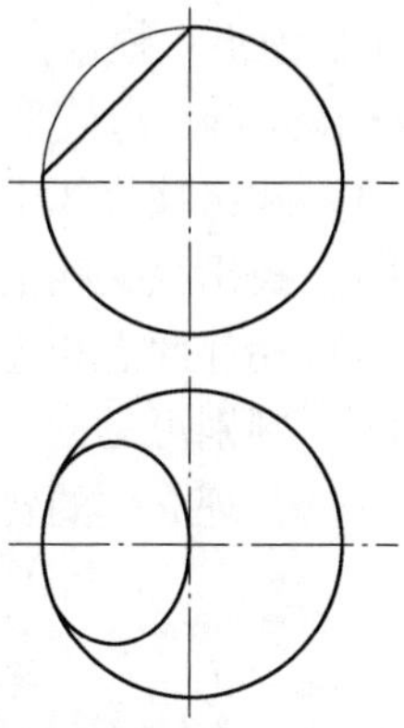
特点	V 投影是反映实形的圆 H 投影是反映圆的直径	H 投影是反映实形的圆 V 投影是反映圆的直径	V 投影是反映圆的直径 H 投影是椭圆

【例 3-11】 如图 3-17 所示，求平面截切圆球所得截交线的投影。

（1）分析

该半球体被一个水平面和两个侧平面截切，水平面截切圆球所得截交线 H 投影为圆，和 W 投影积聚为直线。侧平面截切圆球所得截交线 W 投影为圆，H 投影和 W 投影积聚为直线。

（2）作图（过程如下）

①画水平面圆。在 V 投影上，水平切割面与半球体的交线是水平圆的直径，圆规量取该直径在 H 投影面上画圆，见图 3-17（b）；

②画侧平面圆。在 W 投影上，侧平切割面与半球体的交线是侧平圆的直径，圆规量取该直径在 W 投影面上画圆，见图 3-17（c）；

③判断虚实。水平圆在 W 投影面上有部分被遮挡，画成虚线。

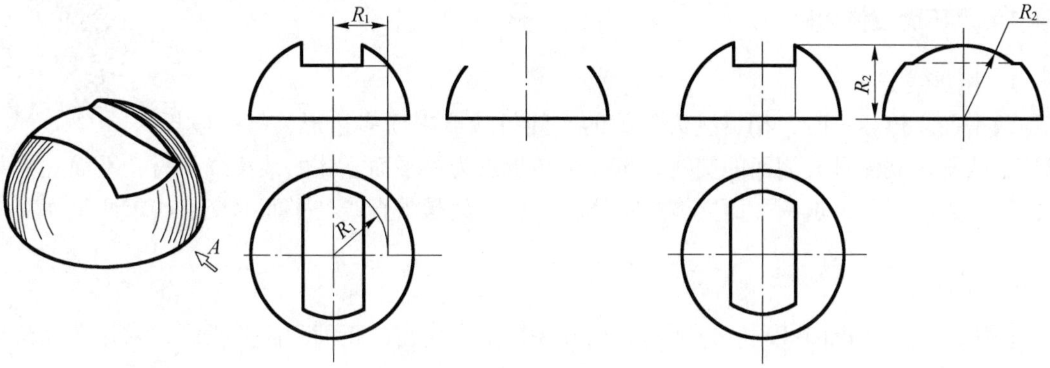

图 3-17　平面截切圆球

（a）立体图；（b）画水平圆；（c）画侧平圆

5. 画截交线的具体步骤

（1）分析截平面数目以及它们与投影面的相对位置。

（2）确定截交线的形状，找出截交线上特殊点的一面投影。

①极限点：最高点、最低点、最左点、最右点、最前点、最后点；

②转向点：求截平面与转向轮廓线的交点。

（3）找出截交线上一般点的一面投影。

（4）找出截交线上特殊点和一般点的其他两面投影。

（5）相邻两点相连。

（6）判别可见性。可见表面上的交线可见，否则不可见；不可见的交线用虚线表示。

（7）整理立体的转向轮廓线。

3.4 相贯体的投影

工程形体常常是由两个或更多的基本几何形体组合而成，见图3-18。两立体相交又称两立体相贯，两相交的立体称为相贯体，相贯体表面的交线称为相贯线。其相贯线是两立体表面的共有线，相贯线上的点为两立体表面的共有点。掌握相贯线的画法对绘制和阅读建筑图很有帮助。立体相贯分为两平面立体相贯、平面立体与曲面立体相贯、两曲面立体相贯三种情况。

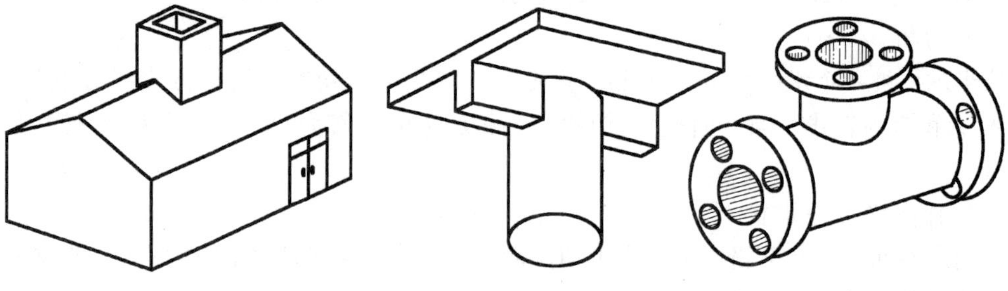

（a）　　（b）　　（c）

图3-18　立体与立体相交

（a）坡顶屋（两平面立体相贯）；（b）柱头（平面立体与曲面立体相贯）；（c）三通管（两曲面立体相贯）

3.4.1 两平面立体相贯

1. 相贯线分析

两平面立体相贯时，相贯线为封闭的空间折线或平面多边形，每一段折线都是两平面立体某两侧面的交线，每一个转折点为一平面立体的某棱线与另一平面立体某侧面的交点。因此，求两平面立体相贯线，实质上就是求直线与平面的交点或求两平面交线的问题。

2. 例题分析

【例3-12】 如图3-19（a）所示，已知屋面上老虎窗的正面和侧面投影，求作老虎窗与坡屋面的交线以及它们的水平投影。

（1）分析

从图3-19（a）中老虎窗的实例可看出，老虎窗可看作棱线垂直于正面的五棱柱与坡屋面相交，交线的正面投影与老虎窗的正面投影（五边形）重合。坡屋面是侧垂面，侧面投影积聚成斜线，交线的侧面投影也在此斜线上。因此，根据已知交线的正面和侧面投影，便可作出水平投影。

（2）作图（如图3-19（b）所示）

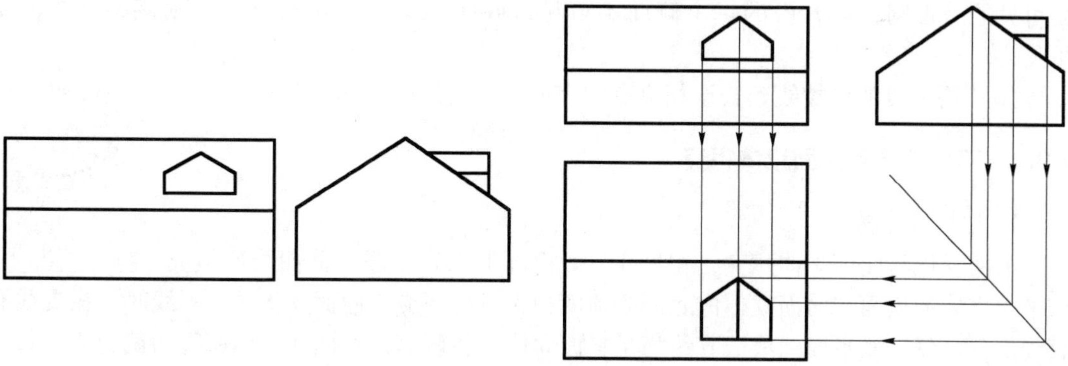

（a）　　　　（b）

图3-19　老虎窗与屋面相交

（a）已知；（b）作图

【例3-13】 求作高低房屋相交的表面交线，见图3-20（a）。

（1）分析

高低房屋相交，可看成两个五棱柱相贯，由于两个五棱柱的底面（相当于地面）在同一平面上，所以相贯线是不封闭的空间折线。两个五棱柱中的一个五棱柱的棱面都垂直于侧面，另一个五棱柱的棱面都垂直于正面，所以交线的正面、侧面投影为已知，根据正面、侧面投影可求作交线的水平投影。

（2）作图（结果如图3-20（b）所示）

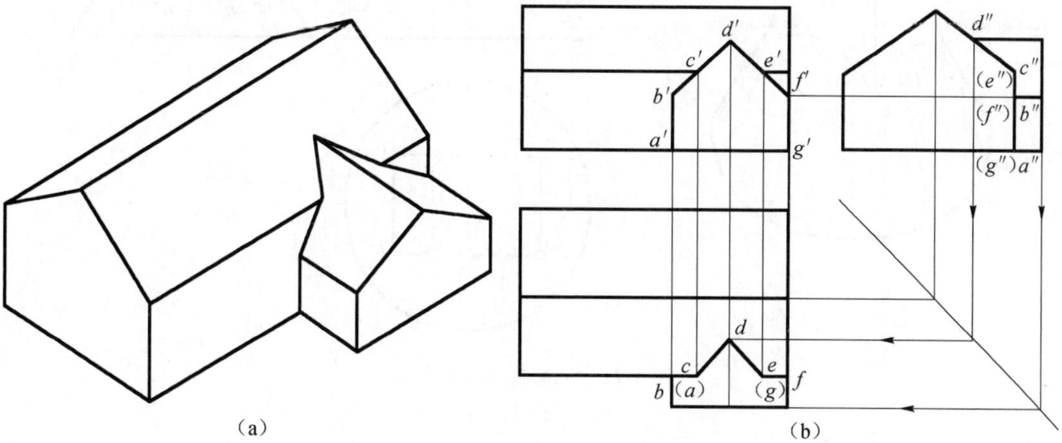

（a）　　　　（b）

图3-20　高低屋面的交线

（a）已知；（b）作图

3. 画相贯线的步骤

（1）分析两立体表面特征及与投影面的相对位置；

（2）确定相贯线的形状及特点，找出相贯线上转折点的一面投影，即求出一平面立体的棱线与另一平面立体侧面的交点；

（3）求出相贯线上转折点的其他两面投影；

（4）位于两立体同一侧面上的相邻两点相连；

（5）判别可见性。每条相贯线段，只有当所在的两立体的两个侧面同时可见时，它才是可见的；否则，若其中的一个侧面不可见，或两个侧面均不可见时，则该相贯线段不可见；

（6）将相贯的各棱线延长至相贯点，完成两相贯体的投影。

3.4.2 平面立体和曲面立体相交

1. 相贯线分析

平面立体与曲面立体相交，相贯线一般情况下为若干段平面曲线所组成，特殊情况下，如平面立体的表面与曲面立体的底面或顶面相交或恰巧交于曲面立体的直素线时，相贯线有直线部分。每一段平面曲线或直线均是平面立体上各侧面截切曲面立体所得的截交线，每一段曲线或直线的转折点，均是平面立体上的棱线与曲面立体表面的贯穿点。因此，求平面立体和曲面立体的相贯线可归结为求平面立体的侧面与曲面立体的截交线，或求平面立体的棱线与曲面立体表面的交点。

2. 例题分析

【例 3-14】 见图 3-21，求四棱柱与圆锥的相贯线。

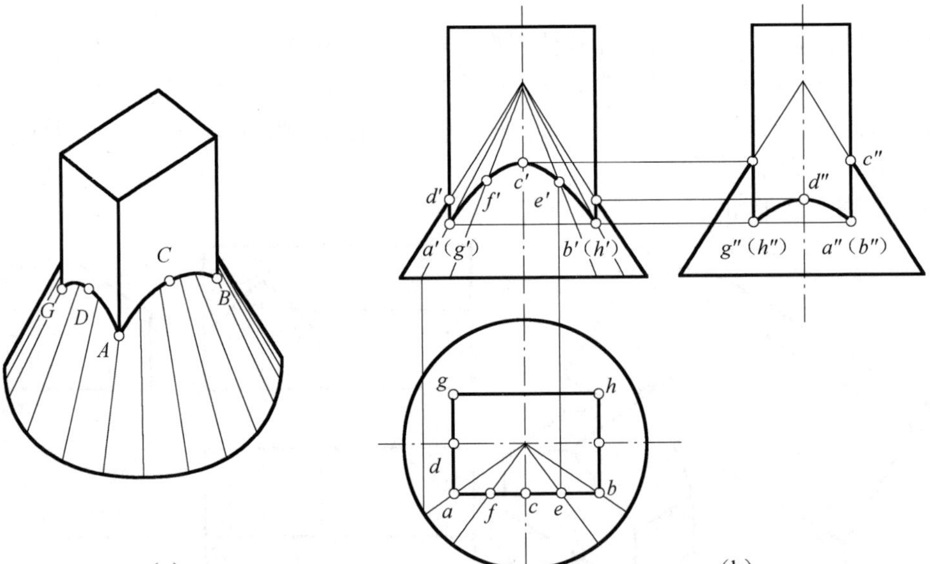

（a）　　　　　　　　　　（b）

图 3-21　四棱柱与圆锥相贯

（a）已知；（b）作图

（1）分析

四棱柱与圆锥相贯，其相贯线是四棱柱四个侧面截切圆锥所得的截交线，由于截交线为四段双曲线，所以四段双曲线的转折点，就是四棱柱的四条棱线与圆锥表面的贯穿点。由于四棱柱四个侧面垂直于 H 面，所以相贯线的 H 投影与四棱柱的 H 投影重合，只需作图求相贯线的 V、W 投影。从立体图可看出，相贯线前后、左右对称，作图时，只需作出四棱柱的前侧面、左侧面与圆锥的截交线的投影即可，并且 V、W 投影均反映双曲线实形。

（2）作图（过程如下）

①根据“三等”规律画出四棱柱和圆锥的 W 投影。由于相贯体是一个实心的整体，在相贯体内部对实际上不存在的圆锥 W 投影轮廓线及未确定长度的四棱柱的棱线的投影，暂时画成用细双点画线表示的假想投影线或细实线；

②求特殊点。先求相贯线的转折点，即四条双曲线的连接点 A、B、G、H，也是双曲线的最低点。可根据已知的 H 投影，用素线法求出 V、W 投影。再求前面和左面双曲线的最高点 C、D；

③同理，用素线法求出两对称的一般点 E、F 的 V 投影 e'、f'；

④连点。V 投影连接 $a' \to f' \to c' \to e' \to b'$，$W$ 投影连接 $a'' \to d'' \to g''$；

⑤判别可见性。相贯线的 V、W 投影都可见，相贯线的后面和右面部分的投影，与前面和左面部分重合；

⑥补全相贯体的 V、W 投影。圆锥的最左、最右素线；最前、最后素线均应画到与四棱柱的贯穿点为止。四棱柱四条棱线的 V、W 投影，也均应画到与圆锥面的贯穿点为止。

3. 画相贯线的具体步骤

（1）分析两立体表面特征及与投影面的相对位置。

（2）确定相贯线的形状及特点，找出相贯线每段平面曲线上特殊点的一面投影。

①极限点：如最高、最低点，最前、最后点，最左、最右点等；

②转向点：位于转向轮廓线上的点。

（3）找出一般点：为能较准确地作出相贯线的投影，还应在特殊点之间作出一定数量的一般点。

（4）求出相贯线上特殊点和一般点的其他两面投影。

（5）顺次将各点光滑连接。

（6）判别其可见性。每条相贯线段，只有当其所在的两立体的两个侧面同时可见时，它才是可见的；否则，若其中的一个侧面不可见，或两个侧面均不可见时，则该相贯线段不可见。

（7）将相贯的各棱线或转向轮廓线延长至相贯点，完成两相贯体的投影。

3.4.3 两曲面立体相交

1. 相贯线分析

两曲面立体的相贯线一般是封闭的空间曲线，特殊情况下为平面曲线或直线段（当两同轴回转体相贯时，相贯线是垂直于轴线的平面纬圆（见表 3-4）；当两个轴线平行的圆柱相贯时，其相贯线为直线——圆柱面上的素线（见表 3-4）。

相贯线是两曲面立体表面的共有线，相贯线上每一点都是相交两曲面立体表面的共有点。求相贯线实质上就是求两曲面立体表面的共有点（在曲面立体表面上取点），将这些点光滑地连接起来即得相贯线。

2. 例题分析

【例 3-15】 如图 3-22 所示，利用积聚性求作轴线垂直相交的两圆柱的相贯线。

（1）分析

当两个圆柱正交且轴线分别垂直于投影面时，则圆柱面在该投影上的投影积聚为圆，相贯线的投影重合在圆上，由此我们可利用已知点的两个投影求第三投影的方法求出相贯线的投影。

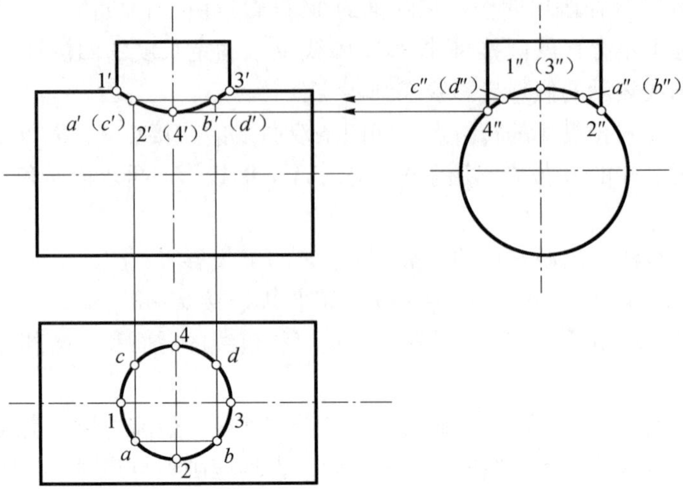

图 3-22　正交两圆柱相贯

小圆柱与大圆柱的轴线正交，相贯线是前、后、左、右对称的一条封闭的空间曲线。根据两圆柱轴线的位置，大圆柱面的侧面投影及小圆柱面的水平投影具有积聚性，因此，相贯线的水平投影和小圆柱面的水平投影重合，是一个圆；相贯线的侧面投影和大圆柱的侧面投影重合，是一段圆弧。因此通过分析我们知道要求的只是相贯线的正面投影。

（2）作图（过程如下）

①求特殊点

由于已知相贯线的水平投影和侧面投影，故可直接求出相贯线上的特殊点。由 *W* 投影和 *H* 投影可看出，相贯线的最高点为Ⅰ、Ⅲ，Ⅰ、Ⅲ同时也是最左、最右点；最低点为Ⅱ、Ⅳ，Ⅱ、Ⅳ也是最前、最后点。由1″、3″、2″、4″可直接求出 *H* 投影 1、3、2、4，再求出 *V* 投影 1′、3′、2′、4′。

②求一般点

由于相贯线水平投影为已知，所以可直接取 *a*、*b*、*c*、*d* 四点，求出它们的侧面投影 *a*″（*b*″）、*c*″（*d*″），再由水平、侧面投影求出正面投影 *a*′（*c*′）、*b*′（*d*′）。

③判别可见性，光滑连接各点

相贯线前后对称，后半部与前半部重合，只画前半部相贯线的投影即可，依次光滑连接 1′、*a*′、2′、*b*′、3′各点，即为所求。

3. 画相贯线的步骤

（1）分析两立体表面特征及与投影面的相对位置。

（2）确定相贯线的形状及特点，找出相贯线上特殊点的一面投影。

①极限点：如最高、最低点，最前、最后点，最左、最右点等；

②转向点：位于转向轮廓线上的点。

（3）找出一般点：为能较准确地作出相贯线的投影，还应在特殊点之间作出一定数量的一般点。

（4）求出相贯线上特殊点和一般点的其他两面投影。

（5）顺次将各点光滑连接。

（6）判别其可见性。每条相贯线段，只有当所在的两立体的两个曲面同时可见时，它才是可见的；否则，若其中的一个曲面不可见，或两个曲面均不可见时，则该相贯线段不可见。

（7）将相贯的各转向轮廓线延长至相贯点，完成两相贯体的投影。

4. 特殊相贯线

在特殊情况下，相贯线是直线、圆或椭圆，见表 3-4。

表 3-4　相贯线的特殊情况

说　明	投影图
相贯线是圆，水平投影为圆的实形	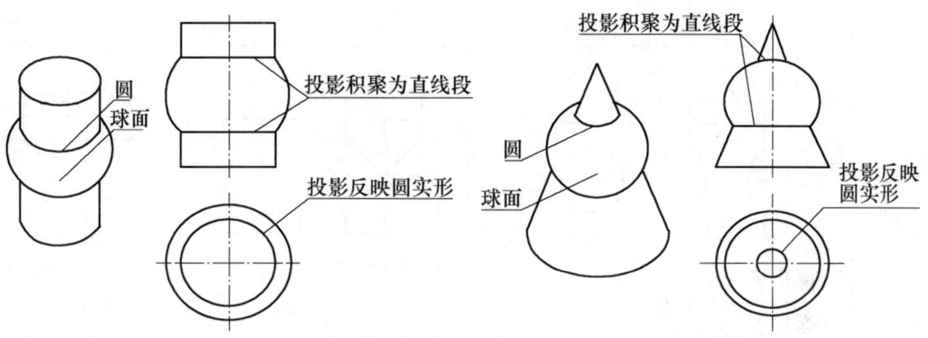
相贯线是椭圆，该椭圆的正面投影为一直线段	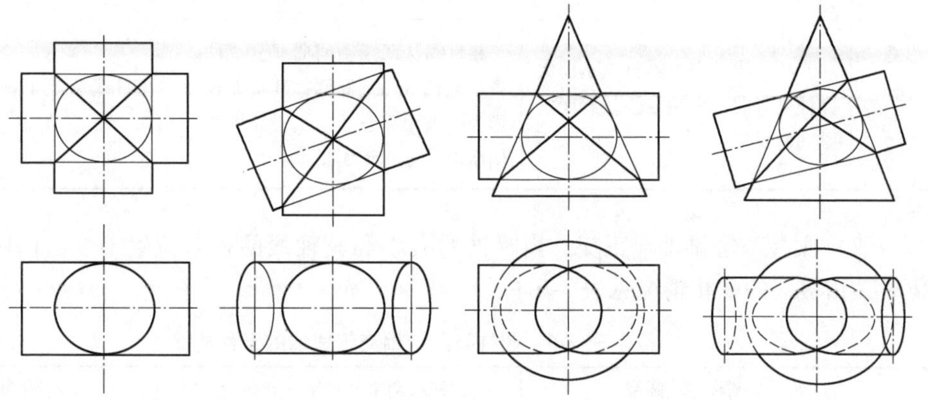
相贯线是直线	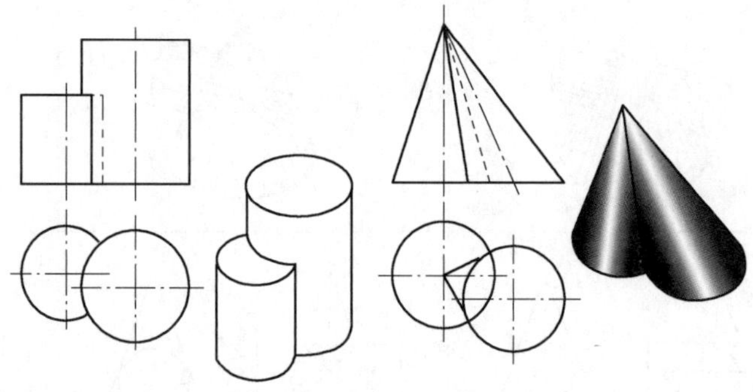

5. 圆柱、圆锥相贯线的变化规律

圆柱、圆锥相贯时，其相贯线空间形状和投影形状的变化，取决于其尺寸大小的变化和相对位置的变化。下面分别以圆柱与圆柱相贯、圆柱与圆锥相贯为例说明尺寸变化和相对位置变化对相贯线的影响。

（1）两圆柱轴线正交，见表3-5。

表3-5　两圆柱相交相贯线变化情况

	$d_1 < d_2$	$d_1 = d_2$	$d_1 > d_2$
立体图	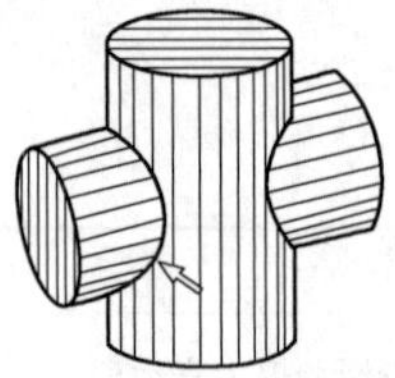	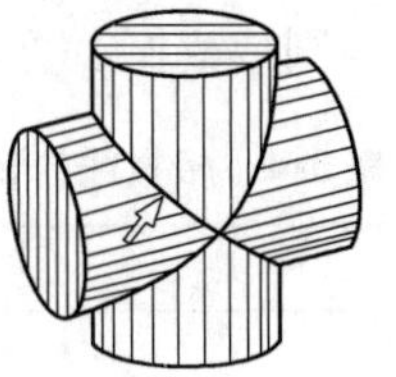	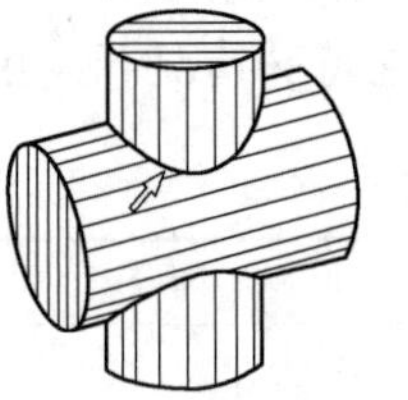
投影图	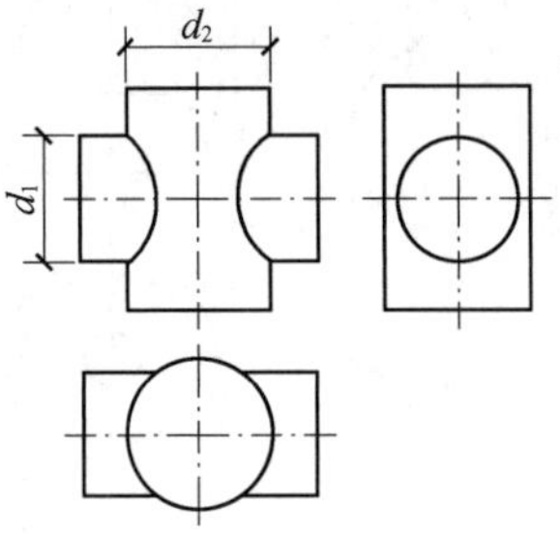	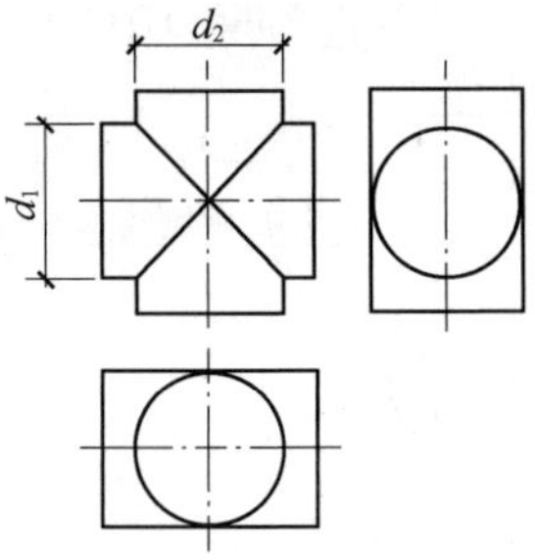	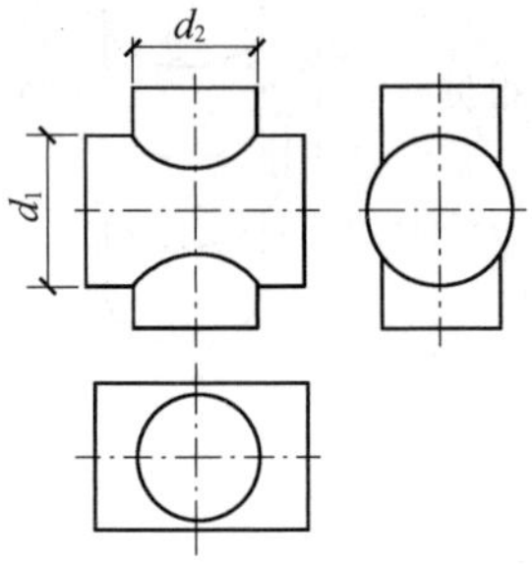
弯曲趋势	其相贯线的弯曲趋势总是向大圆柱里弯曲，为左右两条封闭的空间曲线	相贯线从两条空间曲线变成两条平面曲线——椭圆，其正面投影为两条相交直线，水平投影和侧面投影均积聚为圆	相贯线为上下两条封闭的空间曲线

（2）圆柱与圆锥轴线正交。当圆锥的大小和其轴线的相对位置不变，而圆柱的直径变化时，相贯线的变化情况见表3-6。

表3-6　圆柱与圆锥相交相贯线的三种情况

	圆柱穿过圆锥	圆柱与圆锥公切于一球面	圆锥穿过圆柱
立体图	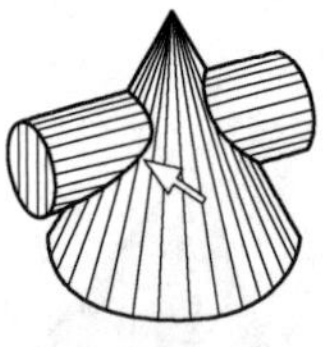	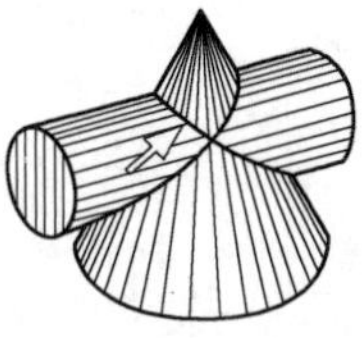	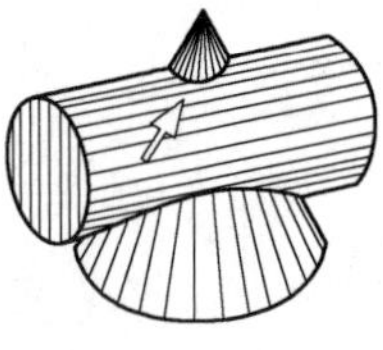
投影图	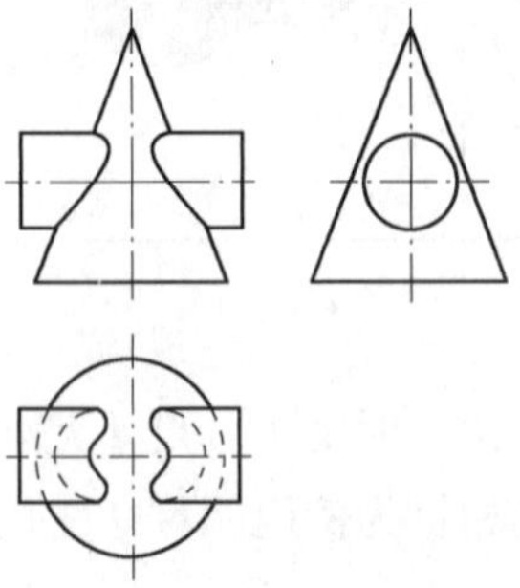	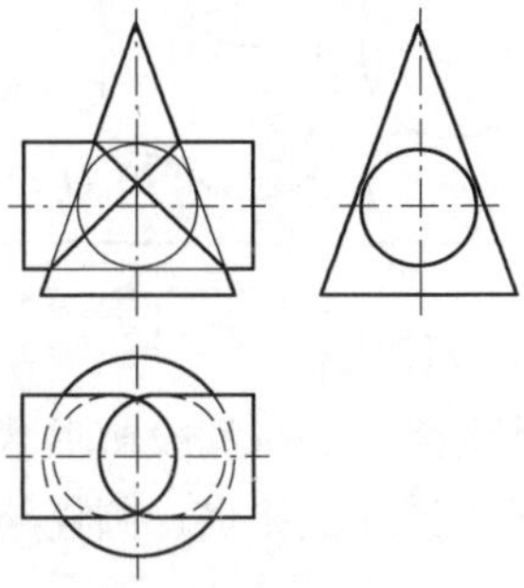	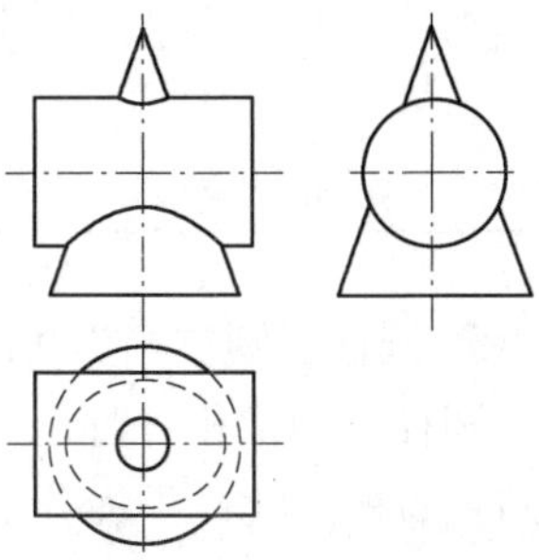

续表

	圆柱穿过圆锥	圆柱与圆锥公切于一球面	圆锥穿过圆柱
弯曲趋势	相贯线的弯曲趋势总是向大圆锥里弯曲，相贯线为左右两条封闭的空间曲线	相贯线从两条空间曲线变成平面曲线——椭圆，其正面投影为两相交直线，水平投影和侧面投影均积聚为椭圆和圆	相贯线为上、下两条空间曲线

（3）两相交圆柱直径不变，改变其轴线的相对位置，则相贯线也随之变化，见表3-7。

表3-7　两圆柱相交相贯线变化情况

	大圆柱与小圆柱全贯	大圆柱与小圆柱互贯	大圆柱与小圆柱相切
投影图	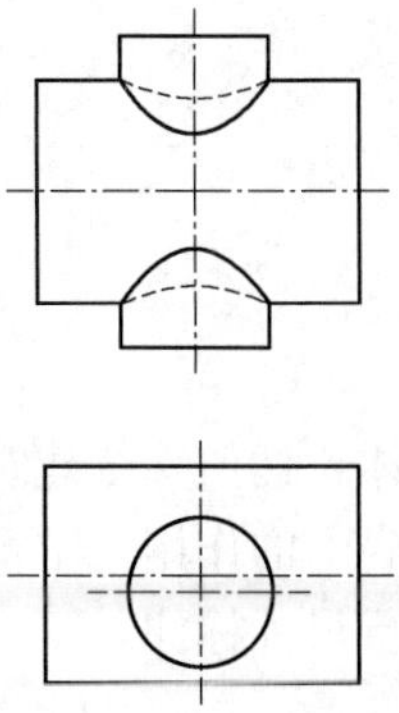	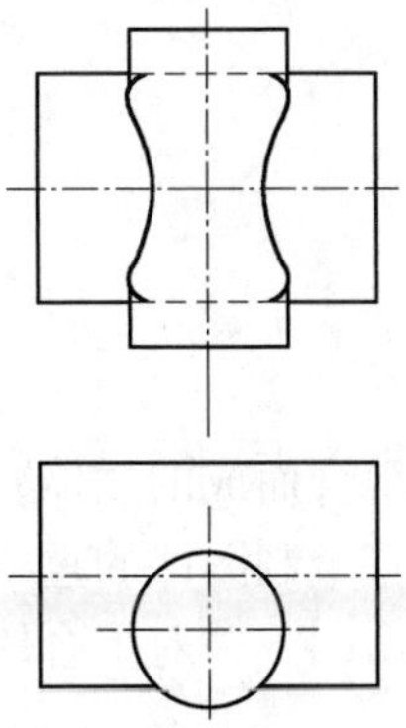	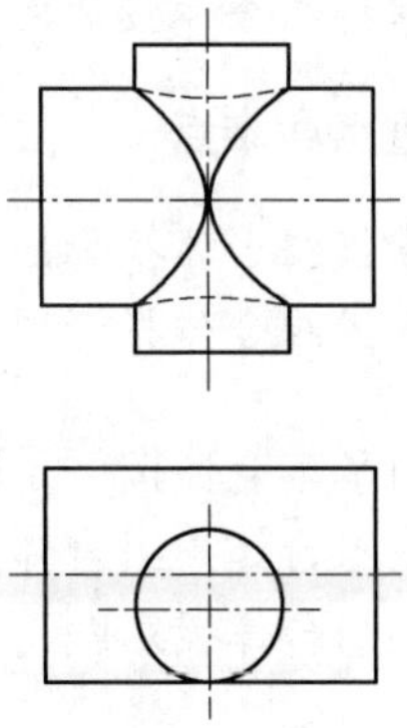
弯曲趋势	相贯线为上下两条封闭的空间曲线	相贯线为一条封闭的空间曲线	相贯线由两条变为一条空间曲线，并相交于切点

4 组合体的投影图

教学目标和要求

掌握组合体的形成及形体分析法；
掌握组合体投影图的画法；
掌握组合体投影图的尺寸标注；
掌握组合体投影图的读法。

教学重点和难点

掌握组合体投影图的画法；
掌握组合体投影图的读法。

由基本立体按一定的组合方式组合而成的立体，称为组合体，任何一个建筑形体都可以看成是组合体。组合体的投影，是整个制图课的重点，起承上启下的作用。本章我们将介绍如何画组合体投影图、看组合体投影图，并对组合体投影图进行尺寸标注。

4.1 组合体的画法

组合体的画图方法是形体分析法，即将一个复杂的建筑形体分解为若干个基本形体，分析它们的组合形式和相对位置，并据此进行画图。

4.1.1 组合体的形体分析

工程建设中一些比较复杂的形体，一般都可看作是由基本几何体（如棱柱、棱锥、圆柱、圆锥、球等）通过叠加、切割、相交或相切而形成的。如图 4-1 所示的肋式杯形基础的

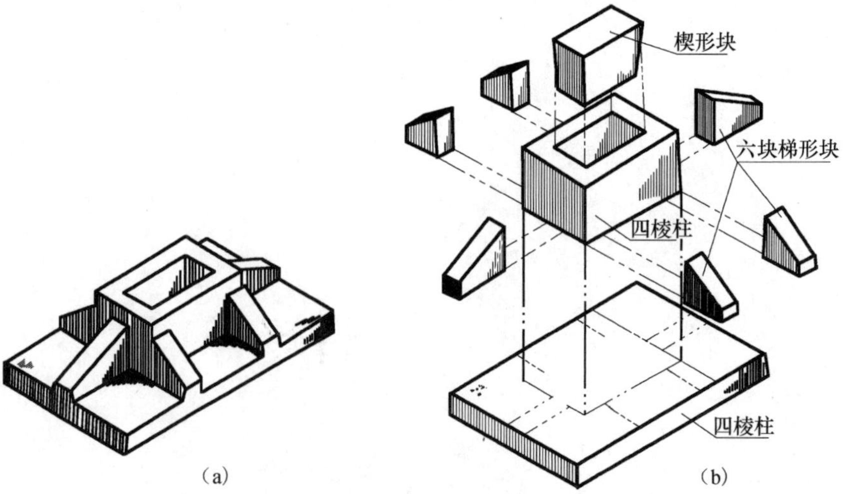

图 4-1 肋式杯形基础形体分析
(a) 肋式杯形基础；(b) 形体分析

形体，可以看成由四棱柱底板、中间四棱柱（其中挖去一楔形块）和6块梯形块叠加组成。四棱柱在底板中央，前后各肋板的左、右外侧面与中间四棱柱左、右侧面共面，两块肋板在四棱柱左右侧面的中央［图4－1（b）］。

4.1.2 组合体的组合方式

组合体的组合方式有两种。

1. 叠加式

由基本体叠加而成，这种组合方式称为叠加式。

各基本形体叠加时其表面结合有三种方式：平齐（共面）、相切、相交，在画投影图时，应注意这三种结合方式，正确处理两结合表面的投影，如图4-2所示。

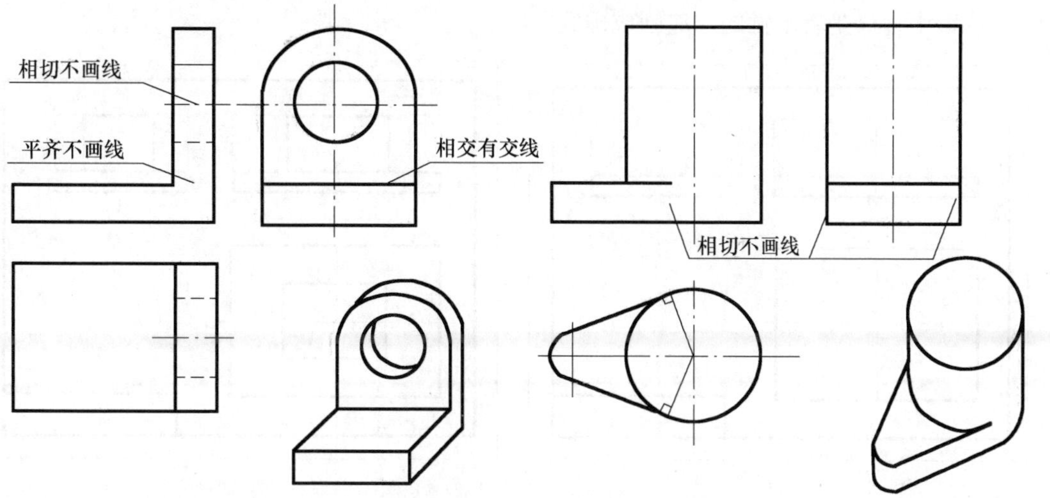

图4-2　组合体两结合表面的结合处理

（1）平齐（共面）是指两基本形体的表面位于同一平面上，两表面间不画线。

（2）相切分为平面与曲面相切和曲面与曲面相切，不论哪一种，都是两表面的光滑过渡，不应画线。

（3）相交是指面与面相交时，在相交处表面必然形成交线，应画交线的投影。

2. 截割式

由基本体被一些面切割后而成，在基本体的表面会形成截交线，用画截交线的方法作出截交线的投影。

4.1.3 画组合体的投影图

画组合体的投影图时，要按照一定的步骤进行。现以肋式杯形基础图［4-1（a）］为例，说明画建筑形体投影图的具体步骤：

1. 形体分析

肋式杯形基础的形体分析见［图4-1（b）］，分解为四部分，四棱柱地板、四棱柱、梯形块和楔形块。

2. 确定安放位置

根据基础在房屋中的位置，形体应平放，使 H 面平行于底板底面，V 面平行于形体的正面。

3. 确定投影数量

确定投影的数量原则是用最少数量的投影把形体表达完整、清楚。基础形体由于前后肋板的侧面形状要在 *W* 投影中反映，因此需要画出 *V*、*H*、*W* 三个投影。

4. 画投影图

（1）根据形体大小和注写尺寸所占的位置，选择适宜的图幅和比例。

（2）布置投影图。先画出图框和标题栏线框，明确图纸上可以画图的范围，然后大致安排三个投影的位置，使每个投影在注写完尺寸后，与图框的距离大致相等。

（3）画投影图底稿。按形体分析的结果，使用绘图仪器和工具，顺次画出四棱柱底板［图 4-3（a）］、中间四棱柱［图 4-3（b）］、6 块梯形块［图 4-3（c）］和楔形杯口［图 4-3（d）］的三面投影。画每一基本形体时，先画其最具有特征的投影，然后画其他投影。在 *V*、*W* 投影中杯口是看不见的，应画成虚线。

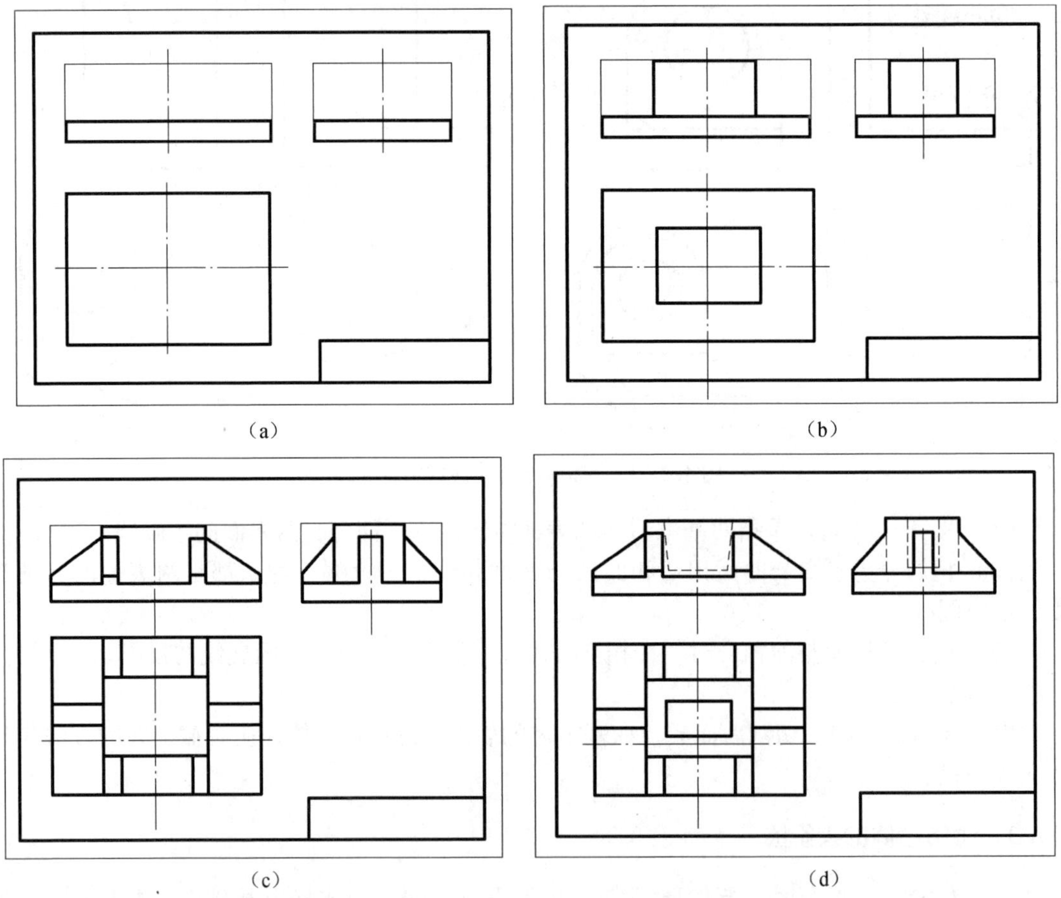

（a） （b） （c） （d）

图 4-3　肋式杯形基础作图步骤

（a）布图、画底板；（b）画中间四棱柱；（c）画梯形块；（d）画楔形杯

必须注意，建筑物和构配件的形体，实际上是一个不可分割的整体，形体分析仅仅是一种假想的分析方法。如果建筑形体中两基本形体的侧面处于同一平面上，就不应该在它们之间画一条分界线。例如左边肋板的左侧面与底板的左侧面，前左肋板的左侧面与中间四棱柱的左侧面，都处在同一个平面上，它们之间都不应画交线。

（4）检查、加深图线。经检查无误之后，按各类线宽要求，用较软的 B 铅笔进行加深。

5. 标注尺寸

标注方法和步骤详见 4. 2。

6. 最后填写标题栏内各项内容，完成全图

所画的图，要求投影关系正确，尺寸标注齐全，布置均匀合理，图面清洁整齐，线型粗细分明，字体端正无误，符合“国标”规定。

4. 2　组合体的尺寸标注

建筑形体的投影图，仅仅表达形体的形状和各部分的相互关系，但还必须注上足够的尺寸，才能明确形体的实际大小和各部分的相对位置。组合体标注尺寸的方法仍采用形体分析法，把建筑形体分解成若干基本立体，先标注每一基本立体的尺寸，然后标注建筑形体的总体尺寸。

4. 2. 1　尺寸标注的分类

1. 定形尺寸

这是确定组成建筑形体的各基本形体大小的尺寸。基本形体形状简单，只要标注出它的长、宽、高或直径，即可确定它的大小。尺寸一般标注在反映该形体特征的实形投影上，并尽可能集中标注在一两个投影的下方和右方。

2. 定位尺寸

这是确定各基本形体在建筑形体中相对位置的尺寸。

3. 总体尺寸

这是确定形体外形总长、总宽、总高的尺寸。

4. 尺寸标注的基本要求

1）在图上所注的尺寸要完整，不能有遗漏；

2）要准确无误且符合制图标准的规定；

3）尺寸布置要清晰，便于读图；

4）标注要合理。

4. 2. 2　基本立体的尺寸标注

组合体是由基本体组成的，熟悉基本体的尺寸标注是组合体尺寸标注的基础。图 4-4 所示为常见的几种基本体（定形）尺寸的标注。

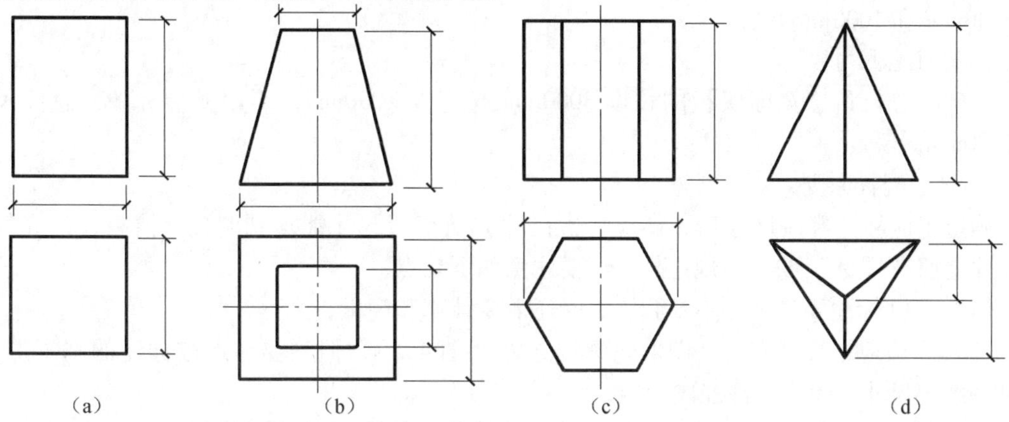

图 4-4　基本体的尺寸标注

（a）四棱柱；（b）四棱台；（c）六棱柱；（d）三棱柱

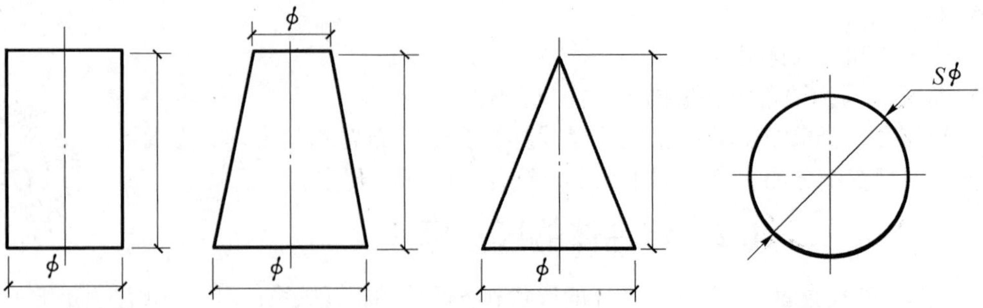

（e）　　（f）　　（g）　　（h）

图 4-4　基本体的尺寸标注（续）

（e）圆柱；（f）圆台；（g）圆锥；（h）圆球

4.2.3　组合体的尺寸标注

下面以图 4-1 的肋式杯形基础为例，介绍标注尺寸的步骤：

1. 标注定形尺寸

肋式杯形基础各基本形体的定形尺寸是：四棱柱底板长 3000mm、宽 2000mm 和高 250mm；中间四棱柱长 1500mm、宽 1000mm 和高 750mm；前后肋板长 250mm、宽 500mm、高 600mm 和 100mm；左右肋板长 750mm、宽 250mm、高 600mm 和 100mm；楔形杯口上底 1000mm × 500mm、下底 950mm × 450mm、高 650mm 和杯口厚度 250mm 等。

2. 标注定位尺寸

先要选择一个或几个标注尺寸的起点。长度方向一般可选择左侧面或右侧面为起点，宽度方向可选择前侧面或后侧面为起点，高度方向一般以底面或顶面为起点。若物体是对称形，还可选择对称中心线作为标注长度和宽度尺寸的起点。

图 4-1 所示基础的中间四棱柱的长、宽、高定位尺寸是 750mm、500mm、250mm；杯口距离四棱柱的左右侧面 250mm，距离四棱柱的前后侧面 250mm。杯口底面距离四棱柱顶面 650mm，左右肋板的定位尺寸是宽度方向的 875mm，高度方向的 250mm，长度方向因肋板的左右端面与底板的左右端面对齐，不用标注。同理，前后肋板的定位尺寸是 750mm、250mm。

对于基础，还应标注杯口中线的定位尺寸，以便施工，如图 4-5 的投影中所标注的尺寸是 1500mm 和 1000mm。

3. 标注总尺寸

基础的总长和总宽即底板的长度 3000mm 与宽度 2000mm，不用另加标注，总高尺寸为 1000mm。

4. 尺寸配置原则

确定了应标注哪些尺寸后，还应考虑尺寸如何配置，才能达到明显、清晰、整齐等要求。除遵照“国标”的有关规定外，还要注意如下几点：

（1）尺寸标注要齐全，不要到施工时还需要计算和度量；

（2）一般应把尺寸布置在图形轮廓线之外（图 4-5），但又要靠近被标注的基本形体。对某些细部尺寸，允许标注在图形内；

（3）同一基本形体的定形、定位尺寸，应尽量标注在反映该形体特征的投影图中，并把长、宽、高三个方向的定形、定位尺寸组合起来，排成几行。标注定位尺寸时，通常对圆形要定圆心的位置，多边形要定边的位置。

（4）检查复核

标注尺寸是一项极严肃的工作，必须认真负责，一丝不苟。尺寸数字的书写必须正确无误和端正，同一张图幅内数字大小应一致。

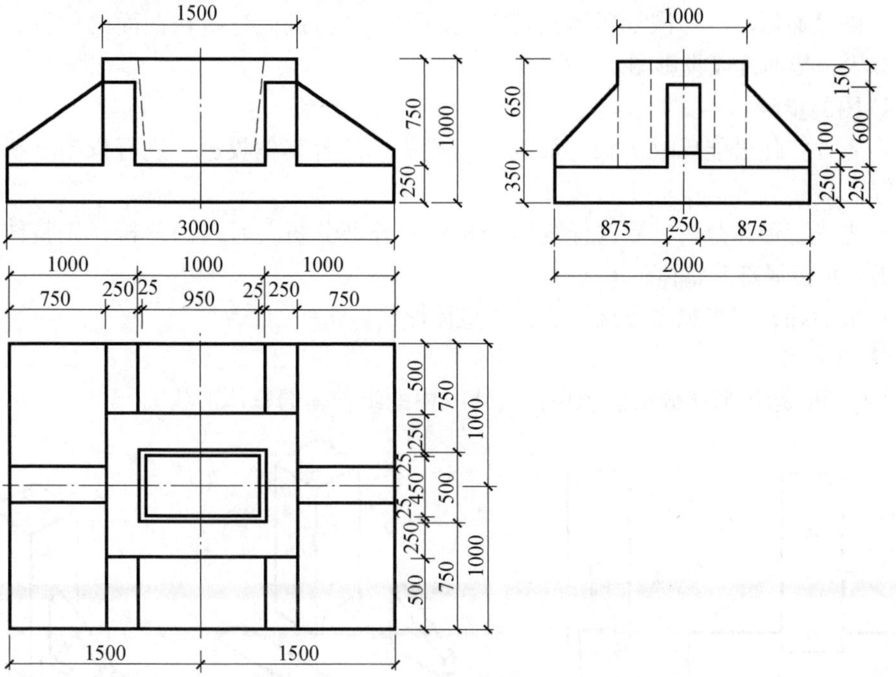

图 4-5　肋式杯形基础的尺寸标注

4.3　阅读组合体的投影图

根据组合体的投影图想像出物体的空间形状和结构，这一过程就是读图。阅读建筑形体的投影图，就是根据投影图和所标注尺寸，想像出建筑形体的空间形状、大小、组成方式和构造特点。

4.3.1　读图前应掌握的基本知识

（1）掌握三面投影关系，即“长对正、高平齐、宽相等”的关系，了解建筑形体的长、宽、高三个方向尺度和上、下、左、右、前、后六个方向在形体投影图上的对应位置。

（2）熟练掌握基本形体的投影特点及其读图方法，并能对建筑形体进行形体分析。

（3）掌握各种位置的线、平面、曲面，以及截交线、相贯线的投影特点，能进行线面分析。

（4）掌握形体的各种表达方法，即掌握单面、两面、三面、多面投影图，辅助投影图，剖面图、断面图等的特性和画法。

（5）掌握尺寸标注法，并能用尺寸配合图形，来确定建筑形体的形状和大小。

4.3.2　读图的基本方法和步骤

1. 读图的基本方法

（1）形体分析法：即根据基本形体的投影特点，在投影图上分析建筑形体各个组成部分的形状和相对位置，然后综合起来确定建筑形体的总的形状。

（2）线面分析法：即从形体分析获得该形体的大致整体形象，如有局部投影仍弄不清楚时，可对该部分投影的线段和线框加以分析，运用线、面的投影规律，分析形体上线、面的空间关系和形状，从而把握形体的细部。

（3）恢复原形法：即恢复形体在切割之前的形状，进而分析切割面的位置，确定表面交线的形状，帮助读懂投影图。

2. 读图的步骤

（1）先要抓住最能反映形状特征的一个投影，结合其他投影，进行概略分析，然后再细致分析；

（2）先进行形体分析，后进行线面分析；先外部分析，后内部分析；先整体分析，后局部分析，再由局部到整体；

（3）最后综合起来想像出该组合体的整体形象。

3. 读图示例

【例 4-1】 运用形体分析法想像出图 4-6 中的组合体的整体形状。

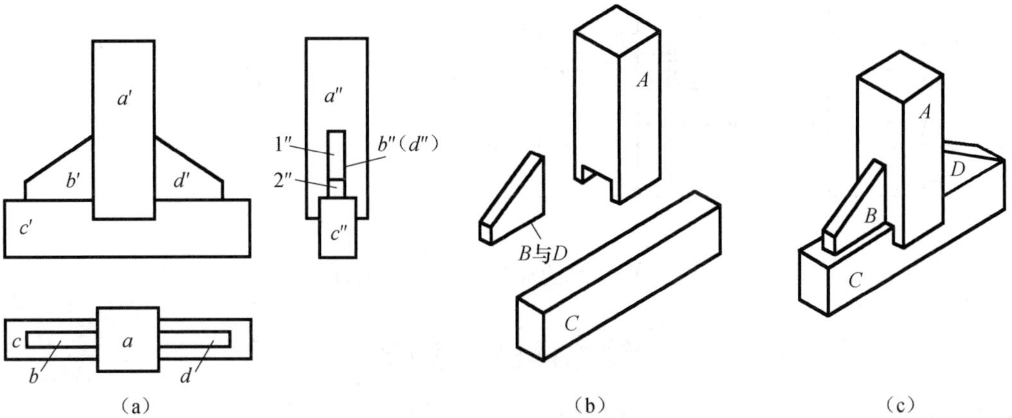

图 4-6　形体分析法读图

（a）已知三面投影；（b）形体分析；（c）形体的立体图

读图过程如下：

（1）将投影分成若干部分，分析出各部分的形状

如图 4-6 所示，将正立面图分成 a、b、c、d 四个部分。按照形体投影的“三等”关系和基本形体投影的特征可知，四边形 a'在平面图与左侧立面图中对应的是 a、a''线框，这就可以确定该建筑形体的正中间是一个如图 4-6（b）所示的四棱柱 A。正立面图中的四边形 b'对应的是平面图中矩形 b 和侧面图的 1″、2″二线框，由此可知其空间形状是如图 4-6（b）中所示的上顶面为斜面的四棱柱 B。同样可以分析出正立面图中四边形 d'，其所对应的其他两投影与四边形 b'的其他两投影是完全相同的，所以可知其空间形状与 B 形状是完全相同的。再看正立面图中的 c'线框，在平面图中与之对应的是矩形 c，在侧面图中与之对应的是矩形 c''，所以它的空间形状是如图 4-6（b）所示的四棱柱 C。

（2）根据投影确定各组成部分在整个形体中的相对位置

由投影可知，V 面图反映了建筑形体各组成部分（基本形体）的上下左右位置；H 面图反映了建筑形体各组成部分的前后左右位置；W 面图反映了建筑形体各组成部分的上下前后关系。于是从各投影图中可知 C 形体在最下面，A 形体在 C 形体的中间上方，且 C 形体从 A 形体下方的方槽中通过。B、D 形体对称地分放在 A 形体的两侧，与 C 形体前面、后面距离相等。

(3) 综合以上分析，想像出整个形体的形状与结构

由以上分析，知道建筑形体各组成部分的形状以及相对位置，最后只需将这些组成部分按投影图所示位置组合即可。组合后的形状如图 4-6（c）中的立体图所示。

【例 4-2】 运用线面分析法想像出图 4-7（a）中组合体的整体形状。

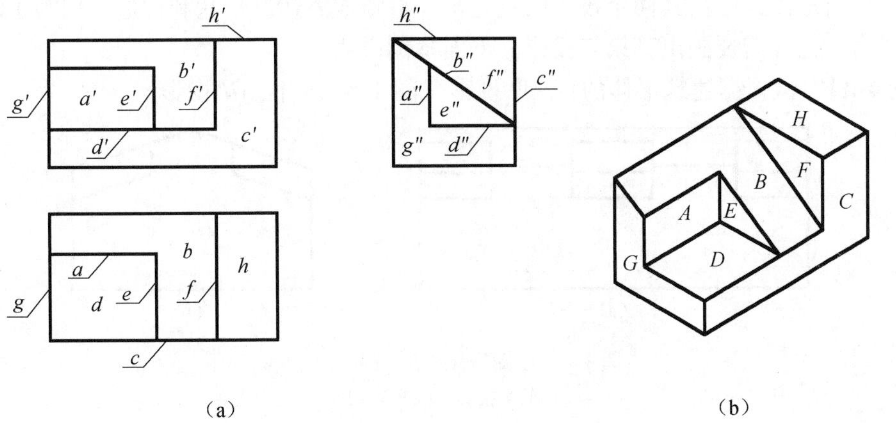

图 4-7 组合体的线面分析

（a）线面分析读图；（b）读图分析结果

(1) 将投影分成若干部分，按投影分析出各部分的形状

①将正立面图中封闭的线框编上号并找出其对应投影关系以确定其空间形状。

正立面图中有 a'、b'、c' 三个封闭线框，按"高平齐"的投影关系，a' 线框对应在 W 投影上的一条竖直线 a''，根据平面的投影规律可知 A 平面是一个正平面，它的水平投影应为与之长对正的水平线 a。正立面图中的 L 形 b' 线框，按"高平齐"的投影关系，它的 W 投影为斜线 b''，因此 B 平面应为侧垂面，根据平面的投影规律，它的水平投影不仅应与它的正面投影长对正，而且应为正面投影的类似形，所以就可以确定平面图中的 L 形 b 线框是它的水平投影。根据"高平齐"原则，c' 线框的 W 投影为竖线 c''，说明 C 平面为正平面，它的水平投影为平面图中的水平线 c。

②将平面图中剩下的封闭线框编上号（d、h），将侧面图中的封闭线框也编上号（e''、f''、g''），并找出其对应投影，确定其空间形状。

同理可以分析出平面图中的 d 线框的对应投影为水平线段 d'、d''，可确定它的空间形状为矩形的水平面；h 线框的对应投影为 h' 线、h'' 线，可确定它为矩形的水平面；e'' 线框的对应投影为竖线 e'、e，可确定它为直角三角形的侧平面；f'' 线框的对应投影为竖线 f'、f，可确定它为侧平面；g'' 线框的对应投影为竖线 g'、g，可确定它为侧平面。

(2) 根据投影，分析各组成部分的相对位置，并综合起来想像出整体形状

由投影图可知各组成部分的上、下、左、右、前、后关系，因此不难想像出其整体形状为在长方体的左上方切割去一个大的三棱柱体，再在余下形体的左、上、前方又切割去了一个小的三棱柱体，如图 4-7（b）所示的立体。

上面虽然采用了两种不同的读图方法，但这只是为了说明两种读图方法的特点，其实这

两种方法并不是截然分开的，它们既相互联系，又相互补充，读图时往往要同时用到这两种方法，并借助尺寸分析解决。

总的来说，读图步骤常常是先作粗略分析大概肯定后，再作细致分析；先用形体分析法，后用面线分析法；先外部后内部；先整体后局部；再由局部回到整体，有时也可画轴测图来帮助读图。

4.3.3 根据两投影图补画第三投影

一些建筑形体，给出其两个投影已能完整、清晰地表达其形状和构造，但为了培养和提高读图能力，往往需要画出其第三投影。下面举例说明。

【例 4-3】 试根据建筑形体的 *V*、*W* 投影（图 4-8），补绘 *H* 投影。

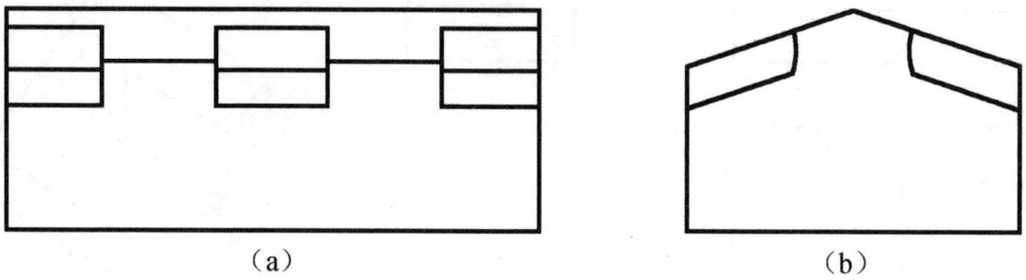

图 4-8 已知房屋外形的 *V*、*W* 投影

（a）V 投影；（b）W 投影

1. 分析

先要确定该建筑形体的形状，才能补绘 *H* 投影。

（1）形体分析

根据图 4-8 所示房屋外形轮廓线的 *V*、*W* 投影分析，可以想像这是一个两坡顶的房屋，其投影如图 4-9 所示。

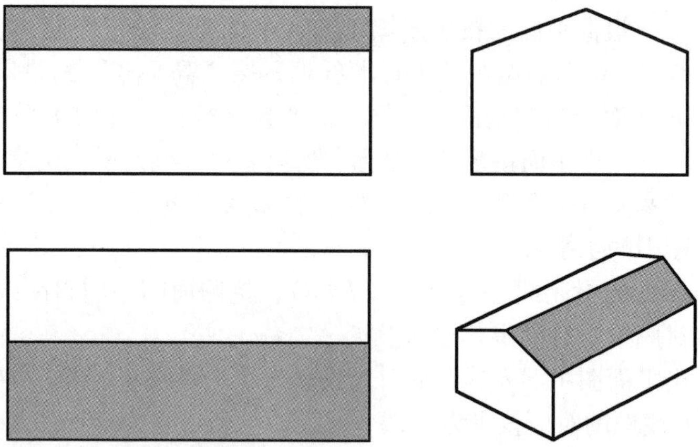

图 4-9 形体分析——两坡顶房屋外形的投影

比较图 4-8 和图 4-9 的两坡顶屋面可看出，前者的 *V* 投影比后者多了三个小方块线框，前者的 *W* 投影比后者多了左右对称的两个平行四边形线框，需要作进一步分析。

（2）线面分析

先分析图 4-8 中 *V* 投影左边一个小方块。如图 4-10（a）所示，这小方块内又分成两个线框，上面一个线框 *r′*，根据“高平齐”的投影关系，对应于 *W* 投影上一条竖直线的 *r″*可

知这是一个正平面 R。小方块内下面一个线框 q'，对应 W 投影上一条斜线，可知这是一个侧垂面 Q。小方块线框右边的竖直线 p'，与 W 投影上的平行四边形 p''对应，可知这是一个侧平面 P。

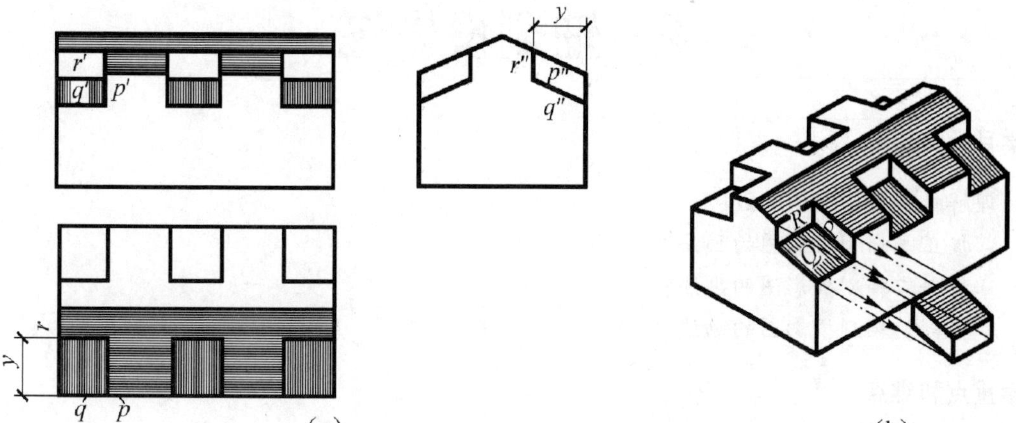

图 4-10　线面分析——补绘 H 投影

（a）分析 R、P、Q 平面并画出 H 投影；（b）立体图

2. 作图

由上述分析可知，V 投影上的小方块线框和 W 投影上相对应的平行四边形线框，是在两坡屋面上用一个正平面 R、一个侧垂面 Q 和一个侧平面 P 切去了一个小四棱柱［图 4-10（b）的立体图］所产生的截交线的投影。经过六处同样切割之后，两坡顶屋面就形成了具有六个纵横天窗的屋面，如图 4-10 所示。根据“长对正、宽相等”的投影关系，在两坡顶房屋的投影上画出截交线的 H 投影。

5　轴测投影图

教学目标和要求

理解轴测投影图的形成；
掌握正等轴测投影图的画法；
掌握斜二轴测投影图的画法；
掌握剖切轴测投影图的画法。

教学重点和难点

掌握正等轴测投影图的画法；
掌握斜二轴测投影图的画法。

图 5-1（a）是物体的正投影图，能够完整、准确地表示形体的形状和大小，作图也比较简便。但是，这种图立体感不强，缺乏读图能力的人们很难看懂。

图 5-1（b）是物体的轴测投影图，它能在一个投影图中同时反映物体的长、宽、高，具有较强的立体感。但由于它不易反映物体各个表面的实形，工程上常将轴测投影图作为辅助图样。本章主要介绍几种常用轴测投影图的画法。

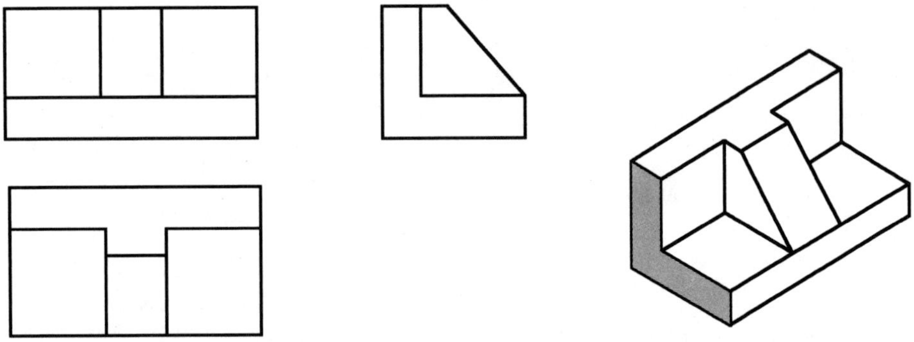

（a）　　　　　　（b）

图 5-1　投影图与轴测图的对比
（a）投影图；（b）轴测图

5.1　轴测投影的基本知识

5.1.1　轴测投影的形成

根据平行投影的原理，把形体连同确定其空间位置的三条坐标轴 OX、OY、OZ 一起，沿着不平行于这三条坐标轴的方向，投影到新投影面 P 上，所得到的投影称为轴测投影，如图 5-2 所示。

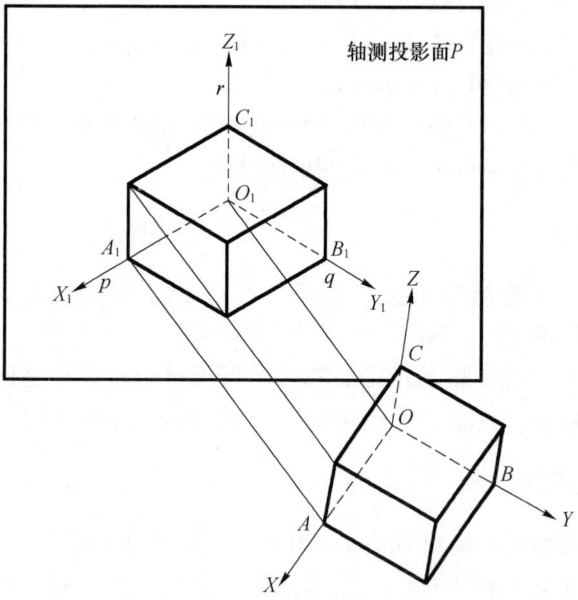

图 5-2　轴测投影的形成

5.1.2　轴测投影的有关术语

1. 轴测投影面

在轴测投影中，投影面 P 称为轴测投影面。

2. 轴测轴

三条坐标轴 OX、OY、OZ 的轴测投影 O_1X_1、O_1Y_1、O_1Z_1，称为轴测轴，画图时，规定把 O_1Z_1 轴画成竖直方向，见图 4-2。

3. 轴间角

轴测轴之间的夹角，即 $\angle X_1O_1Z_1$、$\angle X_1O_1Y_1$、$\angle Y_1O_1Z_1$，称为轴间角。

4. 轴向变形系数

轴测轴上某段与它在空间直角坐标轴上的实长之比，称为轴向变形系数。即

$p = O_1A_1/OA$，称 OX 轴向变形系数

$q = O_1B_1/OB$，称 OY 轴向变形系数

$r = O_1C_1/OC$，称 OZ 轴向变形系数

轴间角和轴向变形系数决定轴测图的形状和大小，是画轴测投影图的基本参数。

5.1.3　轴测投影的分类

根据投影方向与轴测投影面的相对位置可分为两大类：

1. 正轴测投影

正轴测投影的投影方向垂直于轴测投影面。

2. 斜轴测投影

斜轴测投影的投影方向倾斜于轴测投影面。

根据轴向变形系数是否相等，两类轴测图又分为三种：

（1）正（或斜）等轴测图（$p=q=r$），

（2）正（或斜）二轴测图（$p=q\neq r$ 或 $p=r\neq q$ 或 $p\neq q=r$），

（3）正（或斜）三轴测图（$p\neq q\neq r$）。

上述类型中，由于三轴测投影作图比较繁琐，所以很少采用，这里只介绍常用的正等轴测图、正面斜二轴测图和水平面斜二轴测图的画法。

5.1.4 轴测投影的特性

1. 直线的轴测投影一般仍为直线；互相平行的直线其轴测投影仍互相平行；直线的分段比例在轴测投影中仍不变。

2. 与坐标轴平行的直线，轴测投影后其长度可沿轴量取；与坐标轴不平行的直线，轴测投影后就不可沿轴量取，只能先确定两端点，然后再画出该直线。

5.1.5 轴测投影图的画法

根据形体的正投影图画其轴测图时，一般采用下面的基本作图步骤：

1. 进行形体分析并在形体上确定直角坐标系，坐标原点一般设在形体的角点或对称中心上。

2. 选择轴测图的种类与合适的投影方向，确定轴测轴及轴向变形系数。

3. 根据形体特征选择合适的作图方法，常用的作图方法有：坐标法、叠加法、切割法、网格法等。

（1）坐标法：利用形体上各顶点的坐标值画出轴测图的方法；

（2）叠加法：先把形体分解成基本形体，再逐一画出每一基本形体的方法；

（3）切割法：先把形体看成是一个长方体，再逐一画出截面的方法；

（4）网格法：对于曲面立体先找出曲线上的特殊点，过这些点作平行于坐标轴的网格线，得到这些点的坐标值，然后把这些点连接起来的方法。

4. 画底稿。

5. 检查底稿加深图线。

5.2 正等轴测图

正等测投影属正轴测投影中的一种类型。由于它画法简单、立体感较强，所以在工程上较常用。

5.2.1 正等轴测图的形成

投射方向垂直于轴测投影面，而且参考坐标系的三根坐标轴对投影面的倾斜角都相等，在这种情况下画出的轴测图称为正等轴测图，简称正等测。

5.2.2 正等轴测图的画图参数

可以证明：正等轴测图的轴间角都相等，即$\angle X_1O_1Z_1=\angle X_1O_1Y_1=\angle Y_1O_1Z_1=120°$，各轴向变形系数 $p=q=r\approx0.82$，为了作图简便，习惯上简化为1，即 $p=q=r=1$，作图时可

以直接按形体的实际尺寸量取。这种简化了轴向变形系数的轴测投影比实际的轴测投影放大了1.22倍，如图5-3所示正四棱柱的正等轴测图。

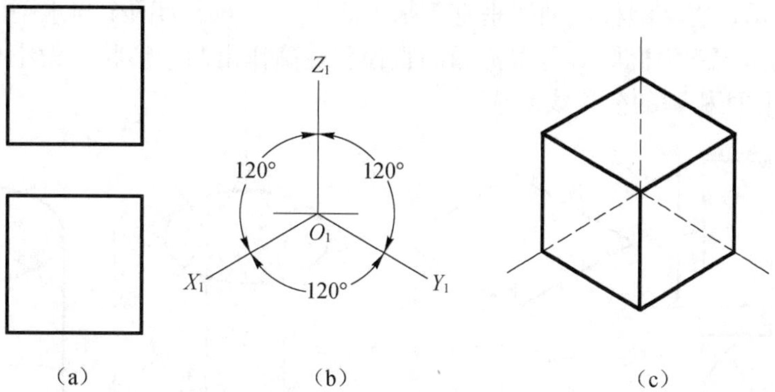

图5-3 正等轴测投影图

（a）正四棱柱投影图；（b）画轴测轴；（c）$p=q=r\approx0.82$

5.2.3 基本立体正等轴测图画法

1. 正六棱柱

（1）分析

如图5-4，正六棱柱的前后、左右对称，将坐标原点 O_0 定在上底面六边形的中心，以六边形的中心线为 X_0 轴和 Y_0 轴。这样便于直接作出上底面六边形各顶点的坐标，从上底面开始作图。

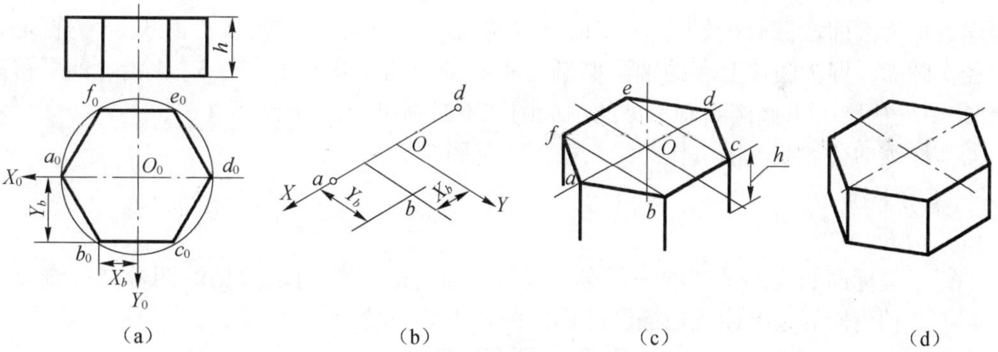

图5-4 正六棱柱的正等测画法

（2）作图

①定出坐标原点及坐标轴，见图5-4（a）。

②画出轴测轴 OX、OY，由于 a_0、d_0 在 X_0 轴上，可直接量取并在轴测轴上作出 a、d。根据顶点 b_0 的坐标值 X_b 和 Y_b，定出其轴测投影 b，见图4-4（b）。

③作出 b 点与 X、Y 轴对应的对称点 f、c，连接 a、b、c、d、e、f 即为六棱柱上底面六边形的轴测图。由顶点 a、b、c、d、e、f 向下画出高度为 h 的可见轮廓线，得下底面各点，见图4-4（c）。

④连接下底面各点，擦去作图线，描深，完成六棱柱正等轴测图，见图5-4（d）。

由作图可知，因轴测图只要求画可见轮廓线，不可见轮廓线一般不要求画出，故常将原标注的原点取在顶面上，直接画出可见轮廓，使作图简化。

2. 圆柱

（1）分析

如图 5-5 所示，直立圆柱的轴线垂直于水平面，上、下底为两个与水平面平行且大小相同的圆，在轴测图中均为椭圆。可根据圆的直径和柱高作出两个形状、大小相同，中心距为 h 的椭圆，然后作两椭圆的公切线即成。

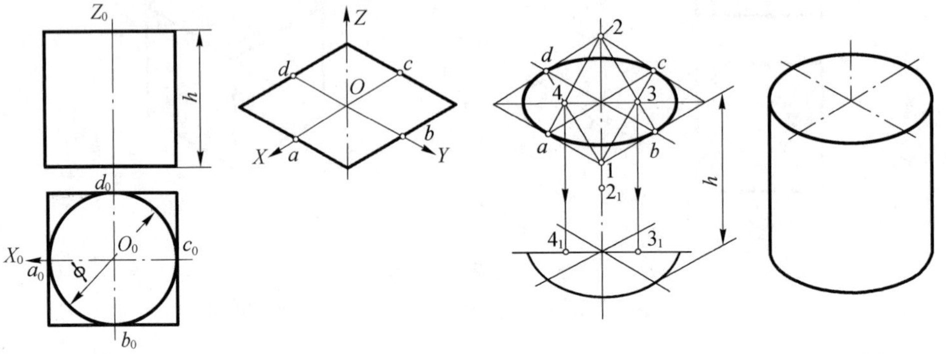

图 5-5　圆柱的正等轴测图

（2）作图

①作圆柱上底圆的外切正方形，得切点 a_0、b_0、c_0、d_0，定坐标原点和坐标轴，见图 5-5（a）。

②作轴测轴和四个切点 a、b、c、d，过四点分别作 X、Y 轴的平行线，得外切正方形的轴测菱形，见图 5-5（b）。

③过菱形顶点 1、2，连接 $1c$ 和 $2b$ 得交点 3，连接 $2a$ 和 $1d$ 得交点 4。1、2、3、4 各点即为作近似椭圆四段圆弧的圆心。以 1、2 为圆心，$1c$ 为半径作圆弧；以 3、4 为圆心，$3b$ 为半径作圆弧，即为圆柱上底的轴测椭圆。将椭圆的四个圆心 1、2、3、4 沿 z 轴平移高度 h，作出下底椭圆（下底椭圆看不见的一段圆弧不必画出），见图 5-5（c）。

④作椭圆的公切线，擦去作图线，描深，见图 5-5（d）。

3. 圆角平板

（1）分析

平行于坐标面的圆角是圆的一部分，见图 5-6（a）。特别是常见的四分之一圆周的圆角，其正等轴测恰好是上述近似椭圆的四段圆弧中的一段。

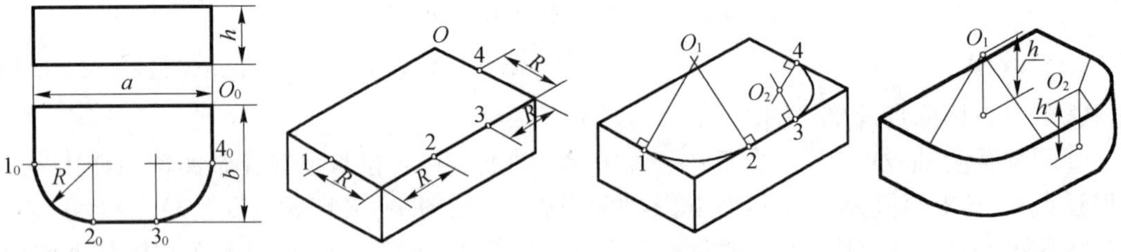

图 5-6　圆角的正等测画法

（2）作图

①画出平板的轴测图，并根据圆角的半径 R，在平板上底面相应的棱线上作出切点 1、2、3、4，见图 5-6（b）。

②过切点1、2分别作相应棱线的垂线，得交点 O_1。同样，过切点3、4作相应棱线的垂线，得交点 O_2。以 O_1 为圆心，$O_1 1$ 为半径作圆弧 $\overset{\frown}{12}$；以 O_2 为圆心，$O_2 3$ 为半径作圆弧 $\overset{\frown}{34}$，即得平板上底面圆角的轴测图，见图5-6（c）。

③将圆心 O_1、O_2 下移平板的厚度 h，再用与上底面圆弧相同的半径分别画两圆弧，即得平板下底面圆角的轴测图。在平板右端作上、下小圆弧的公切线，擦去作图线，描深，见图5-6（d）。

5.2.4 组合体正等轴测图画法

【例5-1】 已知形体的三面投影，见图5-7（a），用切割法绘制其正等轴测图。

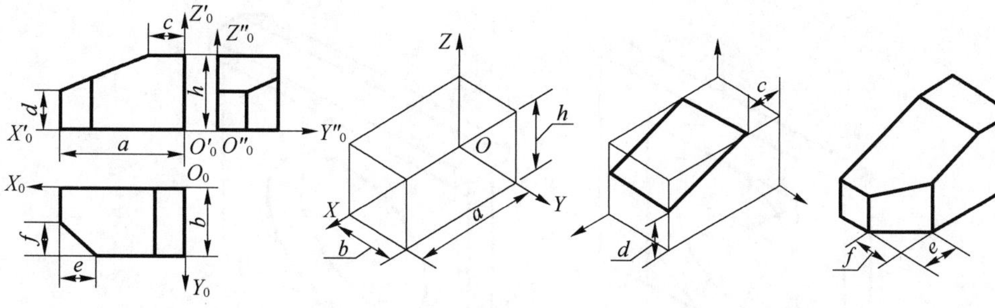

（a）　（b）　（c）　（d）

图5-7　切割体的正等轴测图

（1）分析

对于图5-7（a）所示的形体，可采用切割法作图。把形体看成是一个由长方体被正垂面切去一块，再由铅垂面切去一角而形成。对于截切后的斜面上与三根坐标轴都不平行的线段，在轴测图上不能直接从正投影图中量取，必须按坐标作出其端点，然后再连线。

（2）作图

①定坐标原点及坐标轴，见图5-7（a）。

②根据给出的尺寸 a、b、h 作出长方体的轴测图，见图5-7（b）。

③倾斜线上不能直接量取尺寸，只能沿与轴测轴相平行的对应棱线量取 c、d，定出斜面上线段端点的位置，并连成平行四边形，见图5-7（c）。

④根据给出的尺寸 e、f 定出左下角斜面上线段端点的位置，并连成四边形。擦去作图线，描深，见图5-7（d）。

【例5-2】 已知墙上圆形门洞的三面投影，见图5-8（a），用叠加法绘制其正等轴测图。

（1）分析

圆形门洞的中心轴线垂直于 $X_0O_0Z_0$ 坐标面。画轴测图时，应包含 OX、OZ 两根轴测轴在外墙面上作出轴测椭圆，再按墙厚作出内墙面上椭圆的可见部分。最后画出墙上三角形檐口。

（2）作图

①在外墙面上画出轴测轴 OX、OZ，按圆门洞直径画出菱形，参照图5-5的方法定出四个圆心，分别作四段圆弧即为外墙面上圆的轴测图，见图5-8（b）。

②将圆心 O_2、O_3、O_4 沿 OY 轴方向移动墙厚 B 的距离得点 O'_2、O'_3、O'_4。以这些点为圆心，相应长度为半径，画出内墙上圆的可见部分，见图5-8（c）。

③按墙上檐口的高度 H 和宽度 y，画出檐口的轴测图，见图5-8（d）。

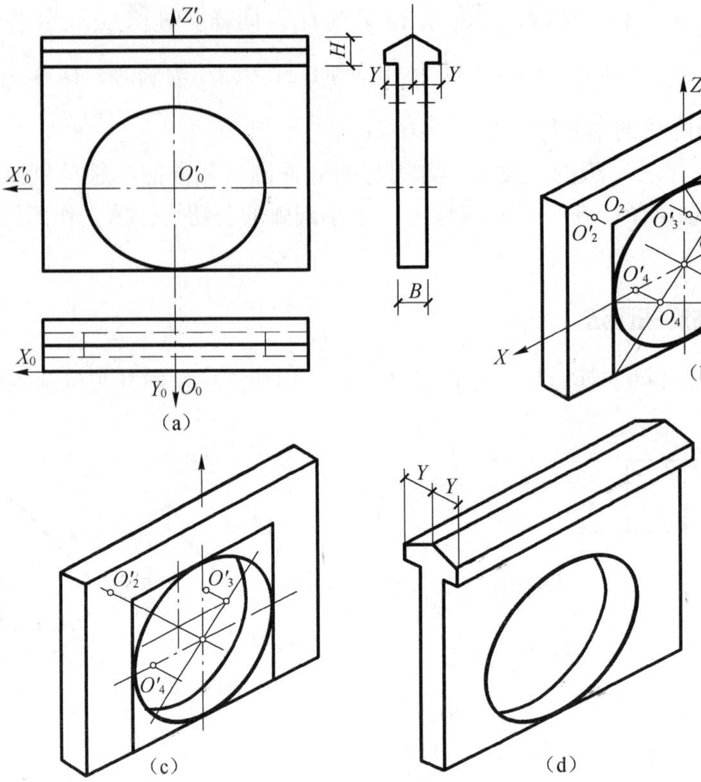

图 5-8　圆形门洞正等轴测图

5.3　正面斜二轴测图

正面斜二轴测图是斜二轴测图的一种。对于形体的正平面形状较复杂或具有圆和曲线时，常用正面斜二轴测图。

5.3.1　正面斜二轴测图的形成

轴测投影面 P（用 V 面代替）平行于一个坐标面，投射方向倾斜于轴测投影面时，即得正面斜二轴测图，如图 5-9 所示。

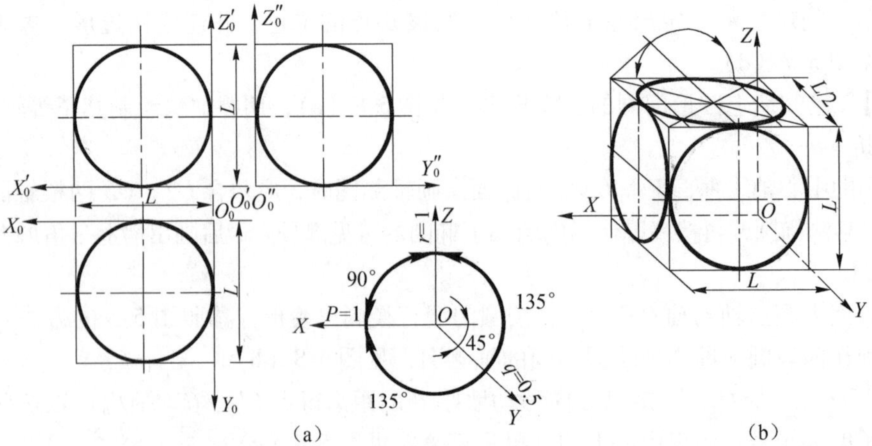

图 5-9　正面斜二轴测的轴间角和轴向伸缩系数

5.3.2 轴间角和轴向伸缩系数

由于 $X_0O_0Z_0$ 坐标面平行于 V 面，其正面斜轴测投影反映实形，所以轴测轴 OX、OZ 分别为水平方向和铅垂方向，轴间角 $\angle XOZ = 90°$，轴向伸缩系数 $p = q = 1$。OY 轴的轴变形系数与轴间角之间无依从关系，可任意选择。通常选择 OY 轴与水平方向成 45°，$q = 0.5$ 作图较为方便、美观，一般适用于正立面形状较为复杂的形体。

5.3.3 正面斜二轴测图画法

【例 5-3】 下面以图 5-10 所示立体说明正面斜二轴测图画法。

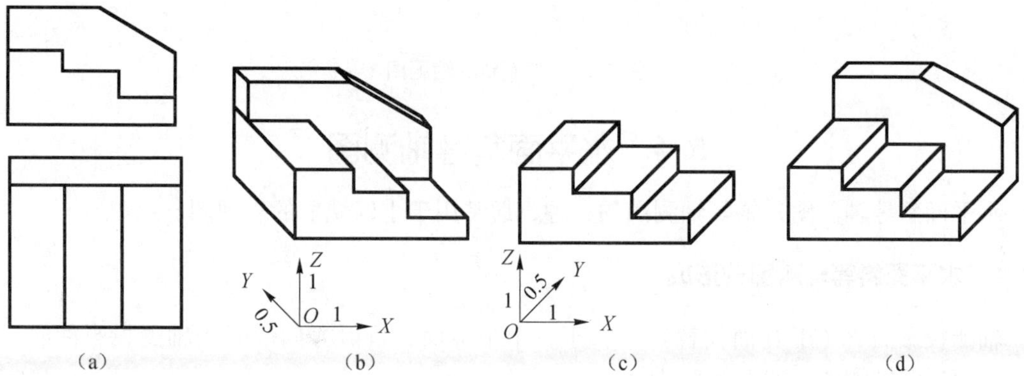

图 5-10 台阶的正面斜二轴测图

（1）分析

在正面斜二轴测图中，轴测轴 OX、OZ 分别为水平线和铅垂线，OY 轴根据投射方向确定。如果选择由右向左投射，如图 5-10（b）所示，台阶的有些表面被遮或显示不清楚，而选择由左向右投射，台阶的每个表面都能表示清楚，见图 4-10（c）。

（2）作图

步骤如图 5-10（c）、（d）所示，画出轴测轴 OX、OZ、OY，然后画出台阶的正面投影实形，过各顶点作 OY 轴平行线，并量取实长的一半（$q = 0.5$）画出台阶的轴测图，再画出矮墙的轴测图。

【例 5-4】 作拱门的正面斜二轴测图（图 5-11）

（1）分析

轴测投影面 XOZ 反映拱门正面投影的实形，作图时应注意 OY 轴方向各部分的相对位置以及可见性。

（2）作图

①画轴测轴，OX、OZ 分别为水平线和铅垂线，OY 轴由左向右或由右向左投射绘制的轴测图效果相同。先画底板轴测图，并在底板上量取$\frac{Y_1}{2}$，定出拱门前墙面位置图，画出外形轮廓立方体，见图 5-11（b）。

②按实形画出拱门前墙面及 OY 轴方向线，并由拱门圆心向后量取 1/2 墙厚，定出拱门在后墙面的圆心位置，见图 5-11（c）。

③完成拱门正面斜二轴测图，注意只要画出拱门后墙面可见部分图线，见图 5-11（d）。

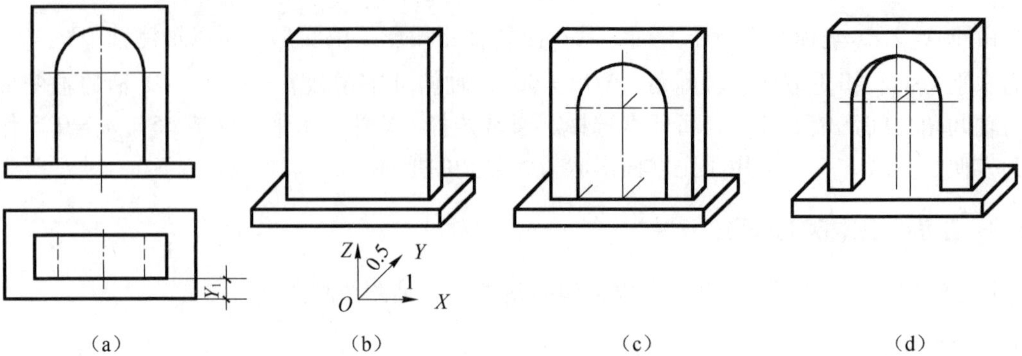

图 5-11　正面斜二轴测图

5.4　水平面斜等轴测图

水平面斜等轴测图是斜等轴测图的一种，通常用于小区规划的表现图。

5.4.1　水平面斜等轴测图的形成

轴测投影面 P（用 H 面代替）平行于一个坐标面，投射方向倾斜于轴测投影面时，即得水平面斜等轴测图，如图 5-12 所示。

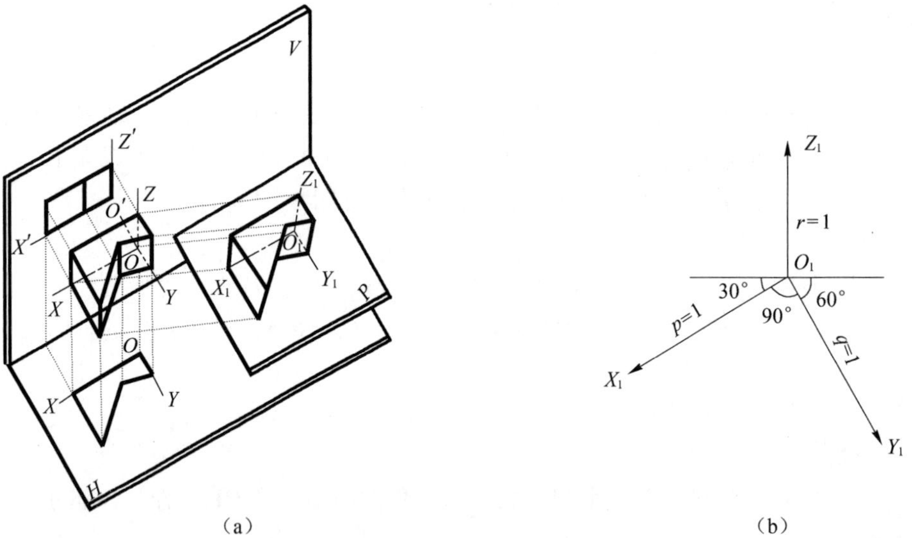

图 5-12　水平面斜等轴测图

（a）水平斜等轴测投影过程；（b）常用的轴测轴及伸缩系数

5.4.2　轴间角和轴向伸缩系数

无论投影方向如何选择，由于轴测投影面平行于水平投影面，其水平轴测投影反映实形，即轴测轴 OX_1 与 OY_1 的伸缩系数 $p=q=1$，OZ 轴的伸缩系数和方向可任意选择，通常将 OZ 轴画成铅垂（或倾斜）方向，伸缩系数选择 $r=1$，OX、OY 轴与水平线夹角为 30°和

60°，即$\angle X_1O_1Y_1 = 120°$，$\angle X_1O_1Z_1 = 150°$，见图5-12。

水平斜等轴测投影，由于适用于画水平面上有复杂图案的形体，故在工程上常用来绘制一个区域的总平面布置或绘制一幢建筑物的水平剖面。

5.4.3 水平面斜等轴测图画法

【例5-5】 已知一个区域的总平面（图5-13（a）），画出总平面图的水平面斜等轴测投影。

解：（1）画出旋转30°后的总平面图；

（2）过各个角点向上画高度线，作出各建筑物的轴测图（图5-13（b））。

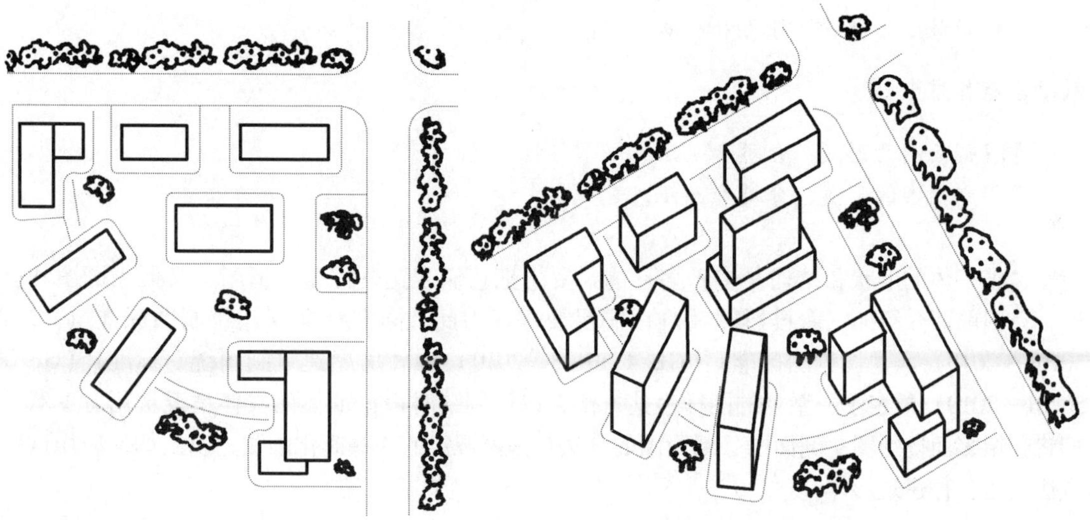

（a）　　　　（b）

图5-13　区域总平面图

（a）区域总平面图；（b）水平斜轴测投影

6 建筑形体的图样画法

教学目标和要求

掌握多面投影图的形成、分类和画法；
掌握剖面图的形成、分类和画法；
掌握断面图的形成、分类和画法。

教学重点和难点

掌握剖面图的形成、分类和画法；
掌握断面图的形成、分类和画法。

建筑形体的形状和结构是多种多样的，要想把它们表达既完整、清晰，又便于画图和读图，只用前面介绍的三面投影图就难以满足要求。为此，国家标准《建筑制图标准》(GB/T 50104—2010)、《总图制图标准》（GB/T 50103—2010）和《房屋建筑制图统一标准》（GB/T 50001—2010）规定了一系列的图样表达方法，以供制图时根据形体的具体情况选用。本章我们将介绍多面投影图、剖面图、断面图的画法和国家规定的一些简化画法，以及如何应用这些方法表达各种建筑形体。

6.1 视 图

用正投影法绘制出的形体图形称为视图。

6.1.1 多面正投影图

对于形状简单的物体，一般用三面投影（三个视图）就可以表达清楚。但房屋建筑形体比较复杂，各个方向的外形变化很大，采用三面投影难以表达清楚，需要四个、五个甚至更多的视图才能完整表达其形状结构。如图 6-1（b）所示的房屋形体，可由不同方向投射，从而得到图 6-1（a）所示的多面正投影图。

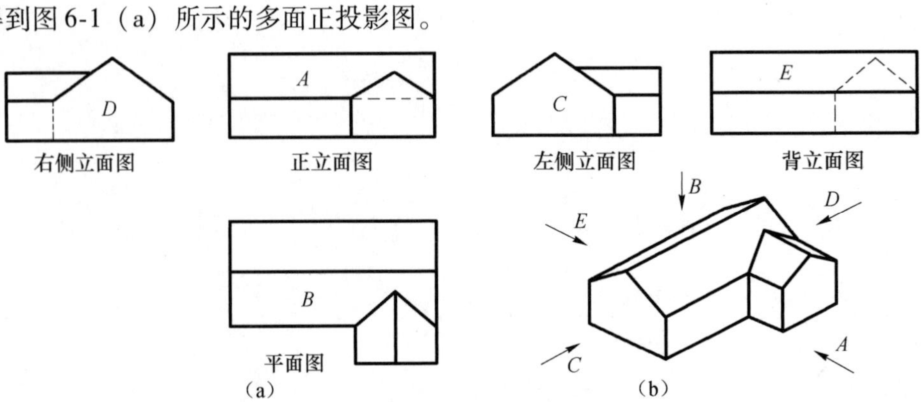

图 6-1 多面正投影图

房屋建筑的视图，应按正投影法并用第一角画法绘制。自前方投射的 A 向视图为正立面图，自上方投射的 B 向视图为平面图，自左方投射的 C 向视图为左侧立面图，自右方投射的 D 向视图为右侧立面图，自后方投射的正向视图为背立面图。由于房屋形体庞大，如果一张图纸内画不下所有投影图时，可以把各投影图分别画在几张图纸上，但应在投影图下方标注图名。

多面投影图同样存在度量相等的关系，平面图、正立面图、背立面图长相等；正立面图、左侧立面图、右侧立面图、背立面图高平齐；平面图、左侧立面图、右侧立面图宽相等。

除此以外，多面投影图之间任然有上、下、左、右、前和后的对应关系。请读者对应图6-1，自己找出对应关系。

6.1.2 镜像投影图

有些工程构造，如板梁柱构造节点（图6-2（a）），因为板在上面，梁、柱在下面，按第一角画法绘制平面图的时候，梁、柱为不可见，要用虚线绘制，这样给读图和尺寸标注带来不便。如果把 H 面当作一个镜面，在镜面中就能得到梁、柱为可见的反射图像，这种投影称为镜像投影。镜像投影是形体在镜面中的反射图形的正投影，该镜面应平行于相应的投影面。用镜像投影法绘图时，应在图名后加注“镜像”二字（图6-2（b）），必要时可画出镜像投影画法的识别符号（图6-2（c））。这种图在室内设计中常用来表现吊顶（天花）的平面布置。

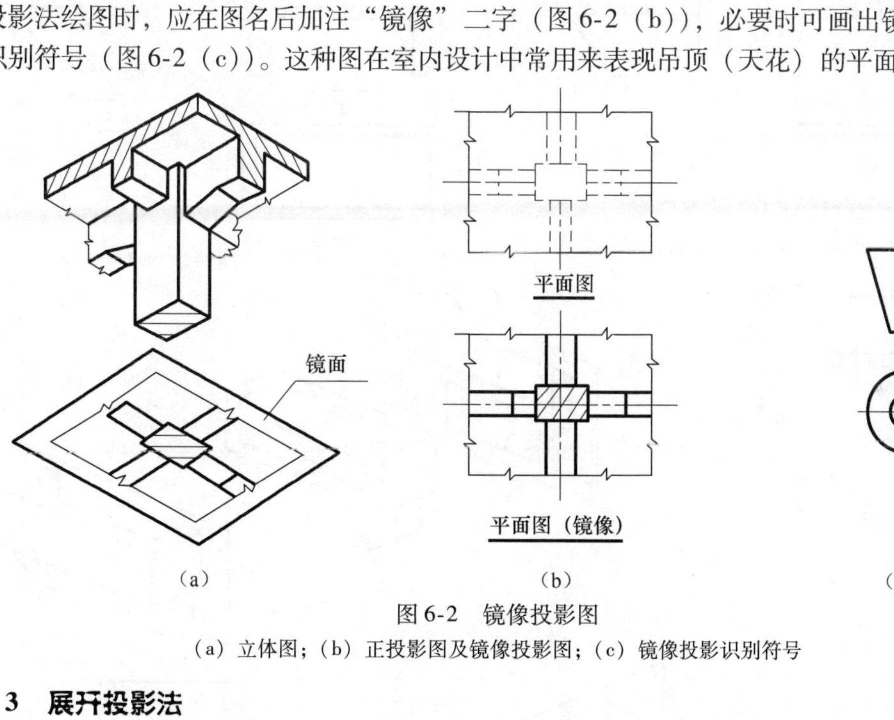

图6-2　镜像投影图

（a）立体图；（b）正投影图及镜像投影图；（c）镜像投影识别符号

6.1.3 展开投影法

建（构）筑物的某些部分，如果与投影面不平行（如圆形、折线形、曲线形等），在画立面图时，可以将该部分展开成与基本投影面平行的位置后，再以正投影法绘制，并应在图名后注写“展开”字样，如图6-3所示。

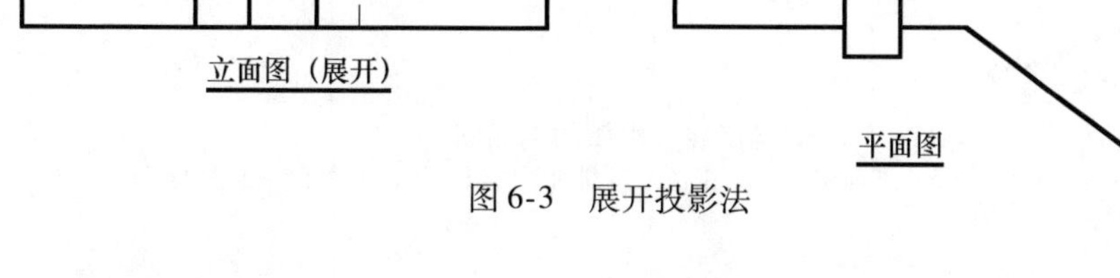

图6-3　展开投影法

6.2 剖面图

在画物体的正投影图时，虽然能表达清楚形体的外部形状和大小，但形体内部的孔洞以及被外部遮挡的轮廓线则需要用虚线来表示。当形体内部的形状较复杂时，在投影中就会出现很多虚线，且虚线相互重叠或交叉，既不便看图，又不利于标注尺寸，而且难于表达出形体的材料。因此，我们用剖面图来表示形体的内部形状。

6.2.1 剖面图的形成

假想将形体剖开，让它的内部构造显露出来，使形体不可见的部分变成可见，然后用实线画出这些内部构造的投影图，称为剖面图。

图 6-4（a）是水槽的三面图，其三个投影均出现了许多虚线，使图样不清晰。假想用一个通过水槽排水孔轴线，且平行于 V 面的剖切面 P，将水槽剖开，移走前半部分，将剩余

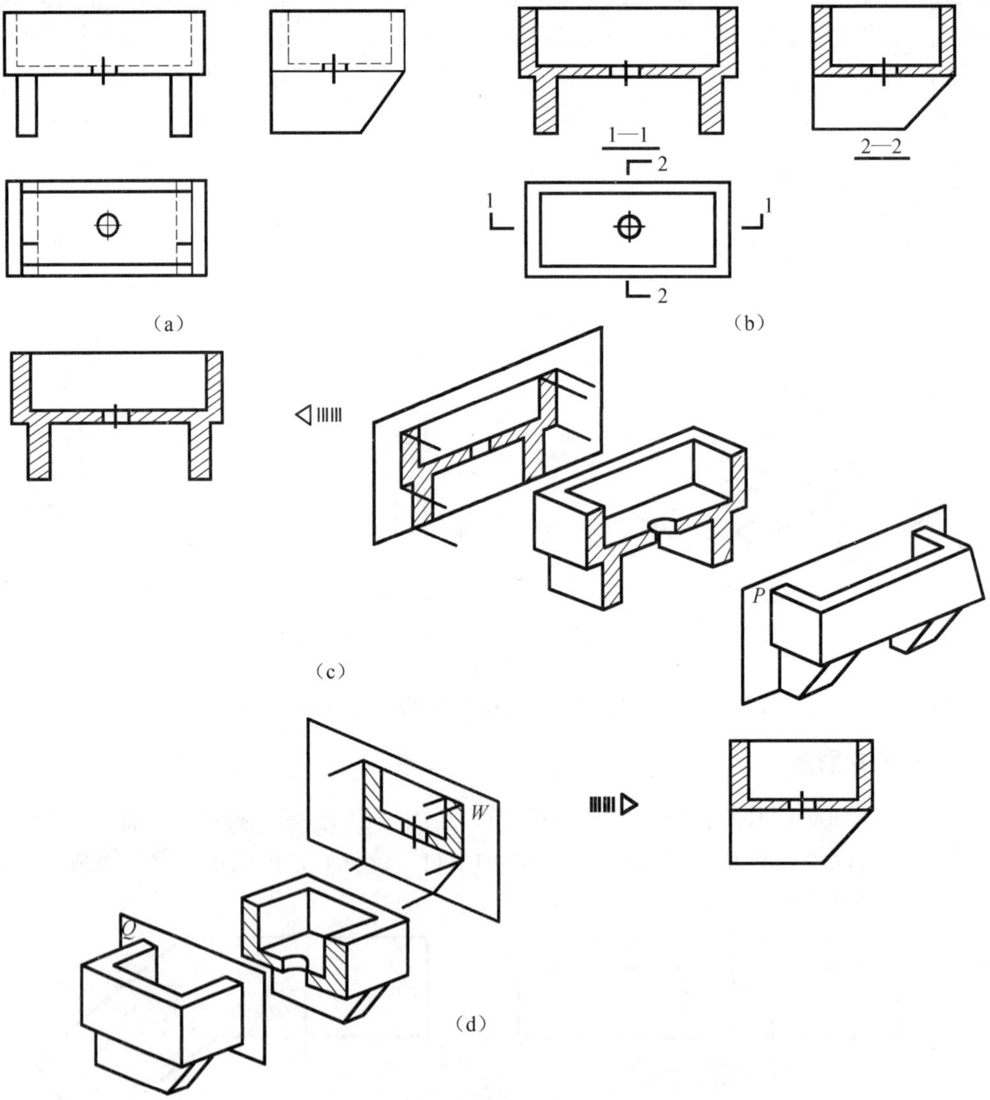

图 6-4　水槽的剖面图

（a）视图；（b）剖面图；（c）正视方向剖面图的形成；（d）左侧剖面图的形成

的部分向 V 面投射，然后在水槽的断面内画上通用材料图例（如需指明材料，则画上表 6-1 所示的具体材料图例），即得水槽的正视方向剖面图（图 6-4（c））。这时水槽的槽壁厚度、槽深、排水孔大小等均被表示得很清楚，又便于标注尺寸。同理，可用一个通过水槽排水孔的轴线，且平行于 W 面的剖切面 Q 剖开水槽，移去 Q 面的左边部分，然后将形体剩余的部分向 W 面投射，得到另一个方向的剖面图（图 6-4（d））。由于水槽下的支座在两个剖面图中已表达清楚，故在平面图中省去了表达支座的虚线。图 6-4（b）为水槽的剖面图。

6.2.2 剖面图的画法

1. 确定剖切平面的位置

剖切平面应平行于投影面，且尽量通过物体的孔、洞、槽的中心线。如要将 V 面投影画成剖面图，则剖切平面应平行于 V 面；如果要将 H 面投影或 W 面投影画成剖面图时，则剖切平面应分别平行于 H 面或 W 面。

2. 剖面图的图线及图例

物体被剖切后所形成的断面轮廓线，用粗实线画出；物体未剖到部分的投影轮廓线用细实线画出；看不见的虚线，一般省略不画。

为使物体被剖到部分与未剖到部分区别开来，使图形清晰可辨，应在断面轮廓范围内画上表示其材料种类的图例。常用的建筑材料图例见表 6-1。

表 6-1　常用建筑材料图例

图　例	名称与说明	图　例	名称与说明
	自然土壤	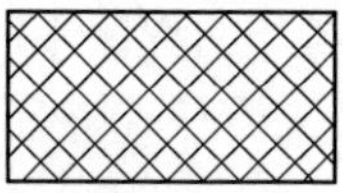	多孔材料 包括水泥珍珠岩、沥青珍珠岩、泡沫混凝土、非承重加气混凝土、软木、蛭石制品等
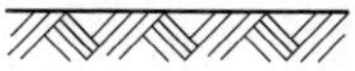	素土夯实	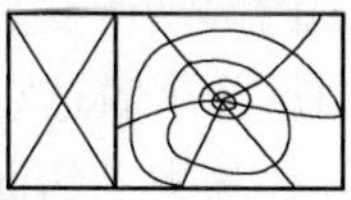	木材 左图为垫木、木砖或木龙骨 右图为横断面
	左：砂、灰土，靠近轮廓线绘较密的点 右：粉刷材料，采用较稀的点	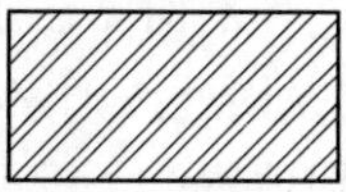	金属 1. 包括各种金属 2. 图形较小时，可涂黑
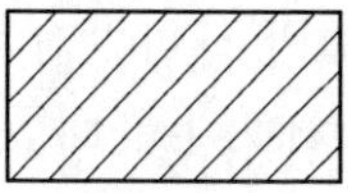	普通砖 1. 包括实心砖、多孔砖、砌块等砌体 2. 断面较窄、不易画出图例线时，可涂红		防水材料 构造层次多或比例大时，采用上面图例
	上：混凝土 下：钢筋混凝土 1. 在剖面图上画出钢筋时，不画图例线 2. 断面图形小，不易画出图例线时，可涂黑		饰面砖 包括铺地砖、马赛克、陶瓷锦砖、人造大理石等
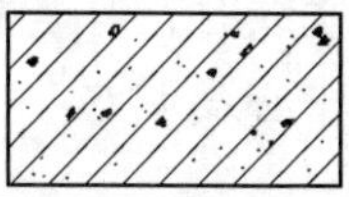		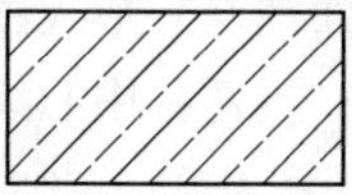	石材

当不必指明材料种类时，应在断面轮廓范围内用细实线画上 45°的剖面线，同一物体的剖面线应方向一致，间距相等。

3. 剖面图的标注

为了看图时便于了解剖切位置和投影方向，寻找投影的对应关系，还应对剖面图进行以下的剖面标注。

（1）剖切符号

剖面的剖切符号，应由剖切位置线及剖视方向线组成，均应以粗实线绘制。剖切位置线的长度为 6 ~ 10mm；剖视方向线应垂直于剖切位置线，长度为 4 ~ 6mm。绘图时，剖面剖切符号不宜与图面上的图线相接触。

（2）剖面编号

在剖视方向线的端部宜按顺序由左至右，由下至上用阿拉伯数字编排注写剖面编号 1—1、2—2、3—3……

（3）图名

在剖面图的下方正中分别注写与剖面编号相应的 1—1 剖面图、2—2 剖面图、3—3 剖面图……以表示图名。图名下方还应画上粗实线，粗实线的长度与图名字体的长度相等。

（4）必须指出：剖切平面是假想的，其目的是为了表达出物体内部形状，故除了剖面图和断面图外，其他各投影图均按原来未剖时画出。一个物体无论被剖切几次，每次剖切均按完整的物体进行。

6.2.3 剖面图的分类

按照建筑形体被剖切平面剖开的程度不同，剖面图分为以下几种。

1. 全剖面图

用一个平行于基本投影面的剖切平面，将形体全部剖开后画出的图形称为全剖面图。显然，全剖面图适用于外形简单、内部结构复杂的形体。

图 6-5 为一座房屋的剖面图。为了表达它的内部布置情况，假想用一个稍高于窗台位置的水平剖切面将房屋全部剖切开，移去剖切面及以上部分，将以下部分投射到水平面上，于是得到房屋的水平全剖面图，这种剖面图在建筑施工图中称之为平面图。由于房屋的剖面图都是用小于 1:50 的比例绘制的，因此按国家标准的规定一律不画材料图例。

全剖面图一般应标注出剖切位置线、投射方向线和剖面编号，如图 6-5 所示。

2. 半剖面图

当形体具有对称平面时，在垂直于该对称平面的投影面上投射所得到的图形，可以对称中心线为界，一半画成剖面图，另一半画成外形视图，这样组合而成的图形称为半剖面图。显然，半剖面图适用于内外结构都需要表达的对称形体。

图 6-6 所示的形体左右、前后均对称，如果采用全剖面图，则不能充分地表达外形，故采用半剖面图表达方法，保留一半外形，再配上半个剖面图表达内部构造，如图 6-6 所示。半剖面图一般不再画虚线，但如有孔、洞，仍需要将孔、洞的轴线画出。在半剖面图中，规定以形体的对称中心线作为剖面图与外形视图的分界线。当对称中心线是铅垂线时，习惯上将半个剖面图画在中心线右侧；当对称中心线为水平线时，剖面图画在水平中心线下方。一般情况下应按规定标注，如图 6-6 中的半剖面图所示。

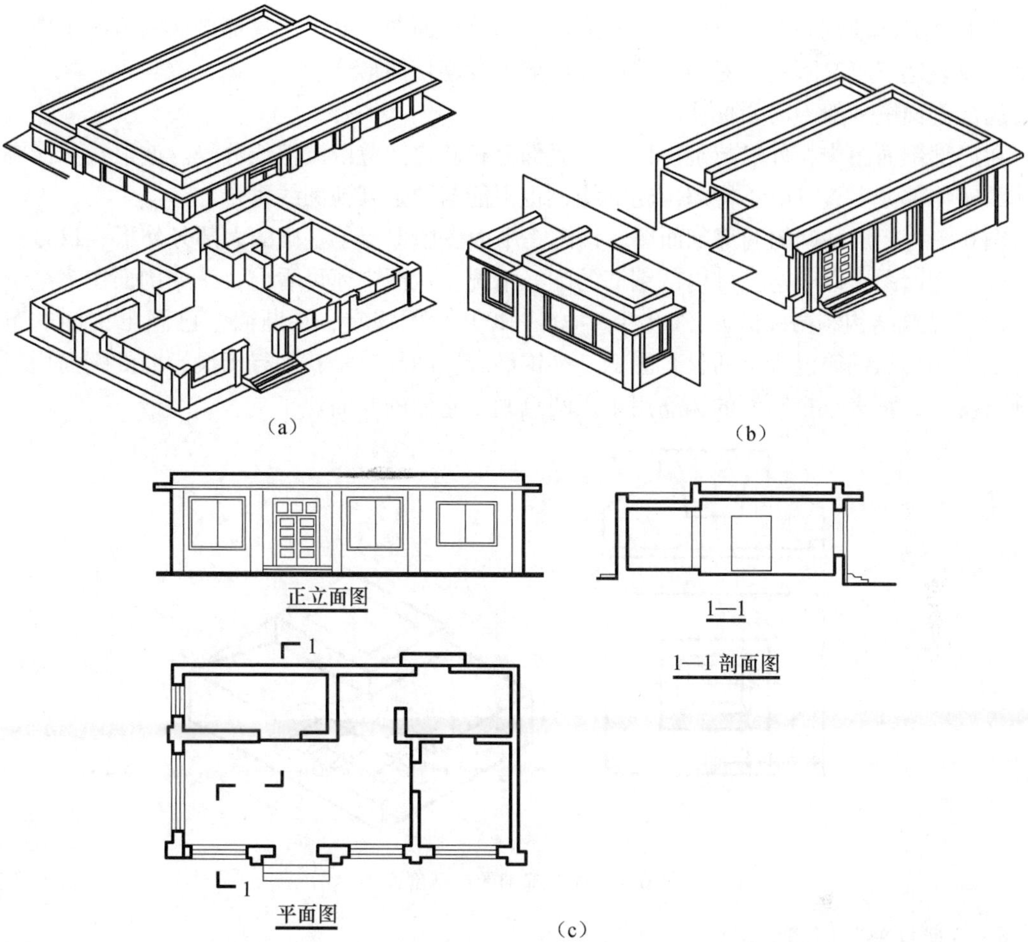

图 6-5　房屋的剖面图

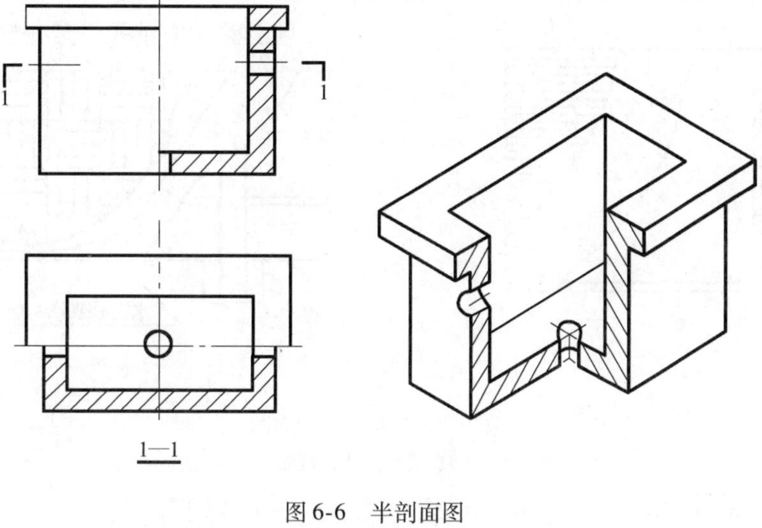

图 6-6　半剖面图

3. 局部剖面图

将形体局部地剖开后投影所得的图形称为局部剖面图。显然，局部剖面图适用于内外结构都需要表达，且又不具备对称条件或仅局部需要剖切的形体。

局部剖面图一般不需要标注。

在局部剖面图中，外形与剖面以及剖面部分相互之间应以波浪线分隔。波浪线只能画在形体的实体部分上，且既不能超出轮廓线，也不能与图上其他图线重合。

图 6-7 为杯形基础的局部剖面图。该图在平面图中保留了基础的大部分外形，仅将其一个角画成剖面图，以表达基础内部钢筋的配筋情况。从图中还可看出，正立剖面图为全剖面图，按《建筑结构制图标准》（GB/T 50105—2001）的规定，在断面上已画出钢筋的布置时，就不必再画钢筋混凝土的材料图例。画钢筋布置的规定是：平行于投影面的钢筋用粗实线画出实形，垂直于投影面的钢筋用小黑圆点画出它们的断面。

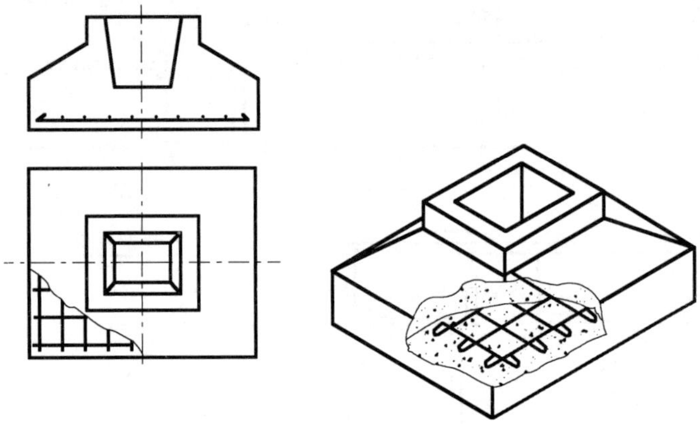

图 6-7　杯形基础的局部剖面图

4. 分层局部剖面图

对建筑物结构层的多层构造可用一组平行的剖切面按构造层次逐层局部剖开。这种方法常用来表达房屋的地面、墙面、屋面等处的构造。分层局部剖面图应按层次以波浪线将各层隔开，波浪线不应与任何图线重合。图 6-8 为采用分层局部剖面图的墙面和楼面的多层构造。

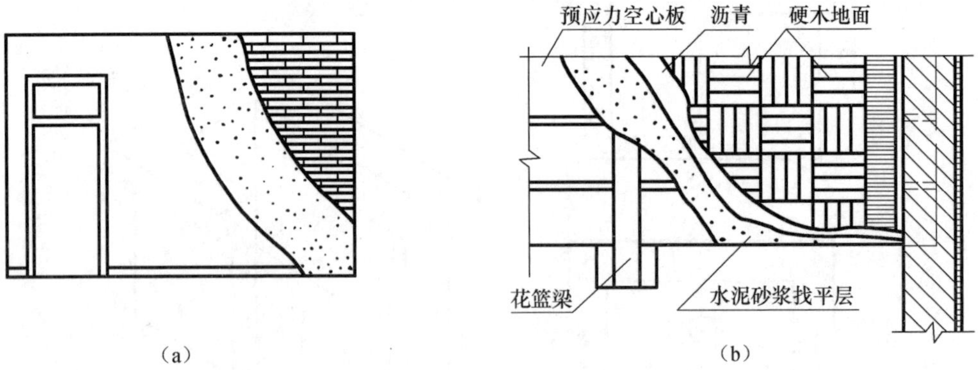

图 6-8　分层局部剖面图

（a）墙面；（b）楼面

5. 阶梯剖面图

如果一个剖切平面不能将形体上需要表达的内部构造一齐剖开时，可以将剖切平面转折成两个或两个以上互相平行的平面，将形体沿着需要表达的地方剖开，然后画出剖面图，称为阶梯剖面图。同半剖面图一样，在转折处不应画出两剖切平面的交线，图6-9是采用阶梯剖面表达组合体内部不同深度的凹槽和通孔的例子。

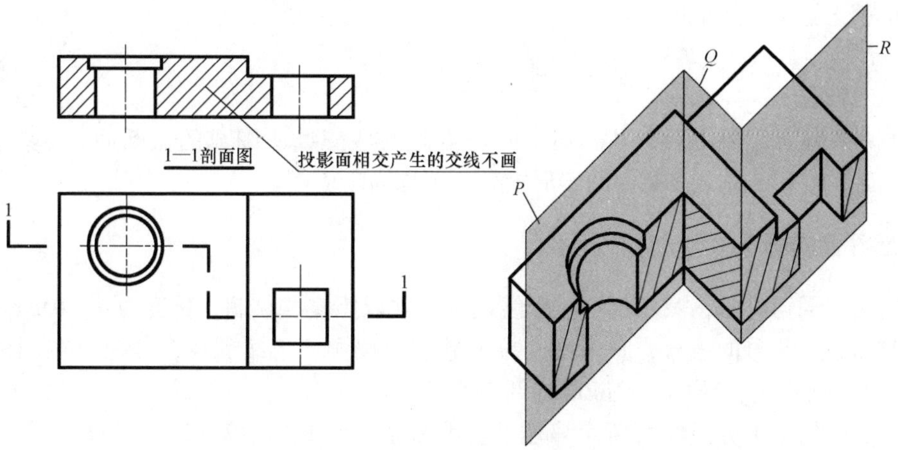

图6-9　阶梯剖面图剖切凹槽和通孔

画阶梯剖面图时，在剖切平面的起始及转折处，均要用粗短线表示剖切位置和投影方向，同时注上剖面名称。如不与其他图线混淆时，直角转折处可以不标注。另外，由于剖切面是假想的，因此，两个剖切面的转折处不应画分界线。

6. 旋转剖面图

采用两个或两个以上相交的剖切面将形体剖开，并将倾斜于投影面的断面及其所关联部分的形体绕剖切面的交线（投影面垂直线）旋转至与投影面平行后再进行投射，这样得到剖面图的方法称为旋转剖切方法，如图6-10中的剖面2—2所示。旋转剖面图适用于内外主

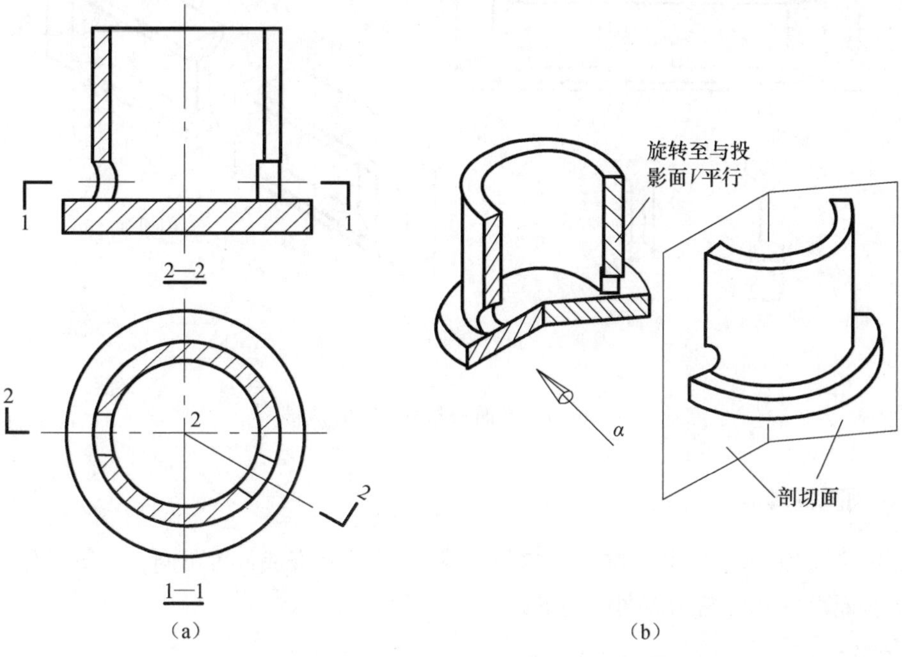

图6-10　旋转剖面图

要结构具有理想的回转轴线的形体，而轴线恰好又是两剖切面的交线，且两剖切面一个是剖面图所在投影面的平行面，另一个是投影面的垂直面的场合。

画旋转剖画图时，应在剖切平面的起始及相交处，用粗短线表示剖切位置，用垂直于剖切线的粗短线表示投影方向。

6.3 断面图

当剖切平面剖开物体后，其剖切平面与物体的截交线所围成的截断面，就称为断面。如果只画出该断面的实形投影，则称为断面图。

6.3.1 断面图的画法

1. 断面的剖切符号，只用剖切位置线表示；并以粗实线绘制，长度为 6～10mm。

2. 断面剖切符号的编号，宜采用阿拉伯数字，按顺序连续编排，并注写在剖切位置线的一侧，编号所在的一侧即为该断面的剖视方向。

3. 断面图的正下方只注写断面编号以表示图名，如 1—1、2—2……并在编号数字下面画一粗短线，而省去“断面图”三个字。

4. 断面图的剖面线及材料图例的画法与剖面图相同。

图 6-11 所示为钢筋混凝土梁的断面图。它与剖面图的区别在于：断面图只需要画出物体被剖后的断面图形，至于剖切后沿投影方向能见到的其他部分，则不必画出。显然，剖面图包含了断面图，而断面图则是剖面图的一部分。另外，断面的剖切位置线的外端，不用与剖切位置线垂直的粗短线来表示投影方向，而用断面编号数字的注写位置来表示。如图6-11 所示，2—2 断面的编号注写在剖切位置线的右侧，则表示剖切后向右方投影。

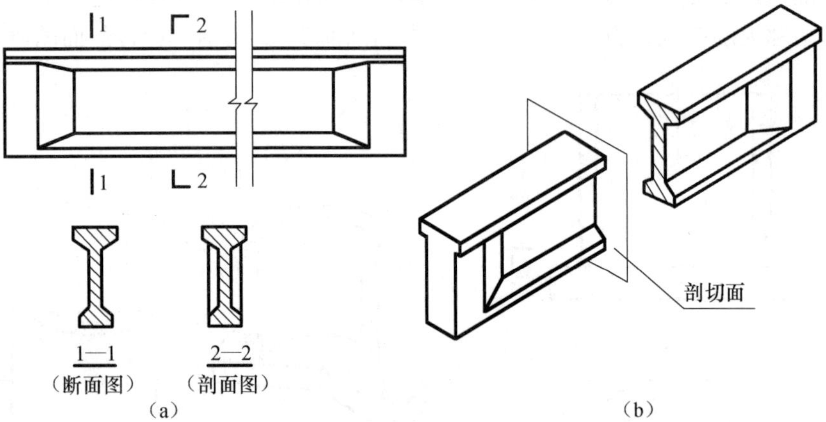

图 6-11 剖面图和断面图的异同

6.3.2 断面图的种类

断面图主要用于表达形体或构件的断面形状，根据其安放位置不同，一般可分为移出断面图、重合断面图和中断断面图三种形式。

1. 移出断面图

将断面图画在投影图之外的叫移出断面图。当一个物体有多个断面图时，应将各断面图按顺序依次整齐地排列在投影图的附近，图 6-12 所示为预制钢筋混凝土柱的移出断面图。根据需要，断面图可用较大的比例画出。

2. 重合断面图

断面图旋转 90°后重合画在基本投影图上，叫重合断面图。其旋转方向可向上、向下、向左、向右。

图 6-13 为楼板的重合断面图。是将被剖切的断面向下旋转 90°而成；画重合断面图时，其比例应与基本投影图相同；且可省去剖切位置线和编号。重合断面的轮廓线应用细实线画出，以表示与建筑形体的投影轮廓线的区别。

3. 中断断面图

断面图画在构件投影图的中断处，就称为中断断面图。它主要用于一些较长且均匀变化的单一构件。图 6-14所示为角钢的中断断面图，其画法是在构件投影图的某一处用折断线断开，然后将断面图画在当中。

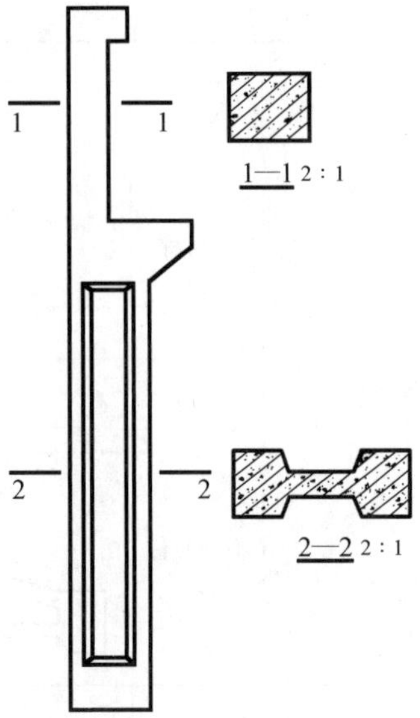

图 6-12　钢筋混凝土柱的移出断面图

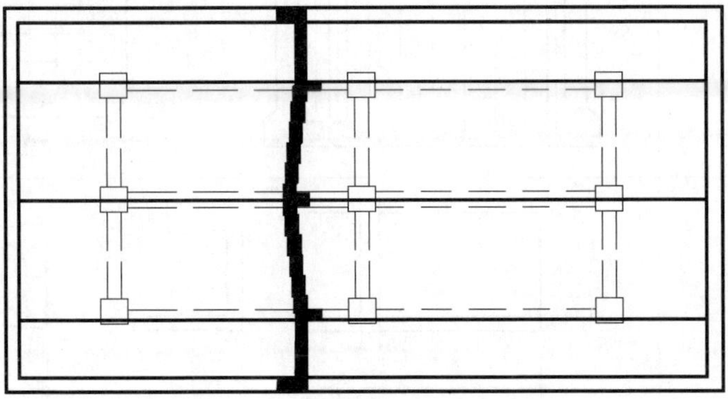

图 6-13　楼板的重合断面图

图 6-14　角钢的中断断面图

画中断断面图时，原投影长度可缩短，但尺寸应完整地标注。画图的比例、线型与重合断面图相同，也不需要标注剖切位置线和编号。

6.4　简化画法

采用简化画法，可适当提高绘图效率，节省图纸图幅。《房屋建筑制图统一标准》（GB/T 40001—2001）规定了以下几种简化画法，见表 6-2。

表 6-2　简化画法

内　容		图　示
对称简化画法	画对称符号	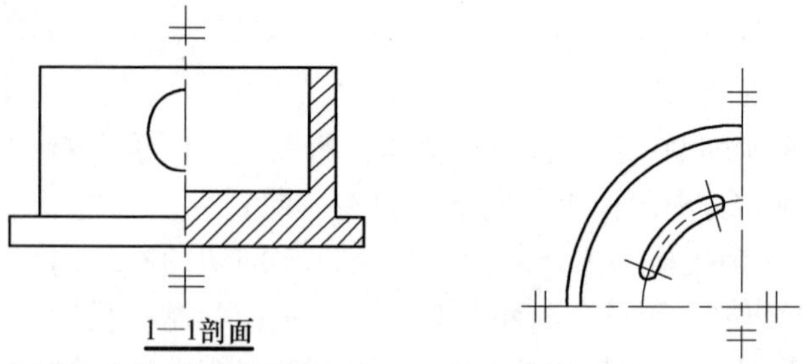
	不画对称符号	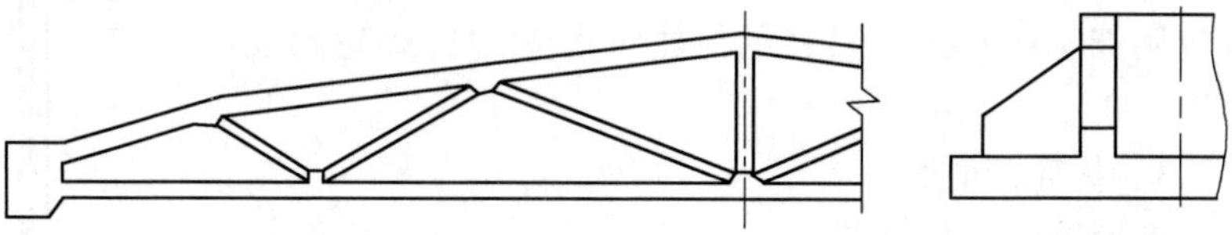
相同要素简化画法		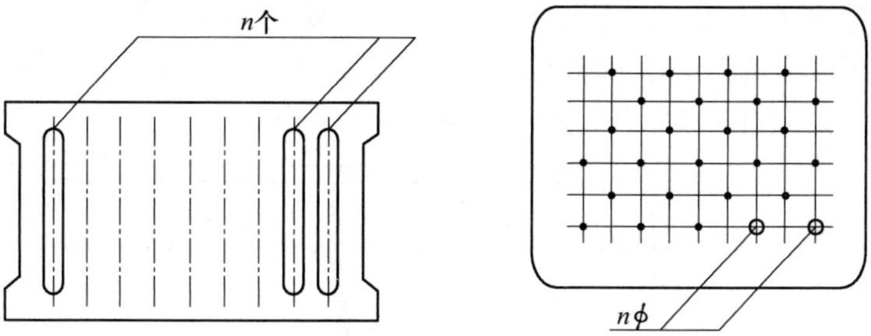
折断简化画法		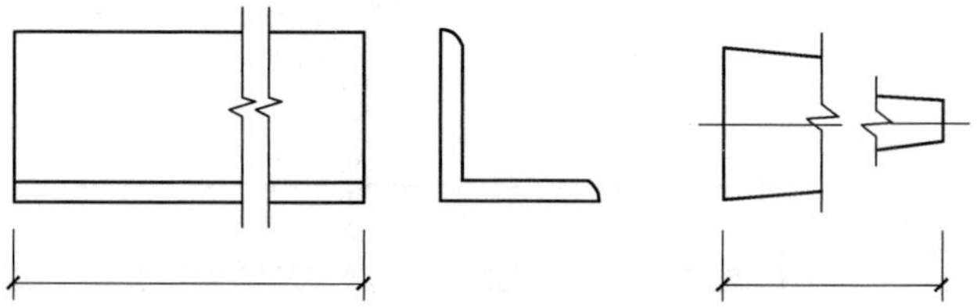
构件局部不同的简化画法		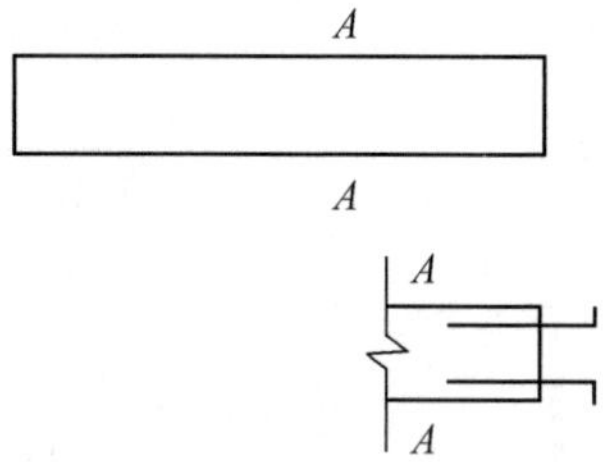

6.5　第三角画法简介

《技术制图》投影法规定："技术图样应采用正投影法绘制，并优先采用第一角画法。"、"必要时才允许使用第三角画法"（GB/T 14692—1993）。但国际上有些国家采用第三角画法，如美国、加拿大、日本等国。为了有效地进行国际间的技术交流和协作，应对第三角画法有所了解。

图 6-15 所示为三个互相垂直相交的投影面将空间分为八个分角，依次为第一角、第二角、第三角……第八角。将形体放在第一角（H 面之上、V 面之前、W 面之左）进行投射而

得到的多面正投影，称为第一角画法；将形体放在第三角内（*H* 面之下、*V* 面之后、*W* 面之左）进行投射而得到的投影，称为第三角画法。

采用第三角画法时，将物体置于第三分角内，即投影面处于观察者与物体之间，将物体向六面体的六个平面（基本投影面）进行投射，然后按规定展开投影面，如图 6-16 所示。

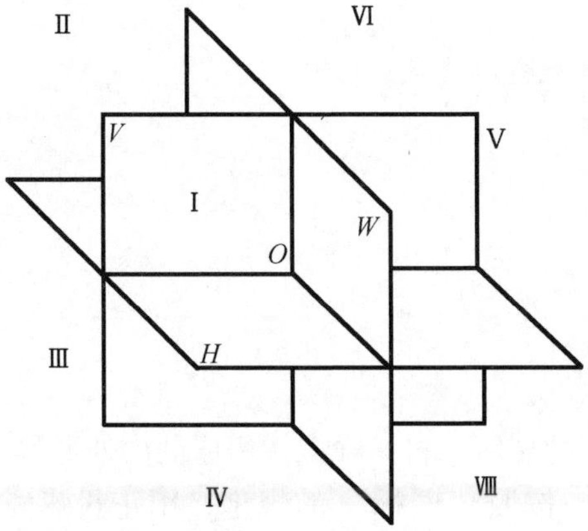

图 6-15　八个分角

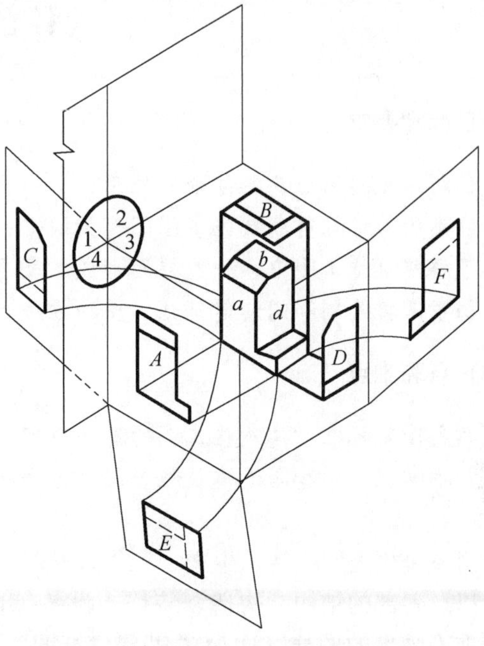

图 6-16　第三角画法（基本投影面展开）

展开后各视图的配置如图 6-17（a）所示。图 6-17（b）为第一角画法的视图配置，读者可以对照分析两者间的区别。采用第三角画法时，必须在图样中画出第三角投影的识别符号，如图 6-18 所示。

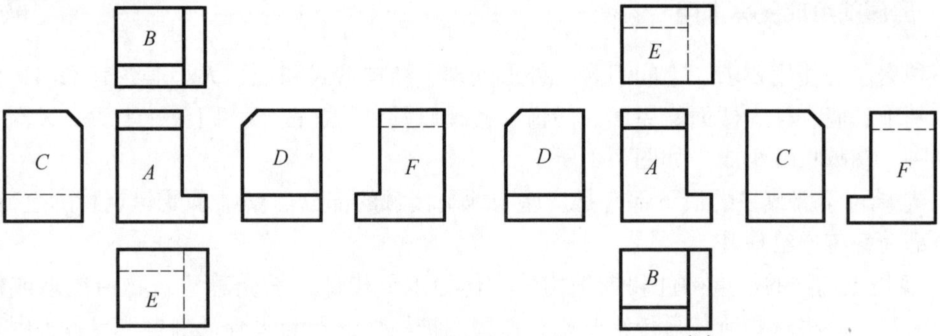

（a）　（b）

图 6-17　第三角画法与第一角画法对比（基本视图配置）

（a）第三角；（b）第一角

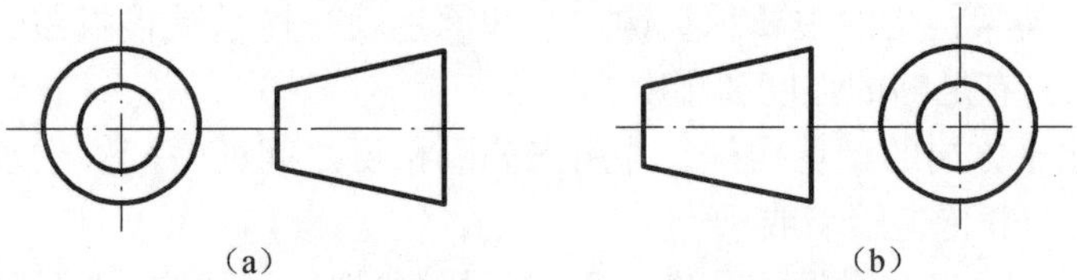

（a）　（b）

图 6-18　第三角画法与第一角画法识别符号

（a）第三角；（b）第一角

7 建筑施工图

教学目标和要求

了解房屋的组成及各部分的作用；
熟悉国家标准对建筑施工图的有关规定；
了解建筑施工图中各种图样的形成、表达内容和图示特点；
初步掌握绘制和阅读建筑施工图的方法和步骤。

教学重点和难点

熟悉国家标准对建筑施工图的有关规定；
初步掌握绘制和阅读建筑施工图的方法和步骤。

房屋是供人们生活、生产、工作、学习和娱乐的场所。将一幢拟建房屋的内外形状和大小，以及各部的结构、构造、装修、设备等内容，按照“国标”的规定，用正投影方法，详细准确画出的图样，称为“房屋建筑图”。它是用以指导施工的一套图纸，所以又称为“施工图”。

7.1 概 述

7.1.1 房屋的组成及其作用

各种房屋的使用要求、空间组合、外形处理、结构形式和规模大小等各有不同，但基本上是由基础、墙、柱、楼面、屋面、门窗、楼梯以及台阶、散水、阳台、走廊、天沟、雨水管、勒脚、踢脚板等组成，如图 7-1 所示。

1. 基础位于墙或柱的最下部，是房屋与地基接触的部分。基础承受建筑物的全部荷载，并把全部荷载传递给地基。

2. 墙是建筑物的承重构件和围护构件。作为承重构件，承受着建筑物由屋顶或楼板层传来的荷载，并将这些荷载再传给基础；作为围护构件，外墙起着抵御自然界各种因素对室内的侵袭作用，内墙起着分隔空间、组成房间、隔声、遮挡视线以及保证室内环境舒适的作用。

3. 柱是框架或排架结构的主要承重构件，和承重墙一样承受楼板层、屋顶以及吊车梁传来的荷载，必须具有足够的强度和刚度。

4. 楼板层是水平方向的承重构件，并用来分隔楼层之间的空间。它承受人和家具设备的荷载，并将这些荷载传递给墙或梁。

5. 楼梯是房屋的垂直交通设施，供人们上下楼层使用。楼梯应有足够的通行能力，应做到坚固和安全。

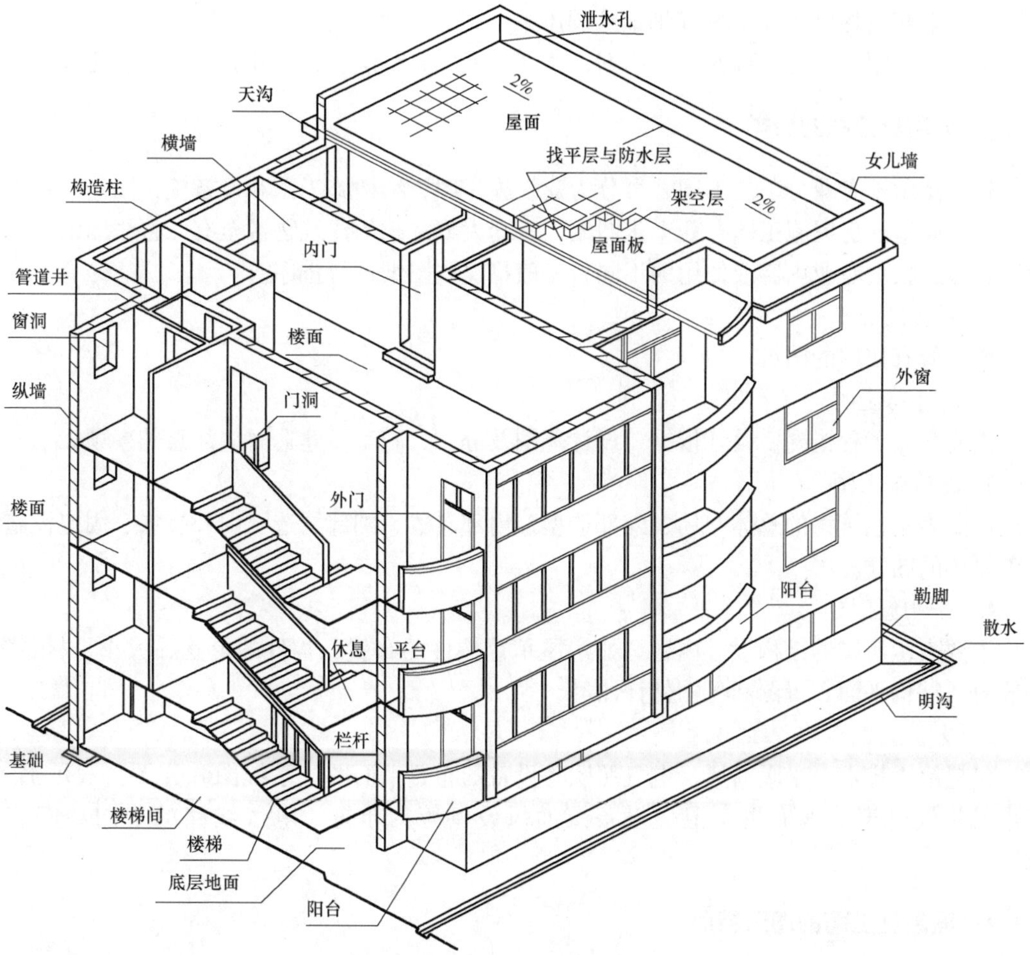

图 7-1　房屋的构造及组成

6. 屋顶是房屋顶部的围护构件，能抵抗风、雨、雪的侵袭和太阳辐射热的影响。屋顶又是房屋的承重构件，承受风、雪和施工期间的各种荷载等。

7. 门的主要功能是通行和通风，窗的主要功能是采光和通风。

7.1.2　房屋施工图的设计

房屋的建造要经过设计和施工两个过程，设计工作可分为三个阶段：初步设计、技术设计和施工图设计。

1. 初步设计

建筑设计人员根据建设单位提出的设计任务和要求，进行调查研究，收集必要的设计资料，提出方案，确定平面、立面、剖面等图样，表达出设计意图。

2. 技术设计

初步设计经建设单位同意和主管部门批准后，进一步去解决构件的选型、布置以及建筑、结构、设备等各工种之间的配合等技术问题，从而对方案作进一步的修改。

3. 施工图设计

是在技术设计的基础上，将施工中所需要的具体要求，按建筑、结构、设备（水、暖、电）各专业把房屋施工图分别详细地绘制出来。

房屋施工图是施工单位的施工依据，整套图纸应完整统一、尺寸齐全、正确无误。

7.1.3 房屋施工图的分类

施工图由于专业分工的不同，可分为建筑施工图、结构施工图和设备施工图。

一套简单的房屋施工图有几十张图纸，一套大型复杂的建筑物甚至有几百张图纸。为了便于看图，根据专业内容或作用的不同，一般将这些图纸进行排序。

1. 图纸目录

列出所有使用的图纸。

2. 设计总说明

主要介绍工程概况、设计依据、设计范围及分工、施工及建造时应注意的事项。

3. 建筑施工图

主要表示建筑物的总体布局、外部造型、内部布置、细部构造、内外装饰、固定设施和施工要求的图样。

4. 结构施工图

主要表示房屋的结构设计内容，如房屋承重构件的布置，构件的形状、大小、材料等。一般包括结构平面布置图和各构件详图等。

5. 设备施工图

包括给水排水、采暖通风、电气照明等设备的布置平面图、系统图和详图。表示上水、下水及暖气管道管线布置，卫生设备及通风设备等的布置，电气线路的走向和安装要求等。

7.1.4 房屋施工图的图示特点

1. 所有施工图都是按照正投影原理，并严格遵守国家标准的规定绘制的，包括图线、字体、尺寸等内容。

2. 施工图用缩小的比例绘制。根据“国标”的规定，整体建筑物的表达一般采用小比例，（1∶100，1∶200，1∶500，1∶1000 等）制图，局部构造用大比例（1∶20，1∶10，1∶50 等）制图，对尺寸小的细节可用放大的比例（1∶1，2∶1 等）。

3. 施工图中有些构配件及节点构造选自标准图（集）。标准图（集）分为三种。第一种是国家标准图（集），经国家相关部、委批准，可以在全国范围内使用；第二种是地方标准图（集），经各省、市、自治区有关部门批准，可以在相应地区范围内使用；第三种是各设计单位编制的标准图（集），仅供本单位设计使用。

全国通用标准图（集），以代号“G”或“结”表示建筑构件图集，以“J”或“建”表示建筑配件图集。

4. 施工图中会有大量的图例。建筑物和构筑物是按比例缩小绘制在图纸上的，对于有些建筑细部、构件形状以及建筑材料等，往往不能如实画出，所以按统一规定的符号和代号来表示，这些符号和代号称为图例。

7.1.5 房屋建筑施工图中常用的符号

房屋建筑施工图中常用的符号见表 7-1。

表 7-1　房屋建筑施工图中常用的符号

<table>
<tr><th>名称</th><th colspan="2">画　法</th><th>说　明</th></tr>
<tr><td rowspan="2">定位轴线</td><td>标注</td><td>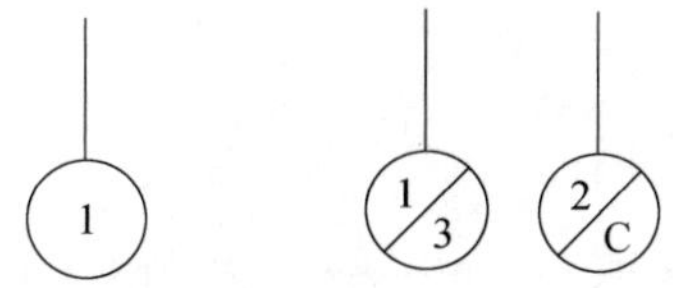

一般标注　附加定位轴线</td><td rowspan="2">定位轴线用细单点长划线绘制，编号圆用细实线绘制，直径为8mm，详图可增至10mm</td></tr>
<tr><td>编号排序</td><td>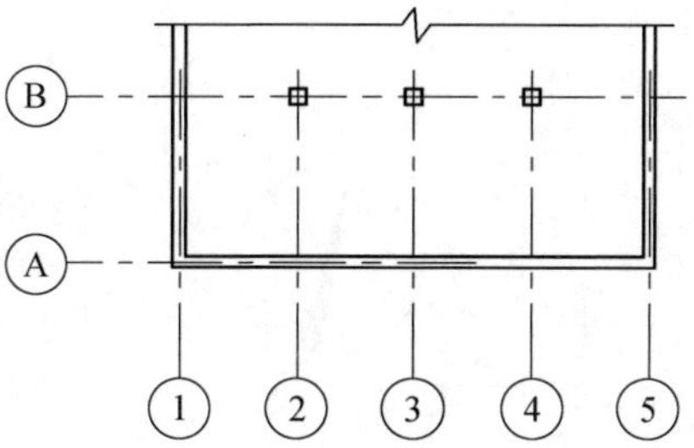
</td></tr>
<tr><td rowspan="2">标高符号</td><td>立面图、剖面图</td><td>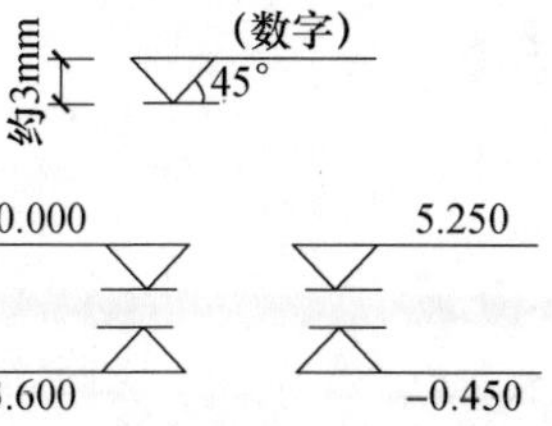

标高符号的尖端应指向被标注的高度</td><td rowspan="2">标高符号用细实线绘制，标高符号的尖端应指向被标注的高度，引线表示被标注的高度，标高数字用米为单位
平面图、总平面图不加引线
建筑标高是构件装修完成后的标高，结构标高则是构件的毛面标高</td></tr>
<tr><td>平面图、总平面图</td><td>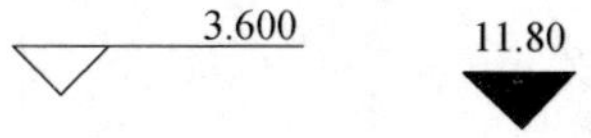

平面图、总平面图室内　总平面图室外</td></tr>
<tr><td>引出线</td><td colspan="2">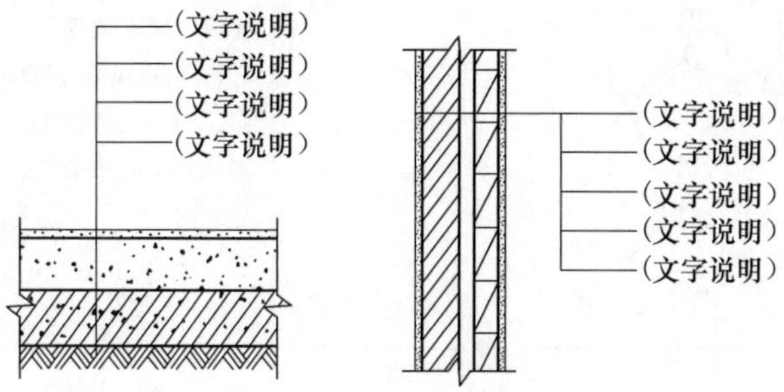
</td><td>多层构造共用引出线，应通过被引出的各层。说明的顺序由上至下，如层次为横向排序，则由上至下的说明由左至右的层次</td></tr>
<tr><td>索引符号</td><td colspan="2">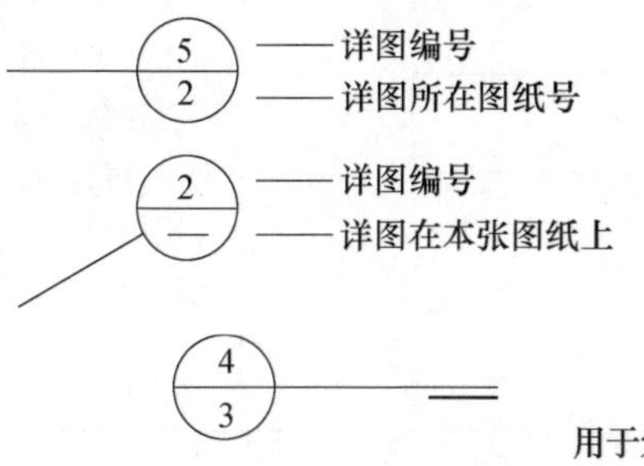

用于索引剖面</td><td>索引符号表示详图的位置与编号，应以细实线绘制，圆的直径为10mm</td></tr>
</table>

续表

名称	画法	说明
详图符号	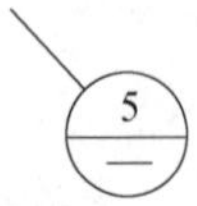 5—表示详图编号 —表示详图在 本张图纸上 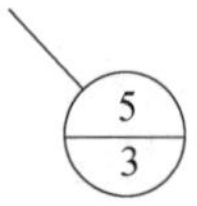 5—表示详图编号 3—表示详图所 在图纸的编号 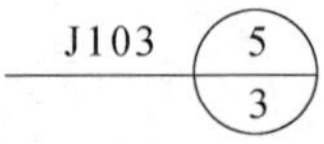 J103—表示标准图册编号	详图符号表示被索引图的位置与编号，以直径为 14mm 的粗实线圆绘制
坐标网	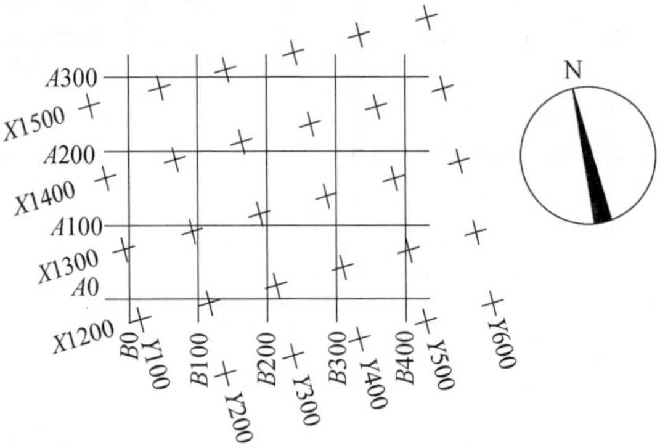	用坐标表示建筑物、道路和管线的位置 测量坐标网应画成交叉十字线，坐标代号宜用“X、Y”表示；建筑坐标网应画成网格通线，坐标代号宜用“A、B”表示
指北针	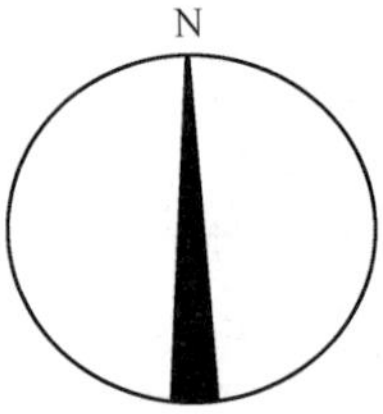	指北针圆的直径为 24mm，指针尾部的宽度宜为 3mm，针尖方向为北向
风向频率玫瑰图	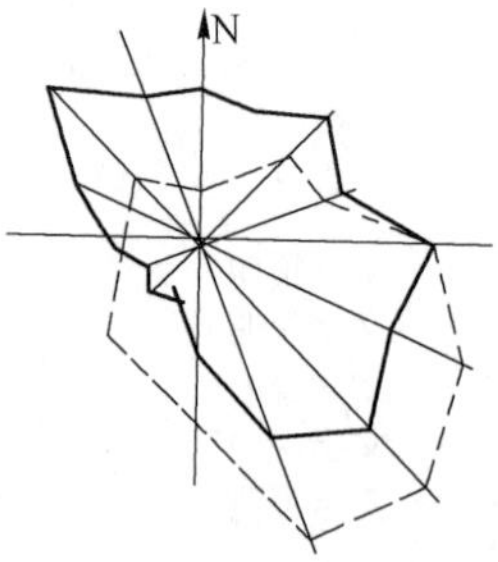	风向频率玫瑰图用来表示该地区常年的风向频率和房屋的朝向，用细实线绘制，风的吹向是指从外吹向中心，有箭头的方向为北向
其他符号	 对称符号 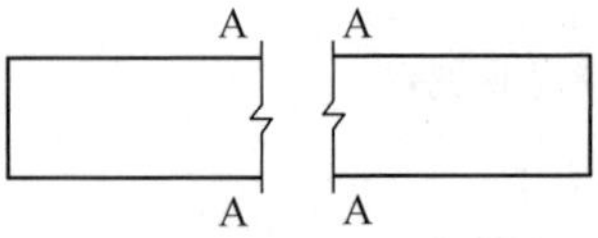 连接符号	用细线绘制 对称符号由对称线和两端的两对平行线组成 连接符号应以折断线表示需要连接的部位

7.1.6 房屋建筑施工图的阅读

（1）熟悉有关的国家标准，熟识施工图中常用的比例、线型、尺寸和图例的意义；

（2）掌握正投影的原理和特性，以及常用的图样表达方法；

（3）观察和了解房屋的组成及其基本构造，建立基本的感性认识；

（4）阅读时，先按目录顺序通读一遍，对工程对象有基本的认识，后根据不同工种要求，重点查看不同类别的图纸；

（5）具体到每一张图应先整体后局部，先文字说明后图样，先图形后尺寸。阅读时注意各类图纸的联系，互相对照，避免发生矛盾而造成质量事故或经济损失。

7.2 总平面图

7.2.1 总平面图的形成和作用

总平面图是将拟建工程四周一定范围内的新建、拟建、原有和拆除的建筑物、构筑物连同其周围的地形地物状况，用水平投影方法和相应的图例所画出的图样。它表明新建房屋的平面轮廓形状和层数、与原有建筑物的相对位置、周围环境、地貌地形、道路和绿化的布置等情况，是新建房屋及其他设施的施工定位、土方施工、施工总平面设计以及设计水、暖、电、燃气等管线总平面图的依据。

7.2.2 总平面图的图示内容

（1）建筑物附近的地形地物，如等高线、道路、水沟、河流、池塘、土坡等；

（2）新建建筑物的位置、范围及定位尺寸，室内外标高；

（3）相邻原有建筑物、拆除建筑物及拟建建筑物的位置或范围；

（4）建筑用地范围内的绿化、公园等以及管道布置；

（5）指北针或风向频率玫瑰图；

（6）图名、比例和图例。

7.2.3 总平面图的图示特点

（1）比例

由于表示的建筑场地范围较大，总平面图通常采用较小的比例画出，如 1∶500、1∶1000、1∶2000 等。

（2）图线

新建建筑物外形用粗实线表示，原有建筑物外形用细实线表示；拆除建筑物外形用带叉号的细实线表示，拟建建筑物外形用虚线表示。

（3）图例

建筑总平面通常用较小的比例绘出，因此图中有较多的图例。

（4）尺寸

在总图中的尺寸标注宜以米为单位。新建房屋的室内外应标注绝对标高。绝对标高的零点是我国青岛附近黄海海平面的平均高度，其他各地标高都是以它为基准测量而得的。总平面图中所标注标高为绝对标高。标高用标高符号加数字表示。标高符号用细实线绘制。

7.2.4　总平面图的图例

常用的总平面图图例见表 7-2。

表 7-2　常用的总平面图图例

名　称	图　例	附　注
新建建筑物	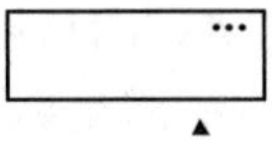	1. 需要时，可用▲表示出入口，在图形内右上角用点数或数字表示层数 2. 建筑物外形（一般以 ±0.00 高度处的外墙定位轴线或外墙面线为准）用粗实线表示。需要时，地面以上建筑物用粗实线表示，地面以下建筑用细虚线表示
原有建筑物	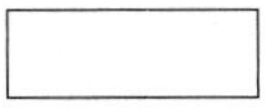	用细实线表示
计划扩建的预留地或建筑物		用中粗虚线表示
拆除的建筑物	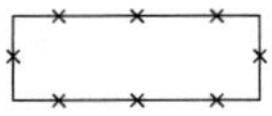	用细实线表示
围墙及大门	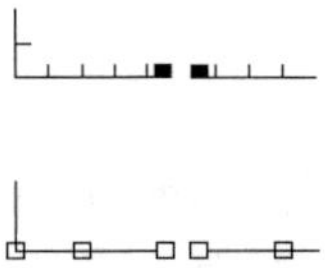	上图为实体性质的围墙，下图为通透性质的围墙，若仅表示围墙时不画大门
挡土墙		被挡土在“突出”的一侧
填挖边坡	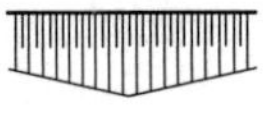	边坡较长时，可在一端或两端局部表示
室内标高	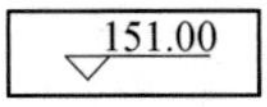	
室外标高		室外标高也可以采用等高线表示
计划扩建的道路	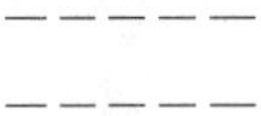	
拆除的道路	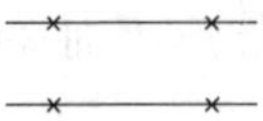	
人行道	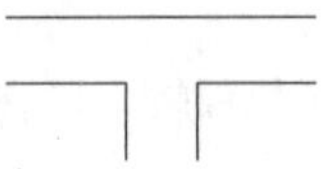	
桥　梁	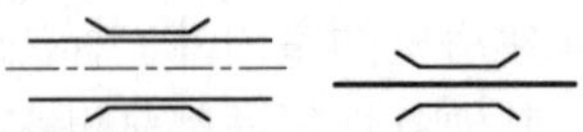	左图为公路桥，右图为铁路桥

7.2.5 阅读总平面图实例

图 7-2 是某学校的总平面图，图样是按 1∶500 的比例绘制的。它表明在学校的北面围墙内，要新建 1 幢 5 层教师公寓。

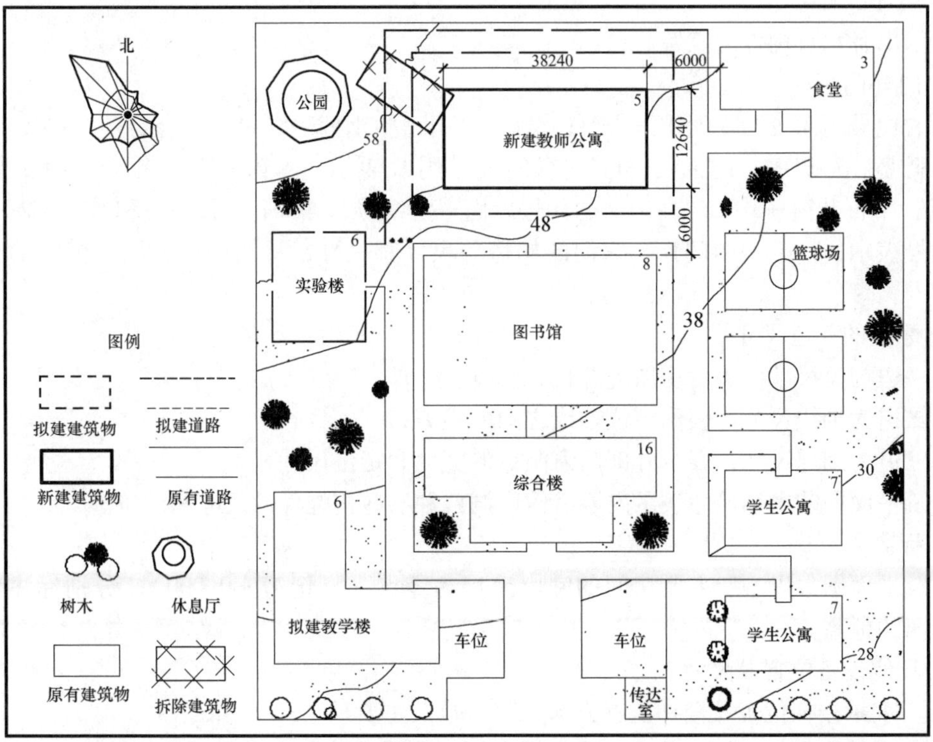

图 7-2　总平面图

1. 新建教师公寓周围的环境情况

从图中可看出，该学校的地势是自西北向东南倾斜，西北角山坡上有一处休息厅。学校的东南角有两栋七层的学生宿舍，学生宿舍后面有两个篮球场，学校的东北角是三层的食堂，学校的西南角是一栋六层的教学楼，后面是计划修建的六层的实验室，虚线部分表示扩建用地；学校的中心是八层的图书馆，南面是十六层的办公综合楼，学校的最南面是大门，车库在两侧，新建教师公寓在北面，西北角有一即将拆除的建筑物。

2. 新建教师公寓的位置、范围和朝向

新建教师公寓呈矩形，南北朝向，左右对称，东西向总长 38.24m，南北向总宽 12.54m。新建教师公寓的南面距图书馆 6.00m，东面距食堂 6.00m。

7.3　建筑平面图

7.3.1 建筑平面图的形成和作用

假想用一水平的剖切面沿门窗洞口的位置将房屋剖切后，对剖切面以下部分房屋所作出的水平剖面图，称为建筑平面图，简称平面图。它反映出房屋的平面形状、大小和房间的布置，墙（或柱）的位置、厚度和材料，门窗的类型和位置等情况。

7.3.2 建筑平面图的图示内容

1. 定位轴线

横向定位轴线和纵向的位置及编号，轴线之间的间距（表示出房间的开间和进深）。

2. 墙体、柱

表示出各承重构件的位置。

3. 内外门窗

门的代号用 M 表示：木门—MM；钢门—GM；塑钢门—SGM；铝合金门—LM；卷帘门—JM；防盗门—FDM；防火门—FM。窗的代号用 C 表示：木窗—MC；钢窗—GC；铝合金窗—LC；木百叶窗—MBC。在门窗的代号后面写上编号，如 M1、M2……和 C1、C2……等，同一编号表示同一类型的门窗，它们的构造与尺寸都一样，从图中可表示门窗洞的位置及尺寸。

4. 标注的三道尺寸

第一道为总尺寸，表示房屋的总长、总宽；

第二道为轴线尺寸，表示定位轴线之间的距离；

第三道为细部尺寸，表示外部门窗洞口的宽度和定位尺寸。

建筑平面图的内部尺寸表示内墙上门窗洞口和某些构配件的尺寸和定位。

5. 标高

建筑平面图常以一层主要房间的室内地坪为零点（标记为 ±0.000），分别标注出各房间楼地面的标高。

6. 其他设备位置及尺寸

（1）表示楼梯位置及楼梯上下方向、踏步数及主要尺寸；

（2）表示阳台、雨篷、窗台、通风道、烟道、管道井、雨水管、坡道、散水、排水沟、花池等位置及尺寸。

7. 画出相关符号

（1）剖面图的剖切符号位置及指北针；

（2）标注详图的索引符号。

8. 注写图名和比例

7.3.3 建筑平面图的图示特点

1. 图名

一幢多层房屋通常是以层数来命名的，应画出各层的建筑平面图，并在每个图的下方注明相应的图名和比例。若中间各层房间的布置都相同时，可用一个平面图表示，称为标准层平面图，但至少也要画出三个平面图，即底层平面图、标准层平面图、顶层平面图。

2. 图线

（1）定位轴线用细单点长画线表示。

（2）剖到的墙、柱断面轮廓用粗实线；比例大于 1:50 宜画出材料图例，比例为 1:70 ~ 1:200 可画简化的材料图例，如砌体墙涂红（或用空白表示）、钢筋混凝土涂黑等，未剖到的墙用中粗实线。

（3）剖到的门扇用中实线（单线）或用细实线（双线）；剖到的窗扇用细实线（双线）。

7.3.4 常用构配件图例

为了方便绘图和读图，“国标”规定了一些构造及配件等的图例。表 7-3 是常见建筑构配件图例。门窗立面图例中的斜线是门窗扇的开启符号，实线为外开，虚线为内开，开启方向线交点的一侧为铰链，即安装合页的一侧，一般设计图中可不表示。门窗的剖面图所示左为外，右为内，平面图所示下为外，上为内。若单层固定窗、悬窗、推拉窗等以小比例绘图时，平、剖面的窗线可用单细实线表示。在平面图上门扇可绘成 90°或 60°（45°、30°）的特殊斜线，开启弧线绘出与否均可。

表 7-3 常见建筑构配件图例

名 称	图 例	名 称	图 例
空门洞	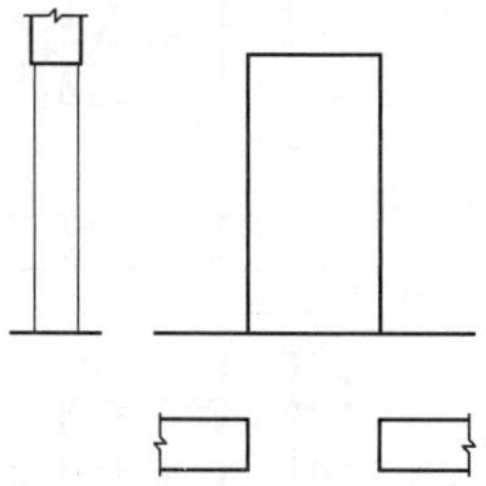	双扇双面弹簧门	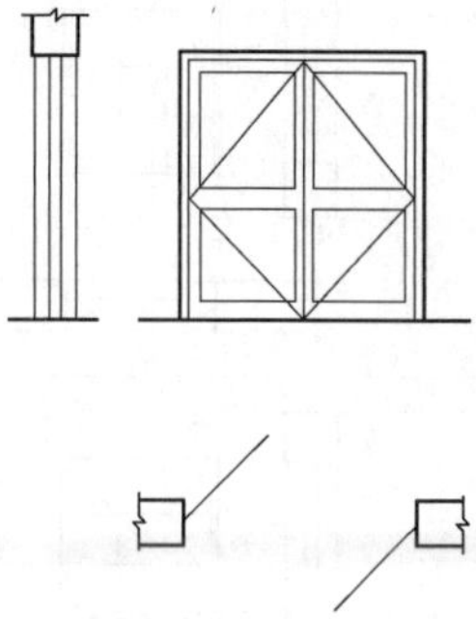
单扇门	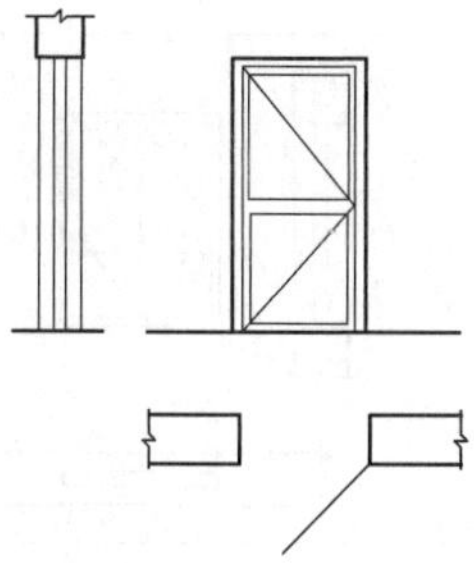	单扇内外开双层门	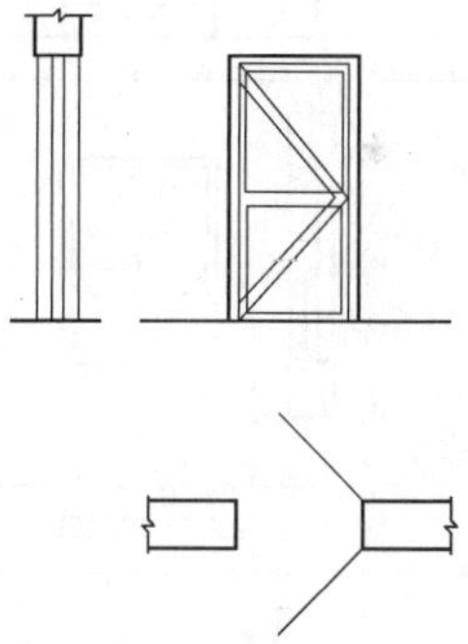
墙内推拉门	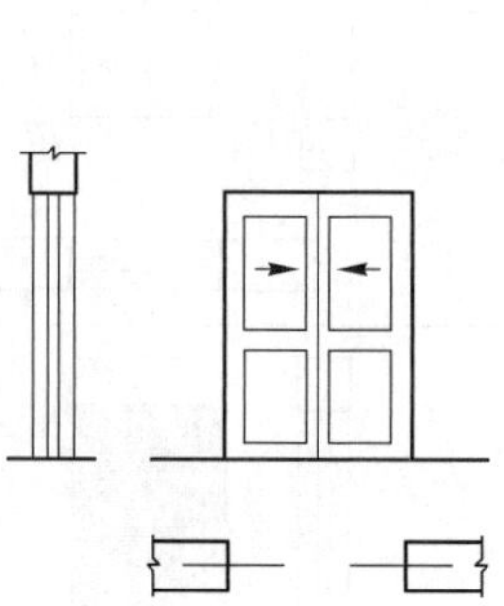	转门	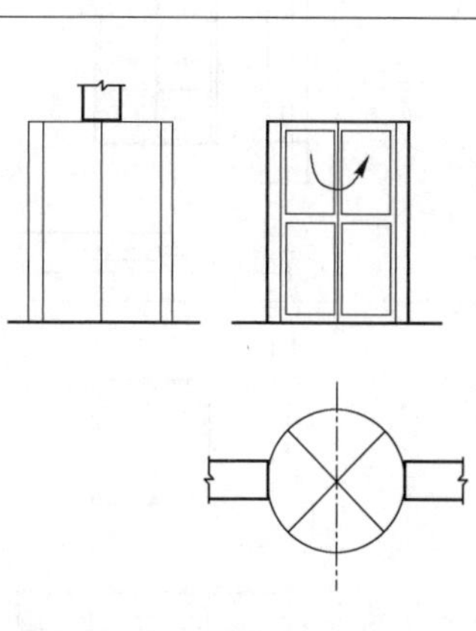

续表

名　称	图　例	名　称	图　例
竖向卷帘门	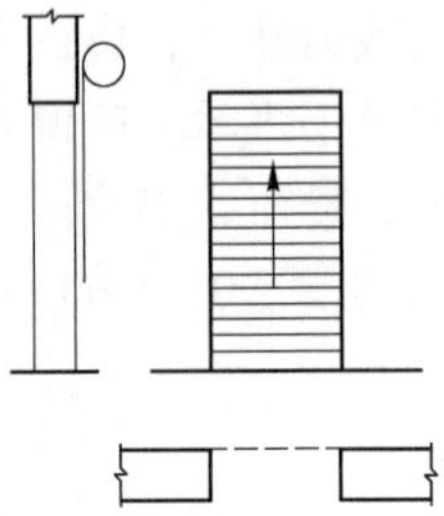	单扇双面弹簧门	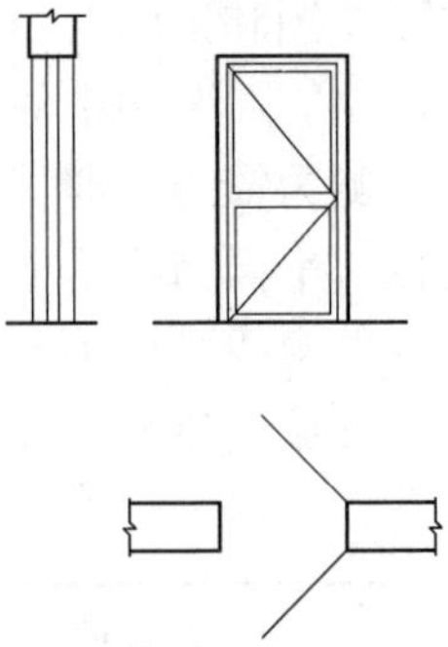
单层固定窗	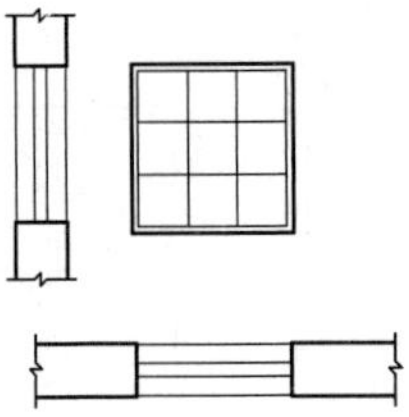	单层外开上悬窗	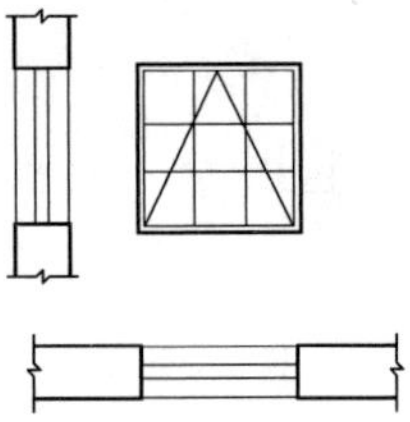
单层中悬窗	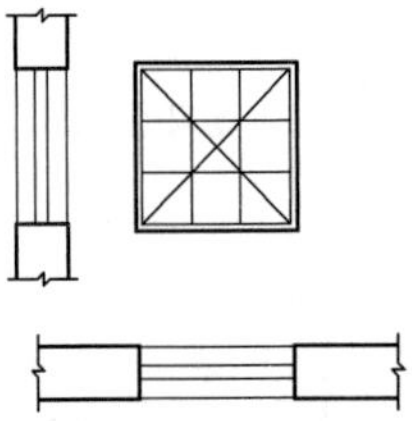	单层内开下悬窗	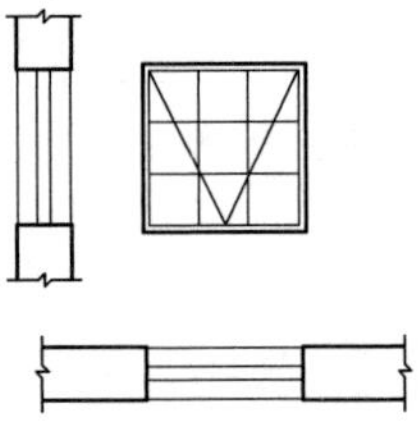
单层外开平开窗	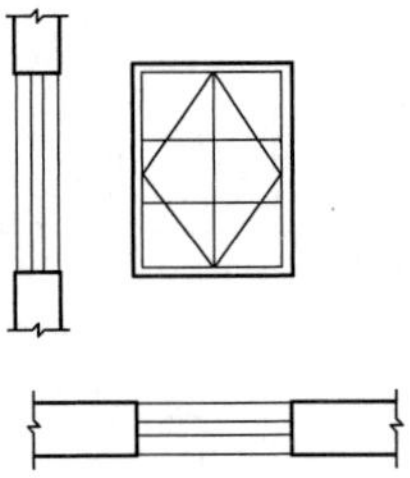	单层内开平开窗	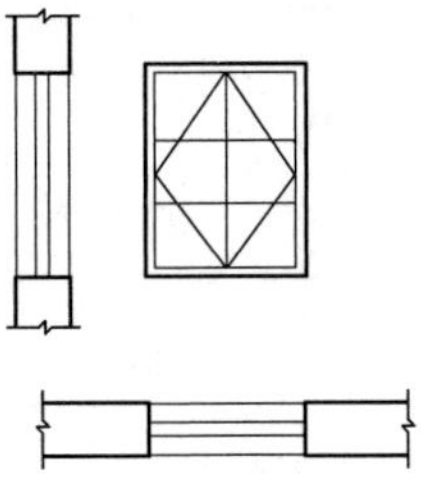
左右推拉窗	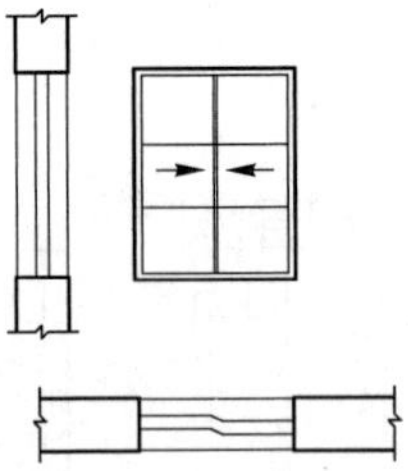	上推窗	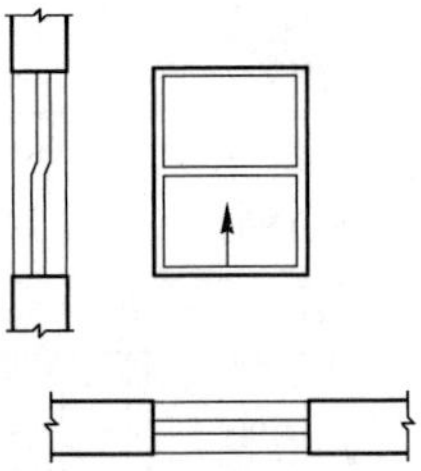
高窗	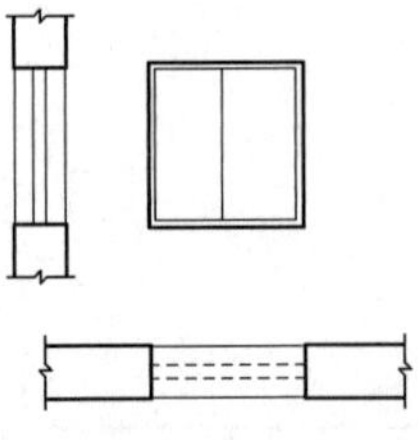	百叶窗	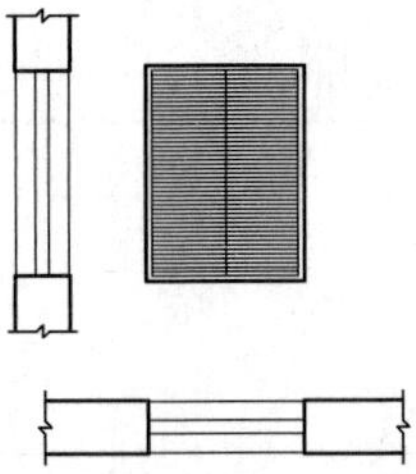

续表

名　称	图　例	名　称	图　例
楼梯	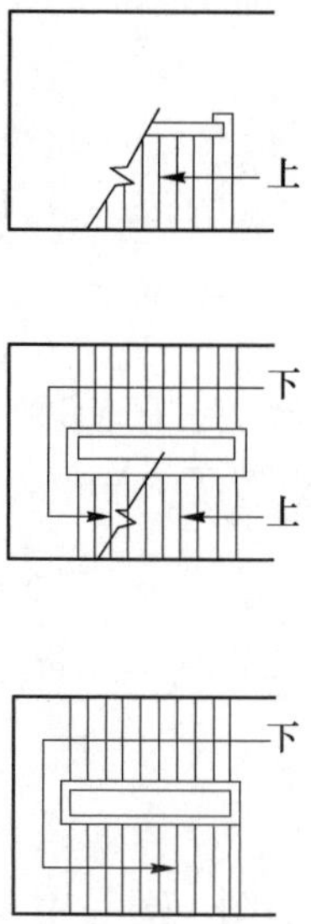	检查孔	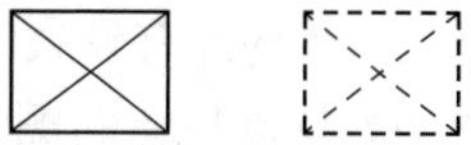
		孔洞	
		坑槽	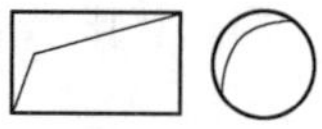
		通风道	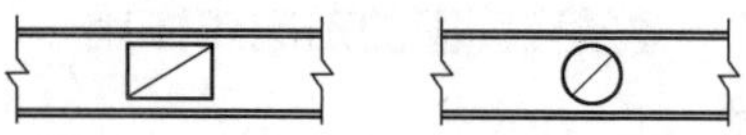

7.3.5　建筑平面图读图实例

现以某教师公寓为例，说明平面图的内容及其阅读方法，见图 7-3 ~ 图 7-9。

1. 储藏室平面图

图 7-3 是该住宅的储藏室平面图。从图中可以看出，住宅楼有两个单元，横向定位轴线共有 25 条，纵向定位轴线共有 7 条，住宅的四周外侧有宽度为 900mm 的散水。

该层共有 12 间车库，车库门是卷帘门，出口处的散水兼作坡道，有 8 间储藏室，储藏室门是内开的，还有 4 间水表间，住宅的给水排水管道及水表在此通过，在两楼梯间各有一处暖井，暖气管道在此通过，每一处暖井在楼梯间设两扇外开防火门。

储藏室地面标高为 0. 000，室外地面标高为 -0. 100，说明储藏室地面相比室外地面高出 100mm。

2. 楼层平面图

（1）图 7-4 是该住宅的一层平面图。从图中可以看出，该层共有 4 户，每梯两户，每户的房间组成及大小都是一样的，3 间卧室为南向，具有良好的朝向，厨房与卫生间置于北向，每户设一处空调隔板及空调冷凝水管。南向面 B 轴线设有四处混凝土保护块，还画出储藏室屋顶，一层平面图可以看到储藏室屋顶的排水方向。

该层室内主要房间的地面标高为 2. 400，外部有三道尺寸，表示了住宅的总宽、总长、轴线间距离以及窗的宽度，关于各种门窗的具体情况，可通过“设计总说明”中的门窗表进行查阅。

（2）图 7-5 是该住宅的二层平面图，它与一层平面图相比，画出了楼道出入口雨篷板，还画出了装饰梁的位置，而且每户设两处空调隔板和空调冷凝水管，其余均没有较大区别。

（3）图 7-6 是该住宅的三层、四层平面图，它与一层平面图相比，没有画出装饰梁，因为在二层平面图已表示清楚，而且每户设两处空调隔板和空调冷凝水管，其余均没有较大区别。

（4）图 7-7 是该住宅的五层平面图，它与标准层平面图相比是复式结构，客厅和卧室有三级踏步，而且楼梯间的踏步只有向上的，没有向下的踏步，而且每户设两处空调隔板和空调冷凝水管，其余均没有较大区别。

（5）图 7-8 是该住宅的阁楼层平面图，可以看出：每户设有一处五楼通往阁楼的楼梯口，每户阁楼有一间卫生间和 3 间储存室，储存室和卫生间设计有窗，每户都有一个露台，为阁楼层的住户使用；露台的排水坡度为 1%，四周有安全栏杆。

3. 屋顶平面图

图 7-9 是画出的屋顶平面图，可以看出：该屋顶为双坡屋面，屋面坡度为 1%，沿纵墙方向设有天沟，天沟的排水坡度为 1%；在南北向天沟内各设置了 4 根和 8 根落水管；楼梯间屋面坡度为 1% 并有排水管道。

7.4 建筑立面图

7.4.1 建筑立面图的形成和作用

建筑立面图是房屋外表面的正投影图，简称立面图。立面图主要是用来表达建筑物的外形艺术效果，在施工图中，它主要反映房屋的外貌和立面装修的做法。立面图应包括建筑的外轮廓线和室外地坪线、勒脚、构配件、外墙面做法及必要的尺寸与标高等。

7.4.2 建筑立面图的图示内容

1. 地坪线：建筑物与地面的接触面；
2. 定位轴线：建筑物两端或分段的定位轴线及编号；
3. 最外轮廓线：表示建筑物立面最高和最宽的轮廓线；
4. 其他轮廓线：在外轮廓线之内的凹进或凸出墙面的轮廓线，如窗台、门窗洞、檐口、阳台、雨篷、柱、台阶等构配件的轮廓线；门窗扇、栏杆、雨水管和墙面分格线等；构配件可简化只画出轮廓线，用图例表示；
5. 尺寸：外墙的门窗洞应标注尺寸与标高（宽 × 高 × 深及关系尺寸）；
6. 外墙面装修以及一些构配件与设施等的装修做法，在立面图中常用引出线作文字说明；
7. 各部分构造、装饰节点详图的索引符号；
8. 图名、比例。

7.4.3 建筑立面图图示特点

1. 图名

“国标”规定，立面图的命名方法有三种：当房屋为正朝向时，可按朝向命名为东（南、西、北）立面图；当房屋朝向不正时，可按投影（或按立面的主次）命名为正立面图、背立面图、左侧立面图、右侧立面图；房屋朝向不正时，也可按轴线编号命名为①～⑧立面图、⑧～①立面图、Ⓐ～Ⓖ立面图、Ⓖ～Ⓐ立面图。

2. 图线

（1）房屋两端的轴线用细单点长画线绘制；

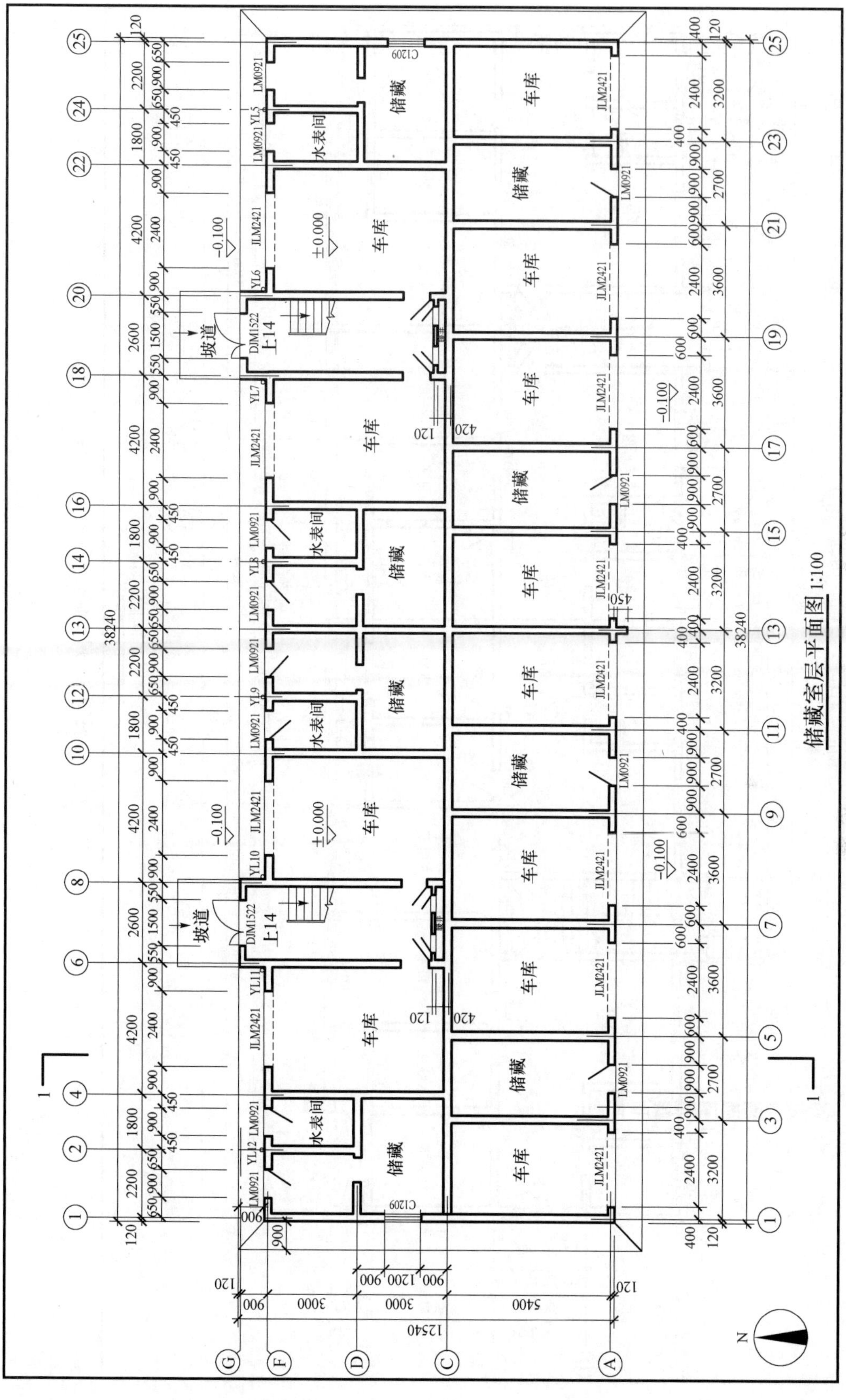
储藏室层平面图 1:100
车库
储藏
水表间
坡道
上14
±0.000
-0.100
JLM2421
LM0921
DJM1522
C1209
38240
12540

图7-3 储藏室层平面图

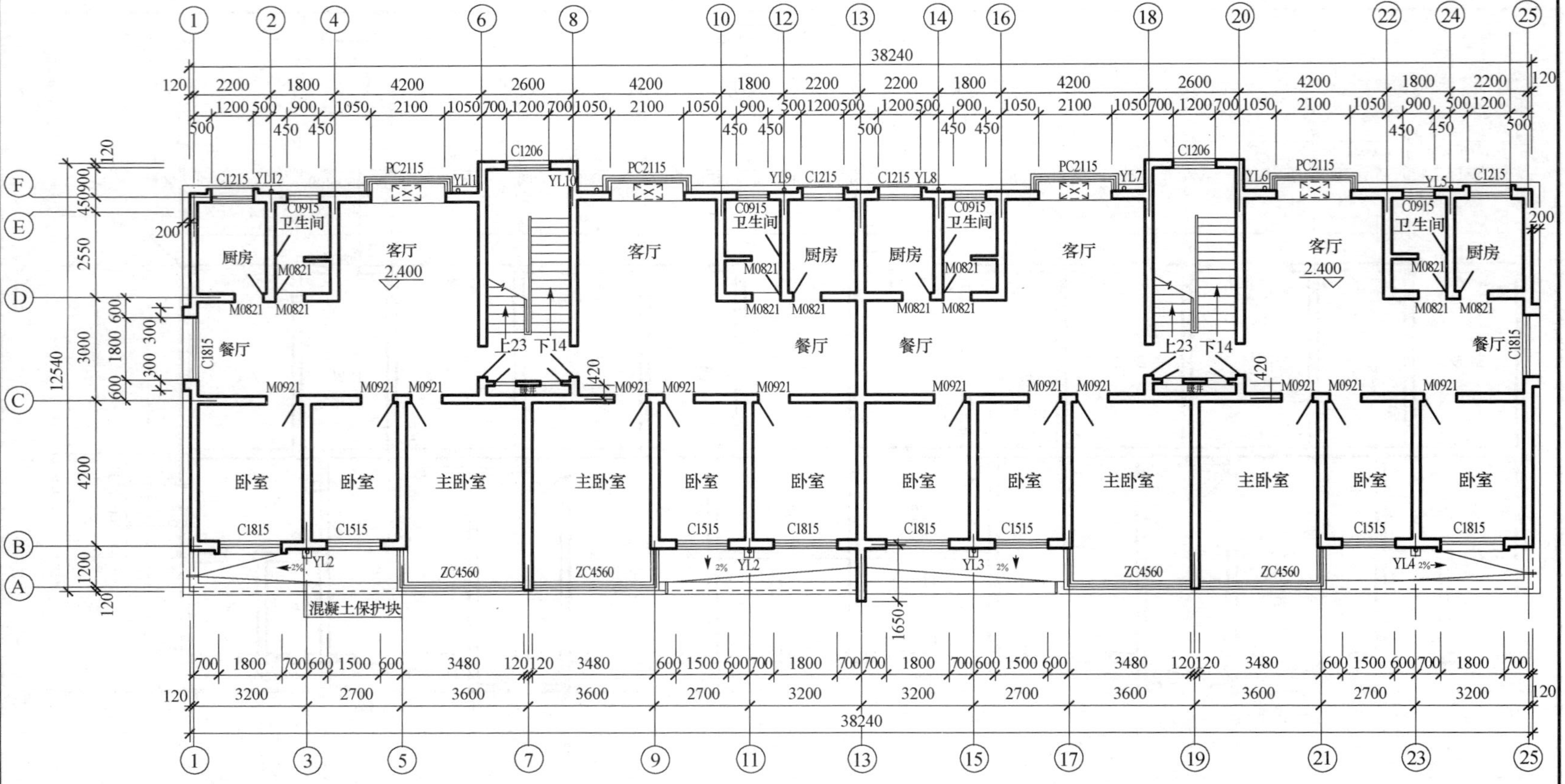

一层平面图 1:100

图7-4　一层平面图

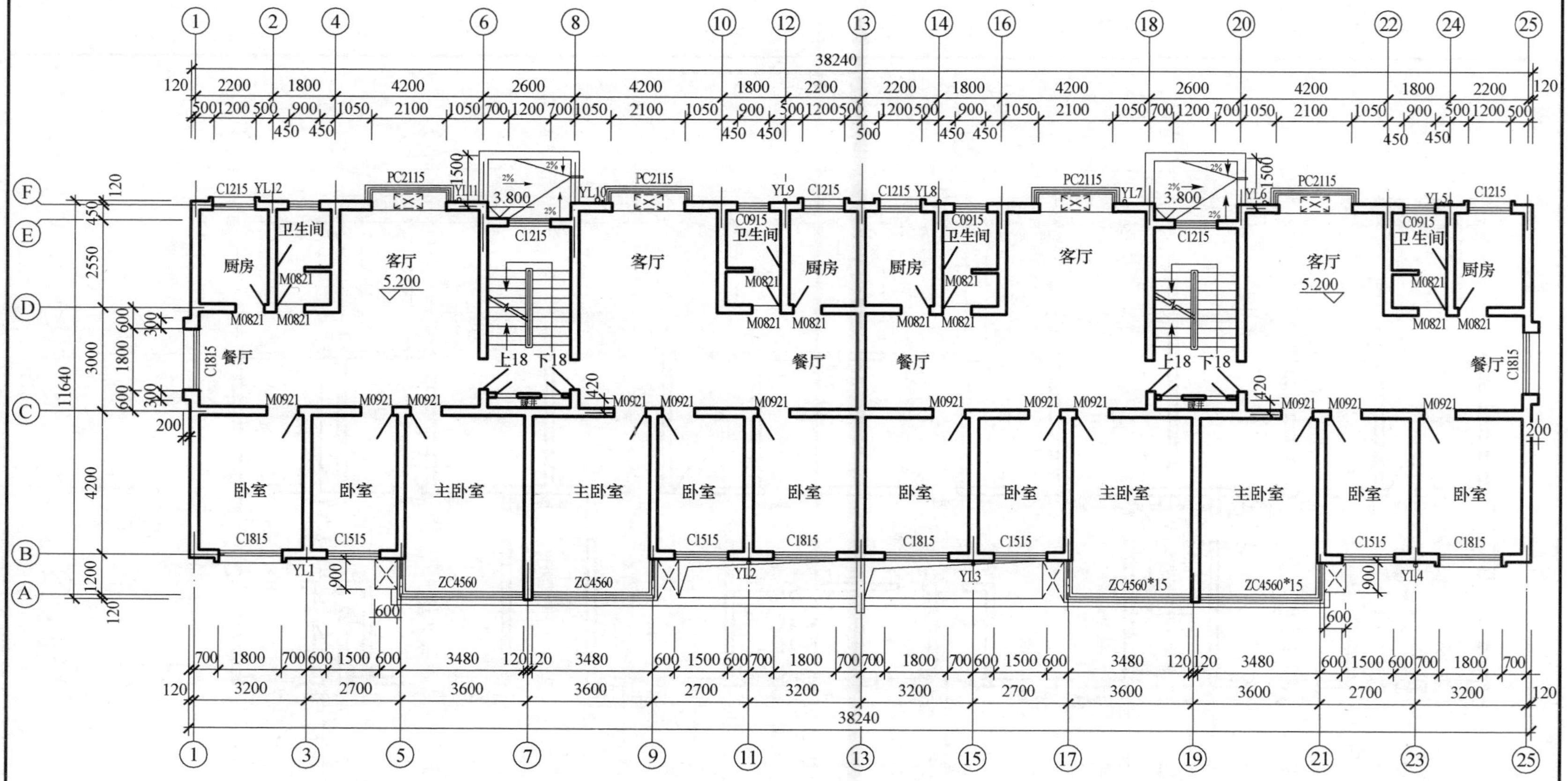

二层平面图 1:100

图7-5　二层平面图

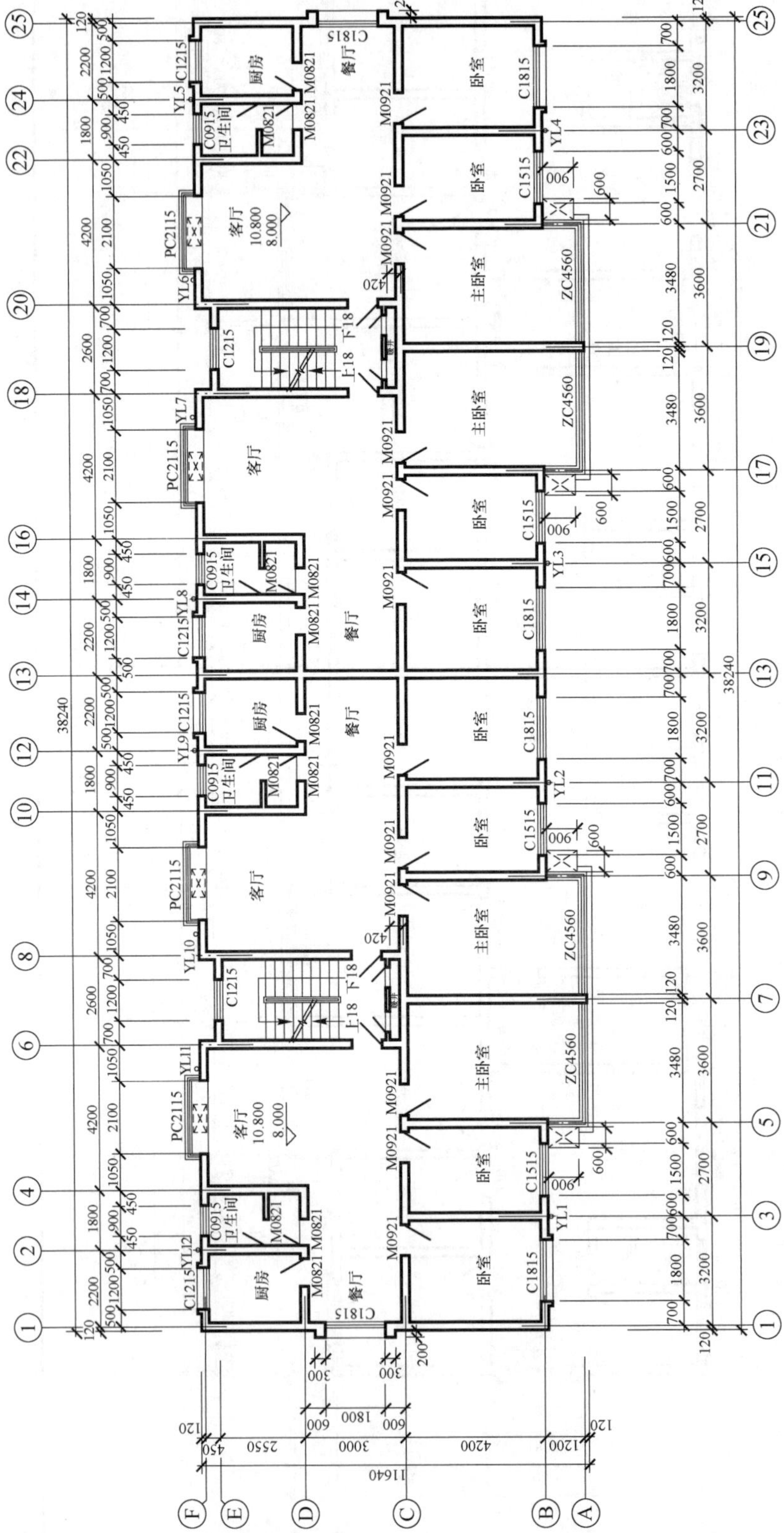

三、四层平面图 1:100

图7-6 三、四层平面图

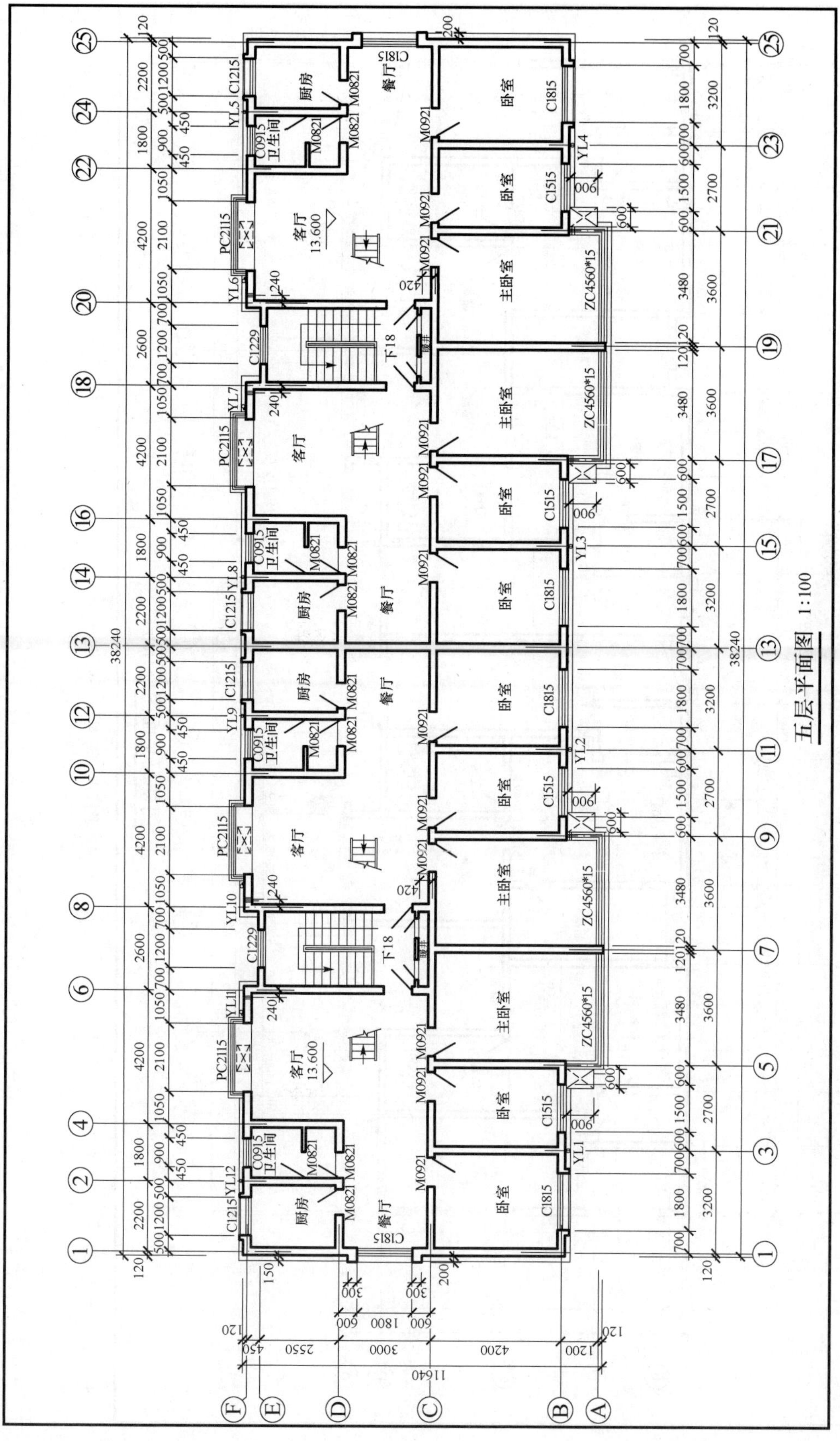
厨房
卫生间
餐厅
客厅
卧室
主卧室
客厅 13.600
C1215
C0915
C1815
C1515
C1229
PC2115
M0821
M0921
ZC4560*15
YL1
YL2
YL3
YL4
YL5
YL6
YL7
YL8
YL9
YL10
YL11
YL12
下18
38240
11640
五层平面图 1:100

图7-7 五层平面图

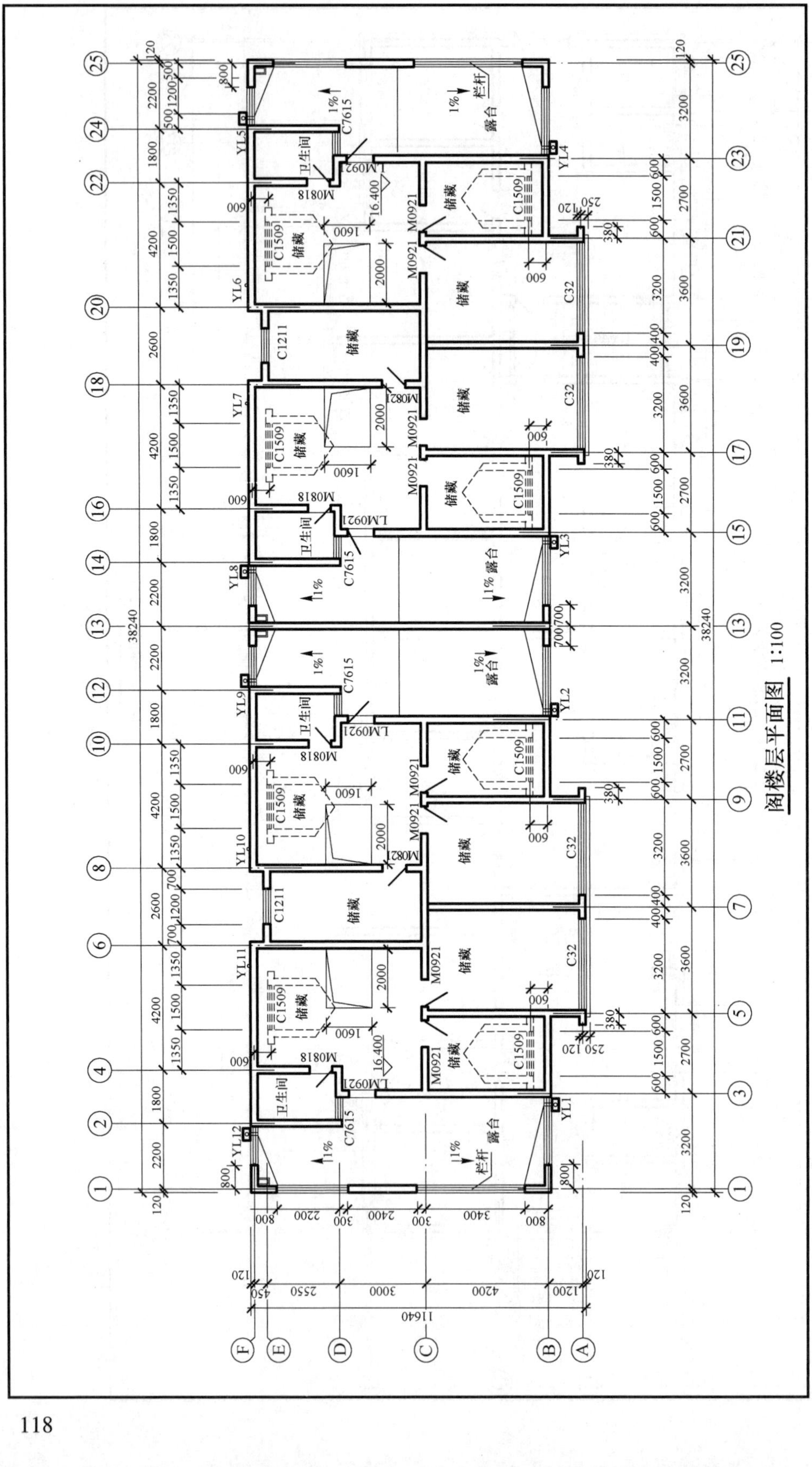
阁楼层平面图 1:100
储藏
卫生间
露台
栏杆
1%
C7615
C1509
C1211
C32
M0818
M0921
M0821
LM0921
16.400
YL1
YL2
YL3
YL4
YL5
YL6
YL7
YL8
YL9
YL10
YL11
YL12
38240
11640

图7-8 阁楼层平面图

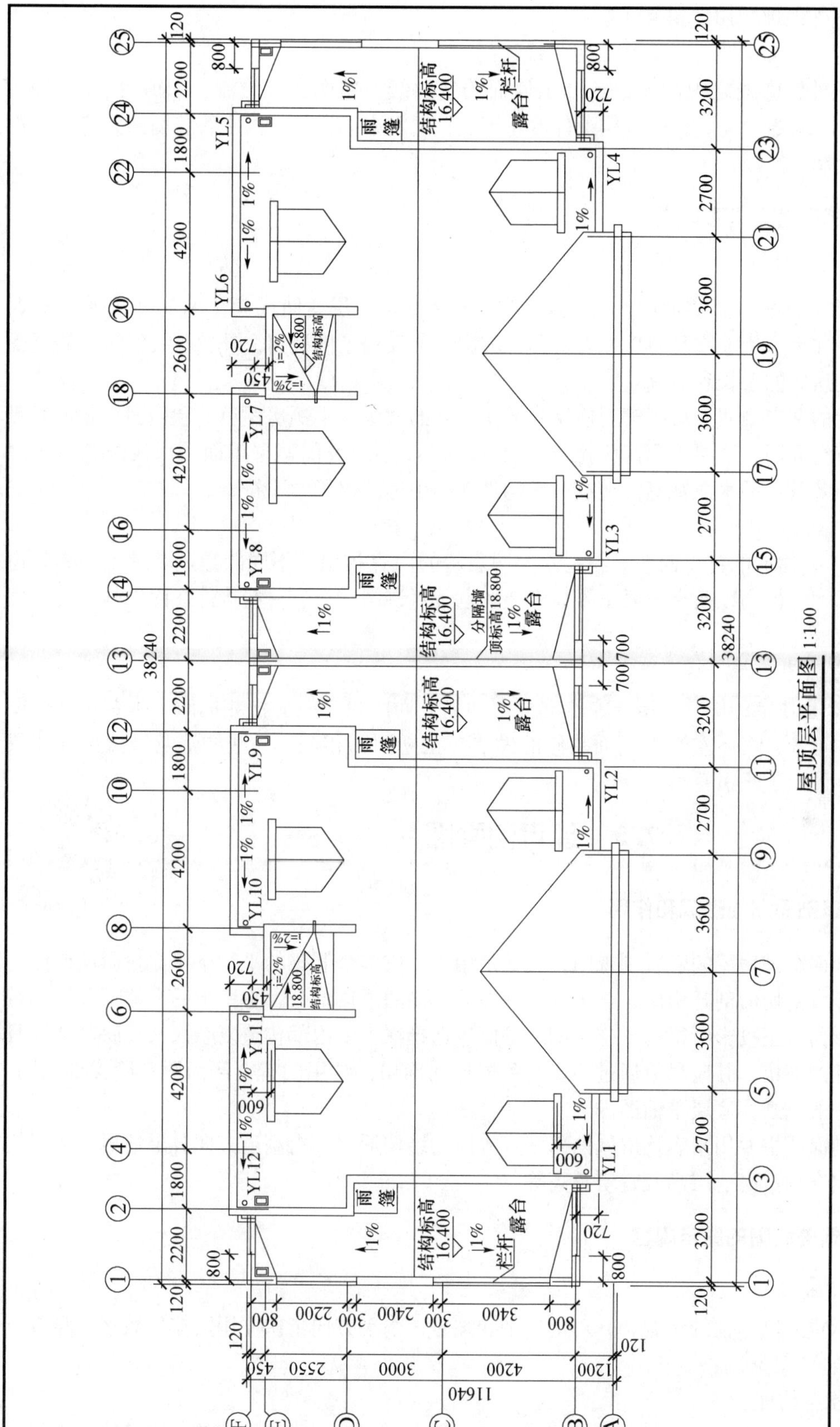
屋顶层平面图 1:100
结构标高
16.400
雨篷
露台
栏杆
分隔墙
顶标高18.800
结构标高
18.800
i=2%
1%
YL1
YL2
YL3
YL4
YL5
YL6
YL7
YL8
YL9
YL10
YL11
YL12
38240
11640

图7-9 屋顶层平面图

（2）室外地坪线用特粗实线绘制；

（3）房屋立面的最外轮廓线用粗实线绘制；

（4）在外轮廓线之内的凹进或凸出墙面的轮廓线，用中实线绘制，如窗台、门窗洞、檐口、阳台、雨篷、柱、台阶等构配件的轮廓线；门窗扇、栏杆、雨水管和墙面分格线等均用细实线绘制。

7.4.4 建筑立面图读图实例

1. 正立面图

图 7-10 是住宅的正立面图。共 5 层住户，房屋最下一层为储藏室（车库），顶层住户拥有阁楼层，住宅采用坡屋顶各层左右对称，坡屋面上设置了阁楼窗，外轮廓线所包围的范围显示出这幢房屋的总长和总高。

从图上的文字说明，可了解到房屋外墙面装修的做法。本例房屋负一层墙面刷灰色高级涂料，勾宽缝间距，1 ~4 层墙面刷咖啡色高级涂料，5 层及阁楼层墙面采用浅灰色高级涂料，屋面是蓝灰色的水泥瓦等。还有一些构件在图中标注出了索引符号。

2. 背立面图

图 7-11 是住宅的背立面图。与正立面图表示的内容相似，不同的是还表示了楼梯间窗的位置和尺寸、标高以及在单元出入口安装的电子对讲门。还有一些构件在图中标注出了索引符号。

3. 侧立面图

图 7-12 是住宅的侧立面图。左侧立面图和侧立面图投影及做法相同时，可共用一个图样。从图中可知：房屋左右外墙面装修的做法与正立面图相同，一些构造及做法由详图说明，图中标注出了索引符号。

7.5 建筑剖面图

7.5.1 建筑剖面图的形成和作用

建筑剖面图是房屋的竖直剖视图，也就是用一个或多个假想的平行于正立投影面或侧立投影面的竖直剖切面剖开房屋，移去剖切平面某一侧的形体部分，将留下的形体部分按剖视方向向投影面做正投影所得的图样。剖切平面应选择在房屋内部构造复杂而又反映其特征且具有代表性的部位，并应尽量通过门窗洞和楼梯间剖切，常用的有全剖面图和阶梯剖面图。剖切符号一般应画在底层平面图内。

建筑剖面图主要用来表达房屋内部垂直方向的结构形式、沿高度方向分层情况、各层构造做法、门窗洞口高、层高及建筑总高等。

7.5.2 建筑剖面图的图示内容

1. 定位轴线

表示承重的墙、柱的位置，并对定位轴线编号，水平方向依次序用阿拉伯数字、竖直方向用大写英文字母标注。

2. 表示各构件

表示墙体、室内外地面、各层楼板、屋顶、门窗、梁、楼梯、台阶等内容及其装修。

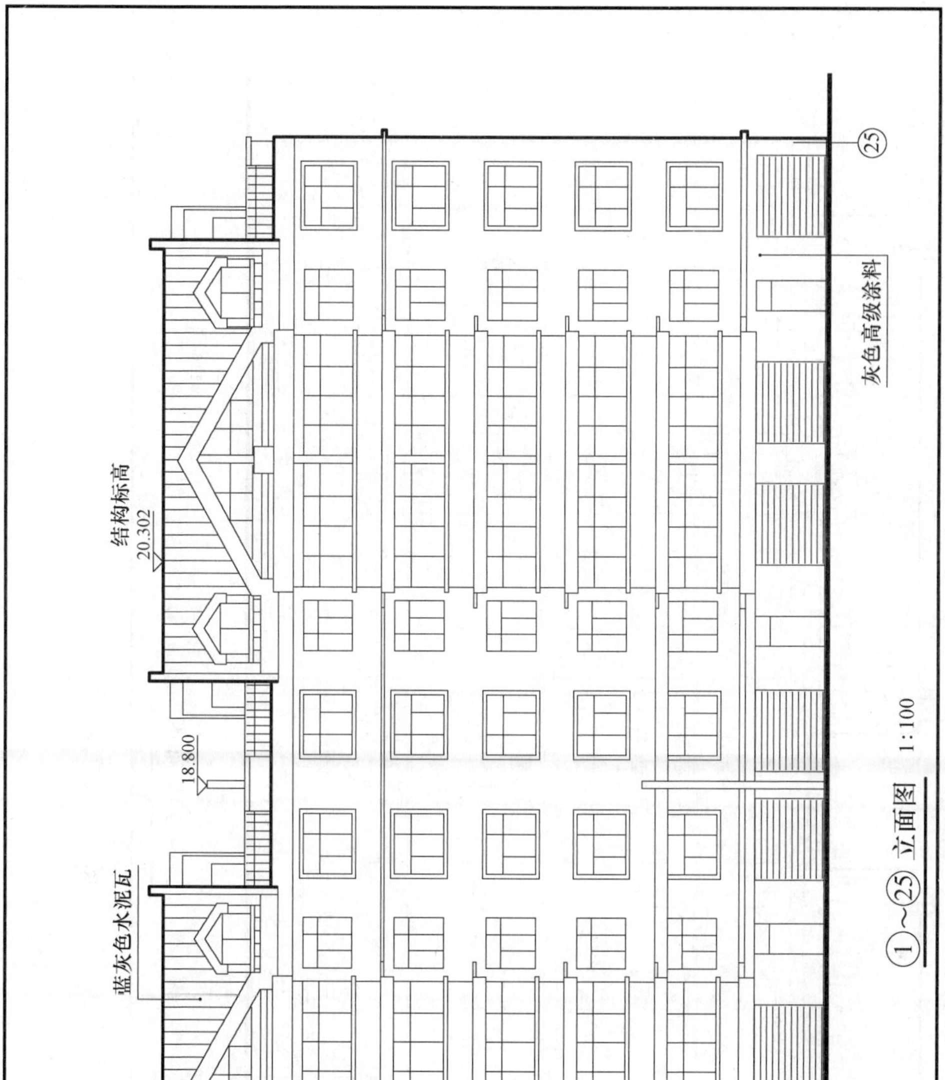

①～㉕立面图 1:100

图7-10 正立面图

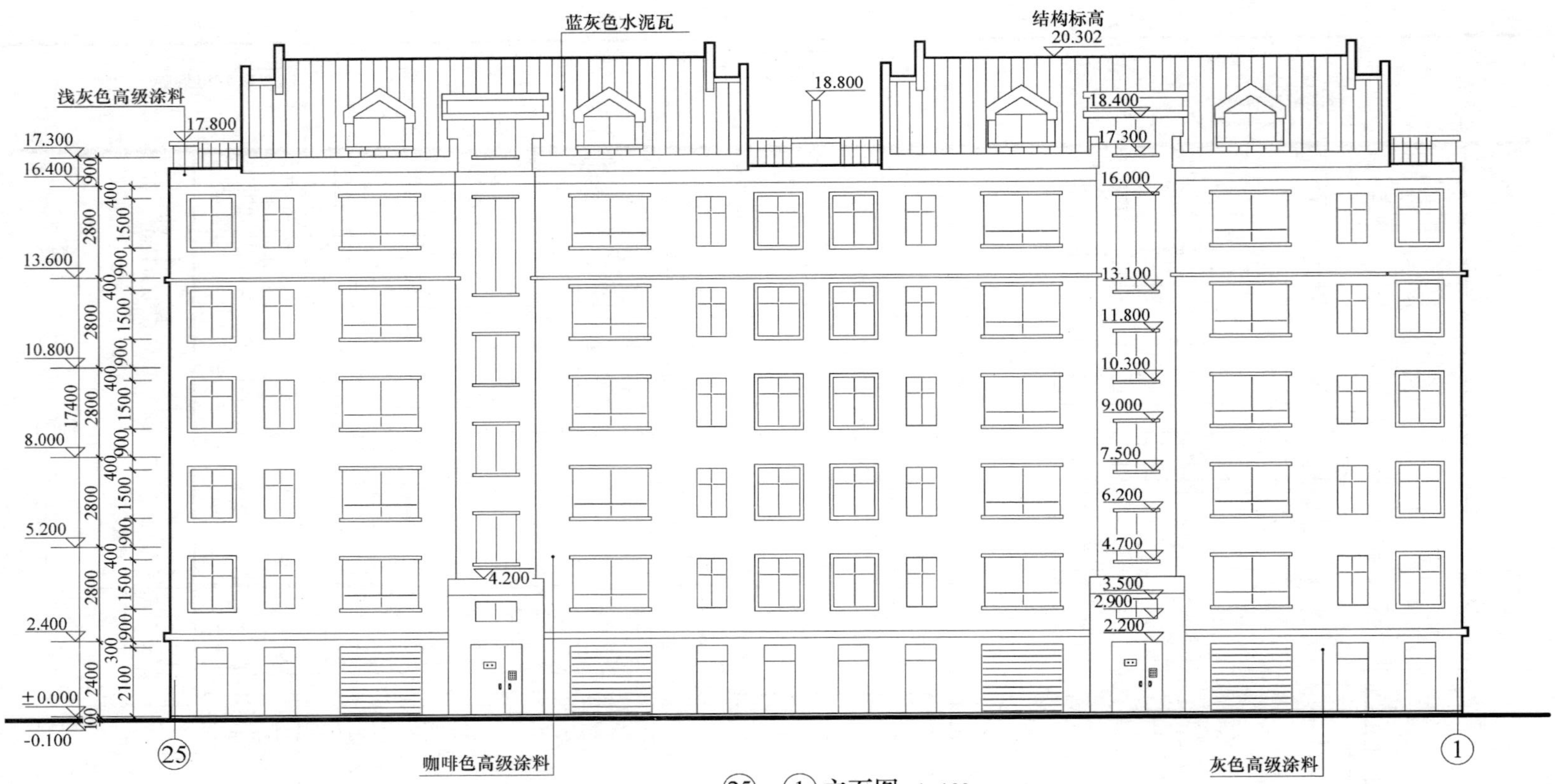

25～1 立面图 1:100

图7-11 背立面图

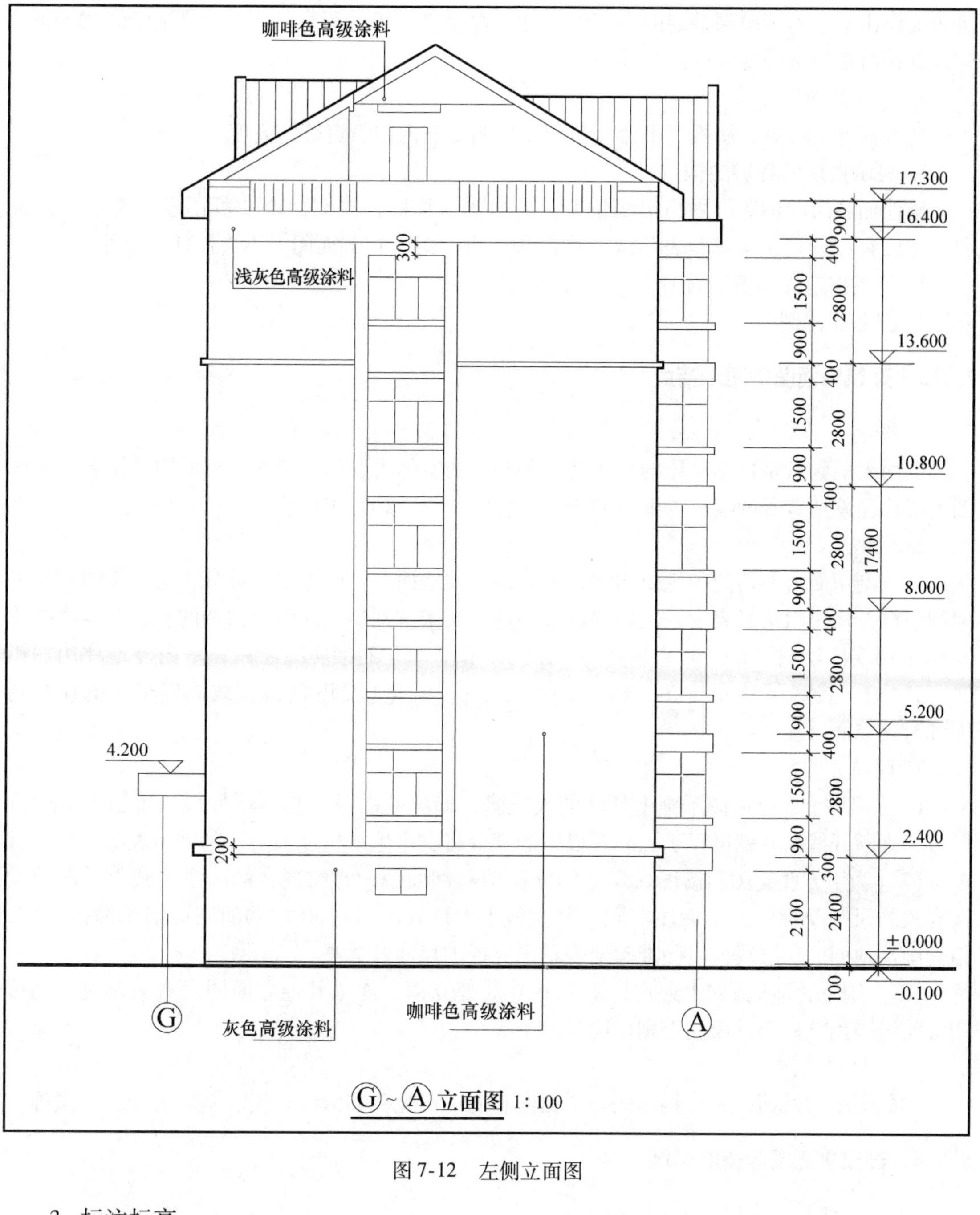

图 7-12　左侧立面图

3. 标注标高

标注室内外地坪、台阶、地下层地面、门窗、雨篷、楼地面、阳台、平台、檐口、屋脊、女儿墙等处完成面的标高。

4. 标注高度方向上的尺寸

高度方向上的尺寸有三道：

（1）洞口尺寸：包括门、窗、洞口、女儿墙或檐口高度及其定位尺寸；

（2）楼层间尺寸：即层高尺寸，含地下层在内；

（3）建筑总高度：指由室外地面至檐口或女儿墙顶的高度。屋顶上的水箱间、电梯机房和楼梯出口小间等局部升起的高度可不计入总高度，可另行标注。当室外地面有变化时，应以剖面所在的室外地面标高为准。

5. 标注其他尺寸

地坑深度、隔断、搁板、平台、吊顶、墙裙及室内门、窗等的高度。

6. 表示楼地面各层的构造

楼地面各层的构造可用引出线说明，若另画有详图，在剖面图中可用索引符号引出说明，若已有“构造说明一览表”或“面层做法表”时，在剖面图上不再做任何标注。

7. 节点构造详图索引符号

8. 图名、比例

7.5.3 建筑剖面图的图示特点

1. 图名

剖面图的数量是根据房屋的具体情况和施工的实际需要而决定的。剖面图的图名与平面图上所标注剖切符号的编号一致，如 1—1 剖面图、2—2 剖面图等。

2. 图线

凡被剖切面所剖切到的主要构件，如墙体、楼地面、屋面等结构部分，与平面图及立平面图一样，均用粗实线表示；次要构件或构造以及未被剖切到的主要构造的轮廓线等用线宽 0.5b 的中实线绘制；其余可见部分，一律用线宽 0.25b 的细实线绘制，室内外地坪用加粗线（1.4b）。线宽 0.5b 的中实线画可见的轮廓线；线宽 0.25b 的细实线画较细小的建筑构配件与装修面层线。

3. 画法

（1）习惯上，剖面图不画出基础的大放脚，墙的断面只要画到地坪线以下适当的地方即可，画断开线断开就可以了，断开以下的部分将由房屋结构施工图的基础图表明。

（2）为了方便绘图和读图，房屋的立面图和剖面图，宜绘制在同一水平线上，图内相互有关的尺寸及标高，宜标注在同一竖直线上，1∶100 ~ 1∶200 比例的剖面图不画抹灰层，但宜画楼地面的面层线，以便准确地表示出完成的尺寸及标高。

（3）有时在剖视方向上还可以看到室外局部立面，如果其他立面图没有表示过，则可用细实线画出该局部立面，否则可简化或不表示。

（4）材料图例

剖面图中的断面，其材料图例与平面图相同。简化砖墙涂红、实心钢筋混凝土涂黑等。

7.5.4 建筑剖面图的读图实例

图 7-13 所示是房屋的 1—1 剖面图。

对照一层平面图可知，1—1 剖面图的剖切平面位置通过④ ~ ⑤轴线间的门和窗，剖切后向左进行投影而得到的横向剖面图，图中表达了房屋竖直方向的分隔和构造，即屋顶的结构形式和房屋室内外地坪以上各部位被剖切到的建筑构配件，如室内外地面、楼地面、内外墙及门窗、梁等。

1. 垂直方向

从图中可看出此建筑物共六层，底层是车库（层高 2400mm），一 ~ 五层是住户层（层高都为 2800mm），阁楼层高有低有高，最低处 900mm。建筑总高 17300mm，室内外高差

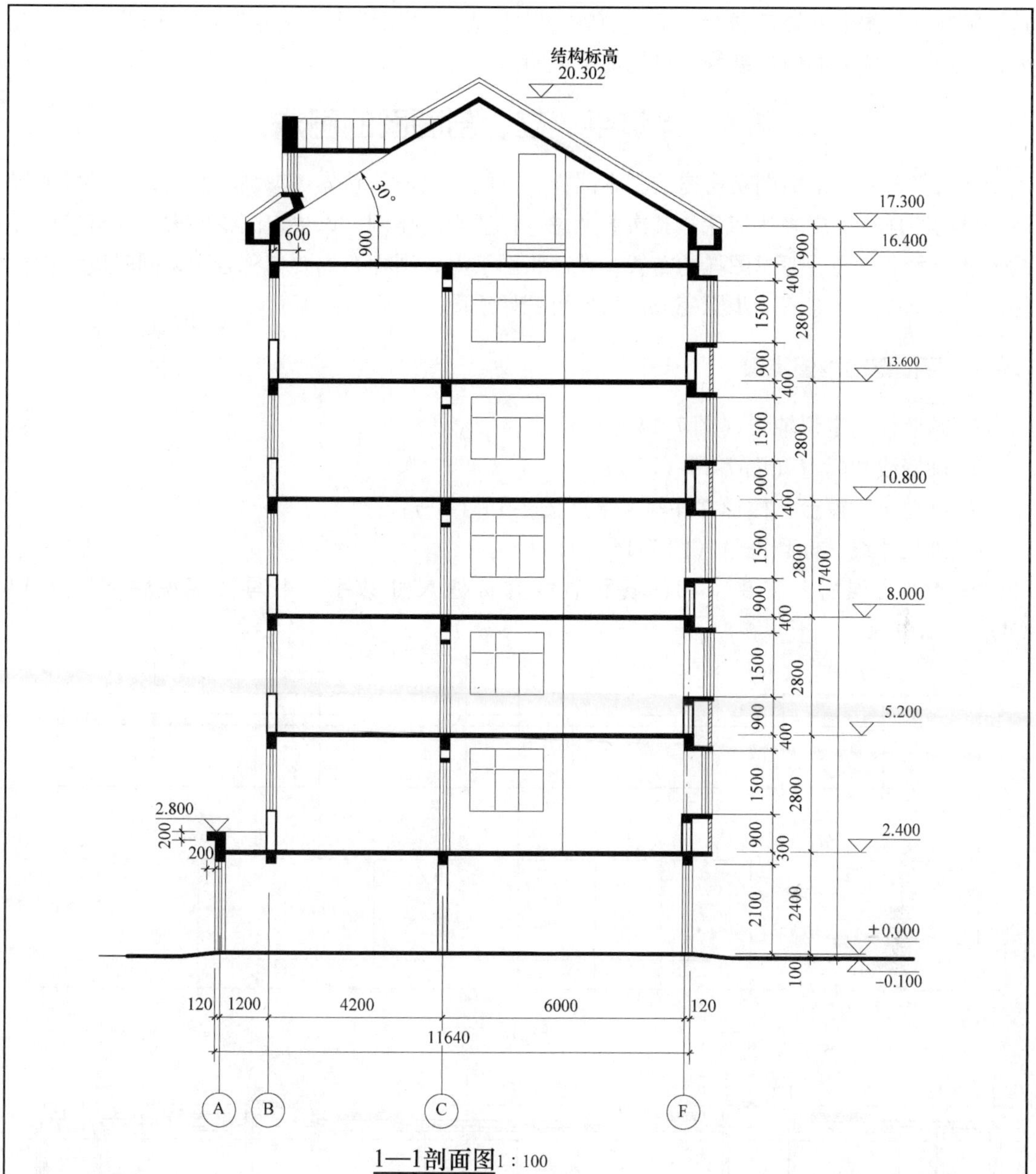

图 7-13　1—1 剖面图

100mm。从左边的外部尺寸还可以看出，各层窗台至楼地面高度为 900mm，窗洞口高 1500mm，楼梯口高 2800mm。图中还表达了坡屋顶以及天沟的形式。由于本剖面图比例为 1 : 100，故构件断面除钢筋混凝土梁、板涂黑表示外，墙及其他构件不再加画材料图例。

2. 水平方向

在图中常标注剖到的墙、柱及剖面图两端的轴线编号及轴线间距，并在图的下方注写图名和比例。表示出房屋从前至后的水平位置。

3. 其他标注

由于剖面图比例较小，某些部位如勒脚、窗台、窗顶、过梁、檐口等节点，不能详细表达，可在剖面图上的该部位处，画上详图索引标志，另用详图来表示其细部构造尺寸。此外，楼地面及墙体的内外装修，可用文字说明。

7.6 建筑平、立、剖面图的画法

建筑平、立、剖面图是房屋的基本图样。在画图之前，首先考虑画哪些图，应尽可能以较少量的图样将房屋表达清楚；其次要考虑选择适当的比例，以决定图幅的大小。有了图样的数量和大小，最后考虑图样的布置，在一张图纸上，图样布局要匀称合理，同时应考虑标注尺寸的位置。上述三个步骤完成以后便可开始绘图。

7.6.1 平面图的画图步骤

1. 画墙柱的定位轴线（图7-14（a））；
2. 画墙线和门窗（图7-14（b））；
3. 画台阶、窗台、楼梯并注写文字（图7-14（c））；
4. 画尺寸线、标高符号（图7-14（d））；
5. 检查无误后，按要求加深各种直线并标注尺寸数字，书写文字说明（图7-14（d））。

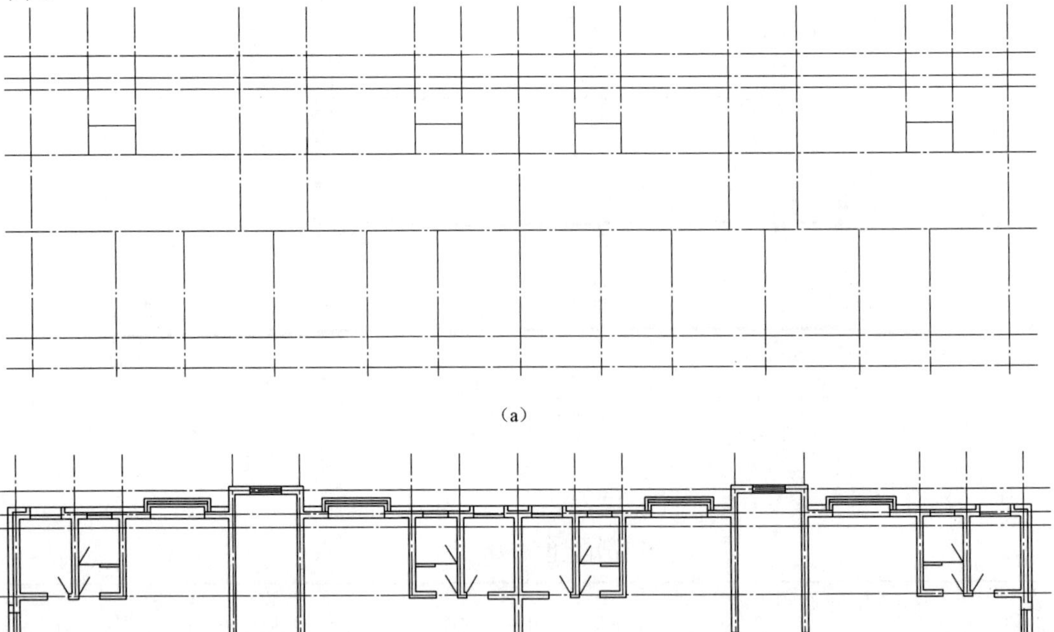

（a）

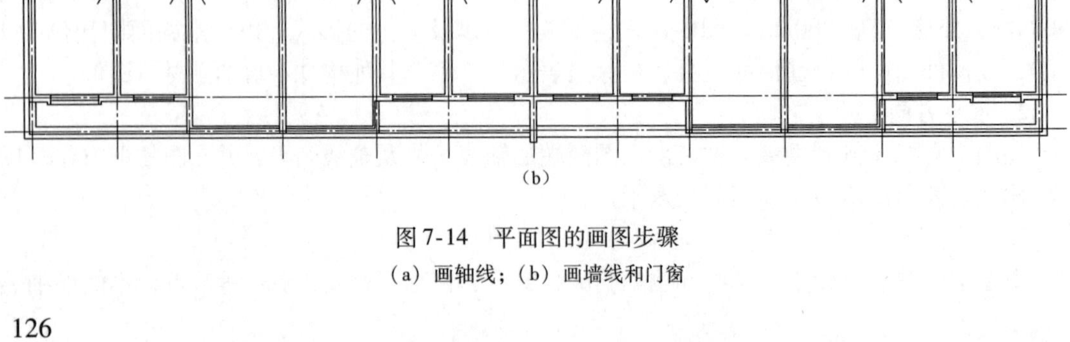

（b）

图7-14 平面图的画图步骤

（a）画轴线；（b）画墙线和门窗

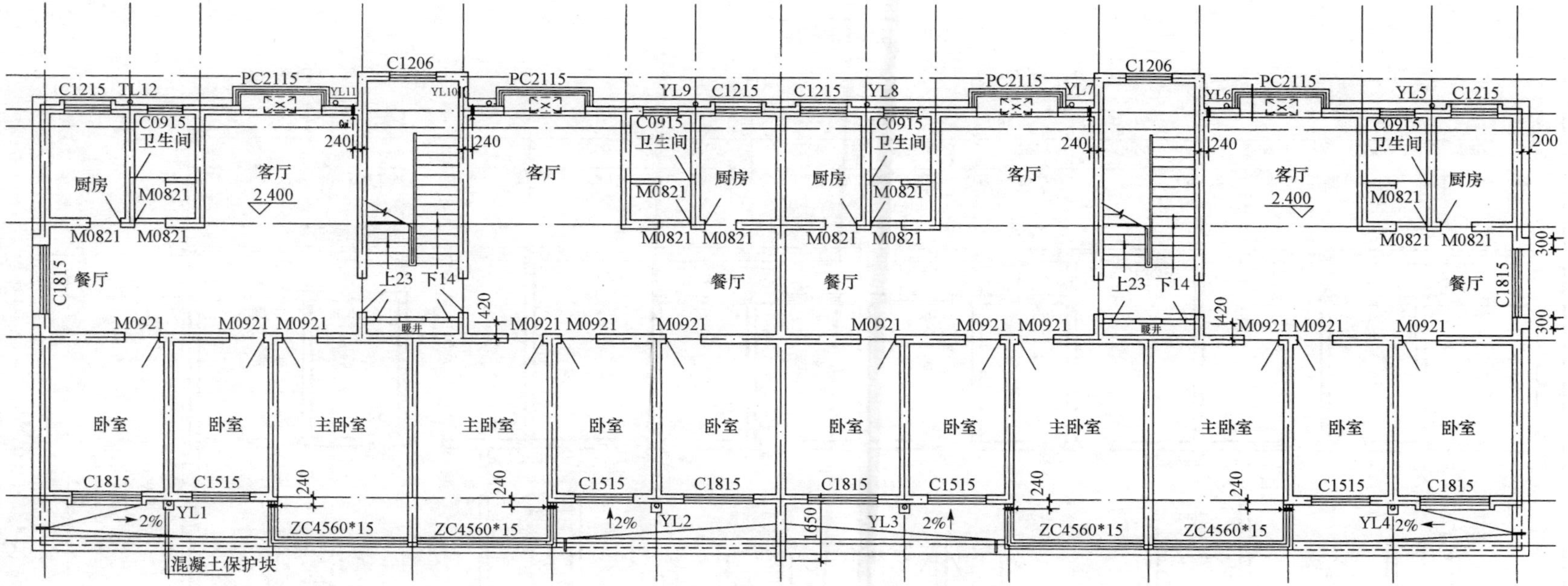

（c）

图7-14　平面图的画图步骤（续）

（c）画台阶、窗台、楼梯并注写文字

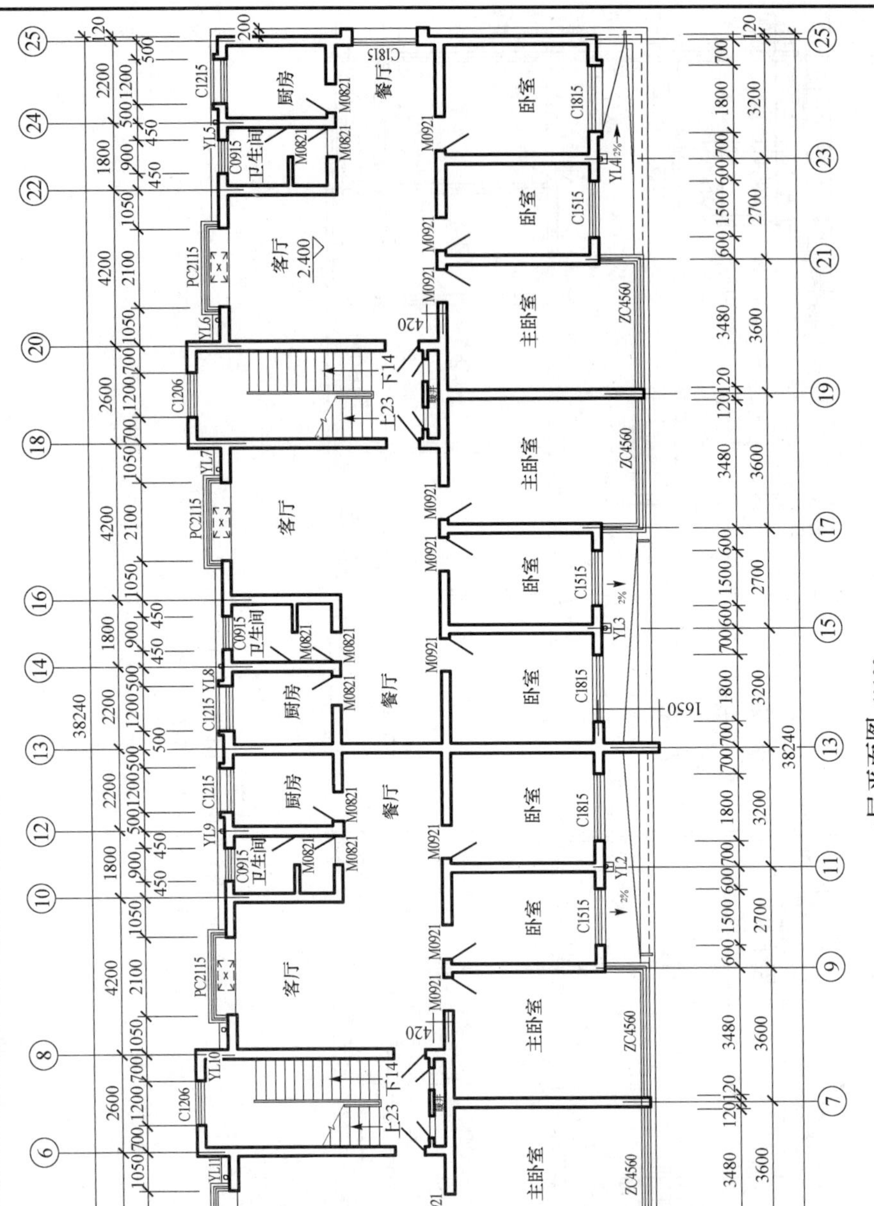

一层平面图 1:100

(d)

图7-14 平面图的画图步骤（续）

(d) 完成全图

7.6.2 立面图的画图步骤

1. 画出定位轴线、室外地平线、楼板线、檐口、屋脊高度线，建筑物外的轮廓线（图7-15（a））；

2. 由平面图定出门窗洞口的位置，阳台及窗台（图7-15（b））；

3. 画门窗分隔、材料符号，露台栏杆等细部（图7-15（c））；

4. 加深图线，标注尺寸和轴线编号及书写文字说明（图7-15（d））。

7.6.3 剖面图的画图步骤

1. 画室内外地坪线、最外墙（柱）身的轴线和各楼板的高度（图7-16（a））；

2. 画墙厚、门窗洞口及可见的主要轮廓线（图7-16（b））；

3. 画门窗、楼板及屋面等细部（图7-16（c））；

4. 加深图线，并标注尺寸数字、书写文字说明（图7-16（d））。

施工图绘图顺序，先画建筑平面图，后画建筑立面图，再画建筑剖面图。

7.7 建筑详图

7.7.1 建筑详图的形成和用途

房屋建筑平、立、剖面图都是用较小的比例绘制的，主要表达建筑全局性的内容，但对于房屋细部或构、配件的形状、构造关系等无法表达清楚，因此，在实际工作中，为详细表达建筑节点及建筑构、配件的形状、材料、尺寸及做法，而用较大的比例（1:20、1:15、1:7、1:5、1:2、1:1等）画出的图形，称为建筑详图或大样图。建筑详图是整套施工图中不可缺少的部分，是施工时准确完成设计意图的依据之一。

7.7.2 建筑详图的图示特点

1. 详图符号与索引符号

在建筑平面图、立面图和剖面图中，凡需要绘制详图的部位均应画上索引符号，而在所画出的详图上应注明相应的详图符号。详图符号与索引符号必须对应一致，以便看图时查找相互有关的图纸。对于套用标准图或通用图的建筑构配件和剖面节点，只要注明所套用图集的名称、编号和页次，就不必另画详图。

2. 详图的图示方法

根据细部构造和构配件的复杂程度，按清晰表达的要求来确定，例如墙身节点图只需要一个剖面详图来表达，楼梯间宜用几个平面详图和一个剖面详图、几个节点详图表达，门窗则常用立面详图和若干个剖面或断面详图表达。若需要表达构配件外形或局部构造的立体图时，宜按轴测图绘制。详图的数量，与房屋的复杂程度及平、立、剖面图的内容及比例有关。

3. 建筑详图数量

一套施工图中，建筑详图的数量视建筑工程的体量大小及难易程度来决定，常用的详图有：外墙身详图，楼梯间详图，卫生间，厨房详图，门窗详图，阳台、雨篷等详图。由于各地区都编有标准图集，故在实际工程中，有的详图可直接查阅标准图集。

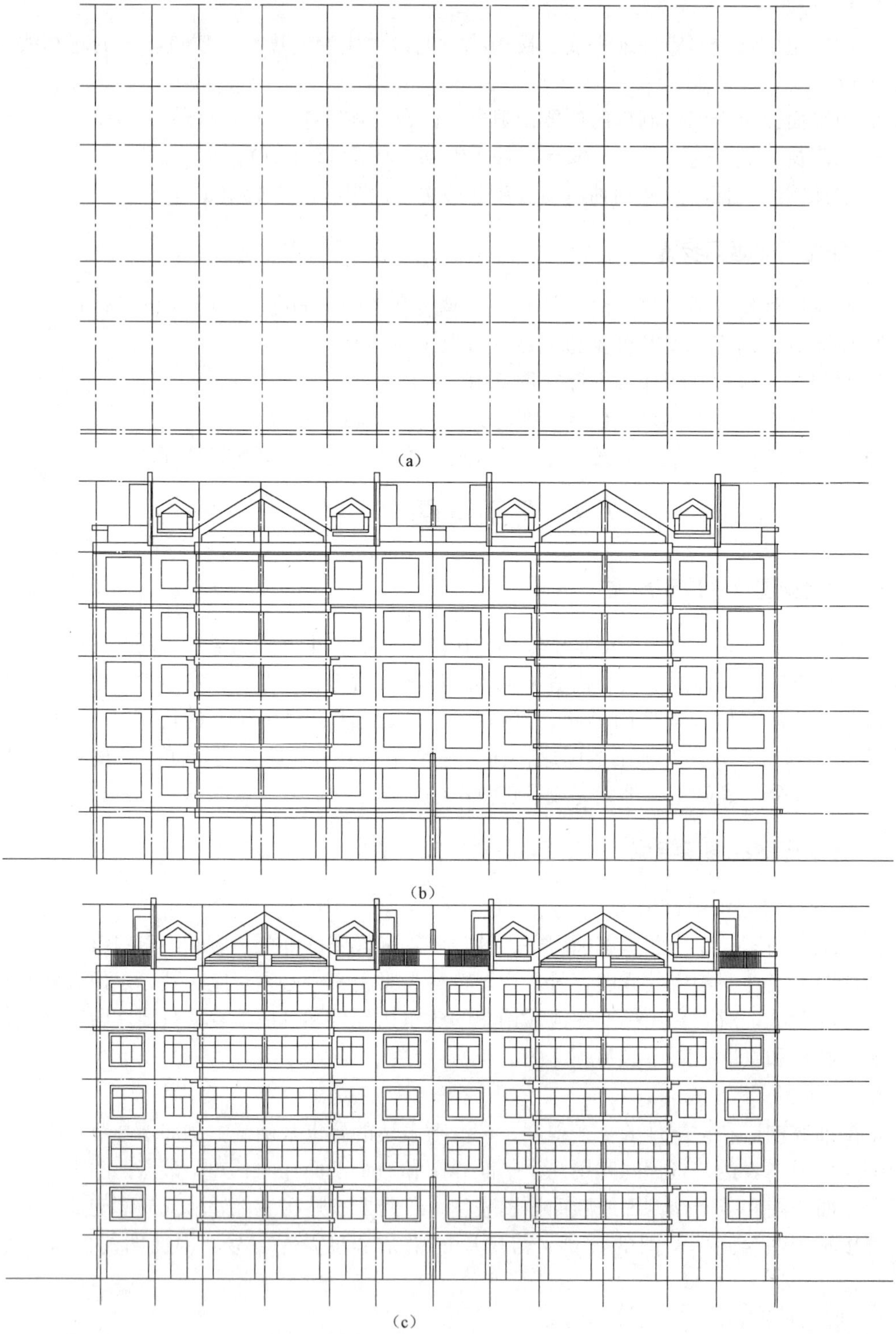

图 7-15　立面图的画图步骤

（a）画地平线和轴线等；（b）画门窗洞和阳台及窗台；（c）画窗扇等细节

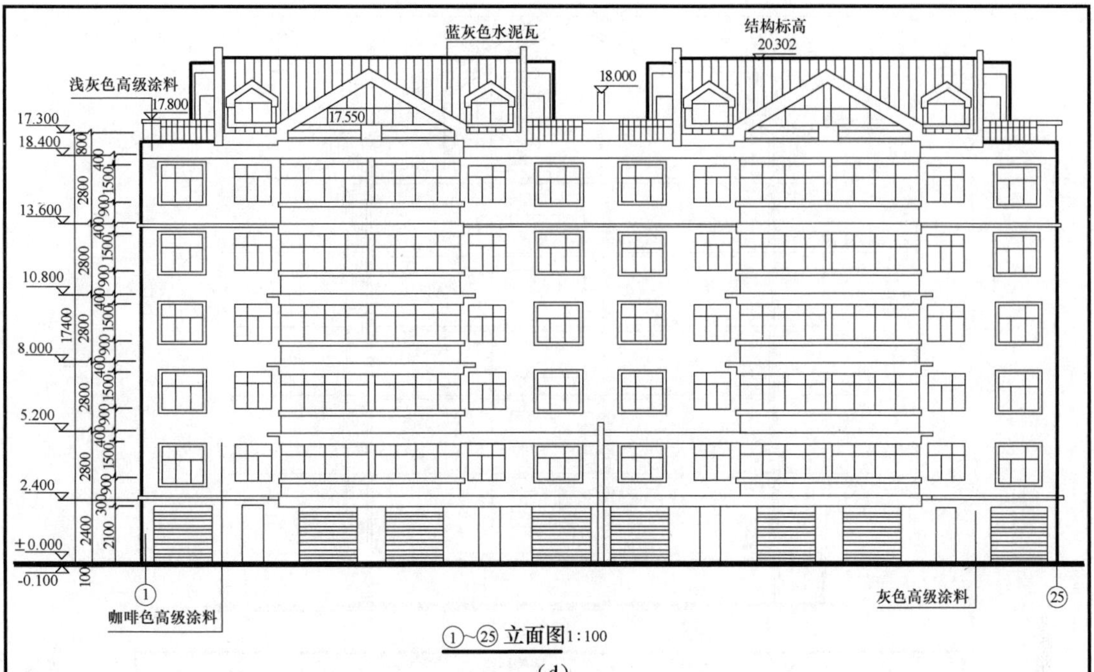

（d）

图 7-15　立面图的画图步骤（续）
（d）完成立面图

（a）

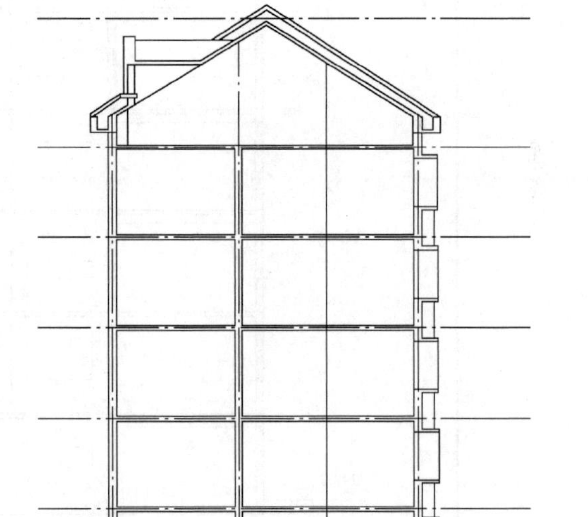
（b）

图 7-16　剖面图的画图步骤
（a）画轴线及楼面线；（b）画墙厚、门窗洞口及可见的主要轮廓线

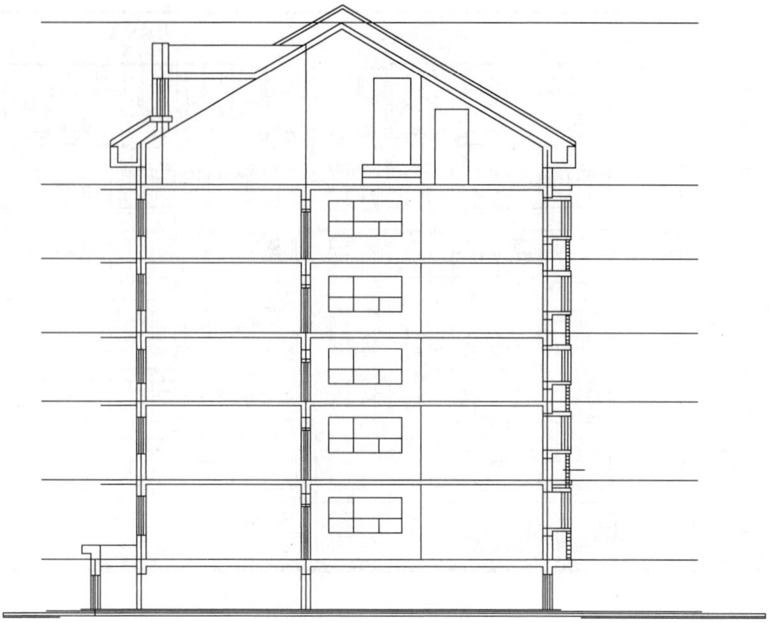

（c）

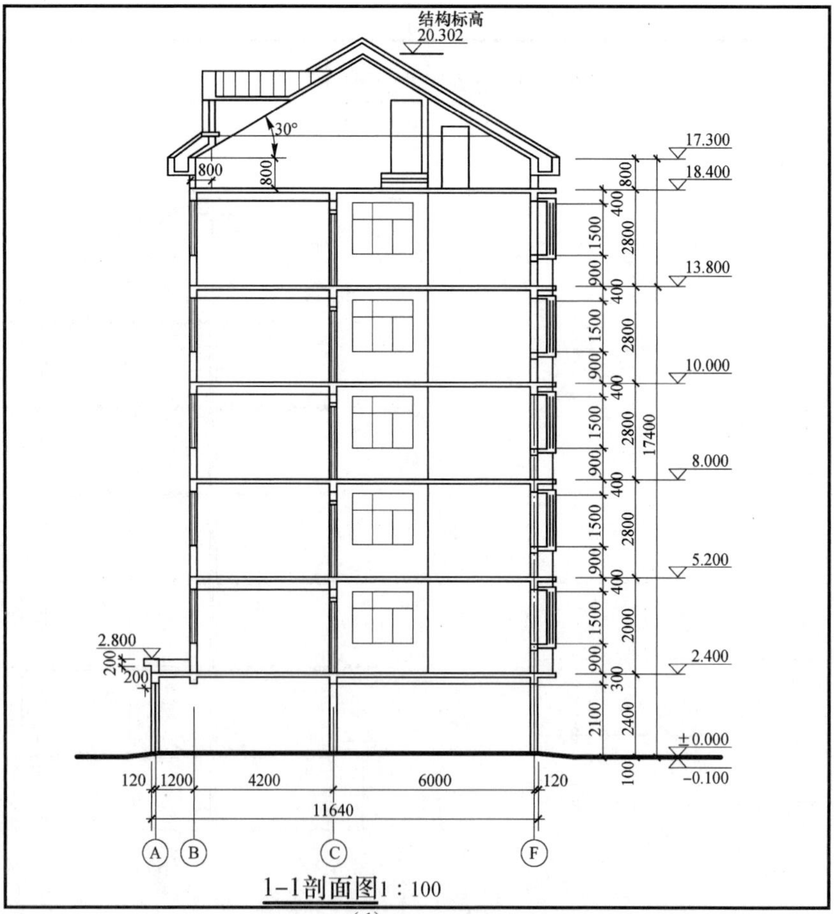

（d）

图 7-16　剖面图的画图步骤（续）

（c）画门窗、楼板及屋面等细部；（d）加深图线并标注尺寸

7.7.3 墙身详图

1. 形成

墙身详图实际是在建筑剖面图上的典型部位从上至下连续放大的节点详图。一般多取建筑物的外墙部位，以便完整、系统、清楚的表达房屋的屋面、楼层、地面和檐口构造，楼板与墙面的连接、门窗顶、窗台和勒脚、散水等处构造的情况，因此，墙身详图实际上是建筑剖面图的局部放大图。

2. 图示特点

多层房屋中，若各层的构造情况一样时，可只画底层、顶层、中间层来表示。往往在窗洞中间处用折断线断开，由剖面图直接索引出。有时也可不画整个墙身的详图，而是把各个节点详图分别单独绘制，这时的各个节点详图应按顺序依次排在同一张图上，以便读图。

外墙身详图也可用标准图集的图样。

3. 读图实例

下面以图 7-17 所示的某房屋外墙详图为例，进行简要的介绍。

墙身详图包括外墙面上的各个节点详图，有檐口节点剖面详图及窗洞节点剖面详图两部分。其构造及详细做法写在建筑总说明中。

（1）檐口节点剖面详图

檐口节点剖面详图主要表达顶层窗过梁、遮阳或雨篷、屋顶（根据实际情况画出它的构造与构配件，如屋面梁、屋面板、室内顶棚、天沟、雨水管、架空隔热层、女儿墙及其压顶）等的构造和做法。该屋面的承重层是钢筋混凝土板，按 30°角度来砌坡，上面有防水卷材层和保温层，以用来防水和隔热，具体做法见详图。女儿墙高 500mm，是钢筋混凝土材料。

（2）窗洞节点剖面详图

窗台节点剖面详图主要表达窗台的构造，以及内外墙面的做法。该房屋窗台的材料为钢筋混凝土，外表面出挑 250 - 120 = 130mm，厚 150mm。

窗顶节点剖面详图主要表达窗顶过梁处的构造，内、外墙面的做法，以及楼板层的构造情况。该房屋窗顶过梁为矩形，出挑 250 - 120 = 130mm，厚度为 400mm，楼板是钢筋混凝土材料现浇板。

墙体厚度为 240mm，各层窗洞口均为 1500mm 高。

7.7.4 楼梯详图

1. 楼梯的组成及形式

楼梯是楼层垂直交通的必要设施。楼梯由梯段、平台和栏杆（或栏板）扶手组成。

常见的楼梯平面形式有：单跑楼梯（上下两层之间只有一个梯段）、双跑楼梯（上下两层之间有两个梯段、一个中间平台）、三跑楼梯（上下两层之间有三个梯段、两个中间平台）等。

楼梯间详图包括楼梯间平面图、剖面图、踏步栏杆等详图。主要表示楼梯的类型、结构形式、构造和装修等。楼梯间详图应尽量安排在同一张图纸上，以便阅读。

2. 楼梯平面图

（1）楼梯平面图的形成

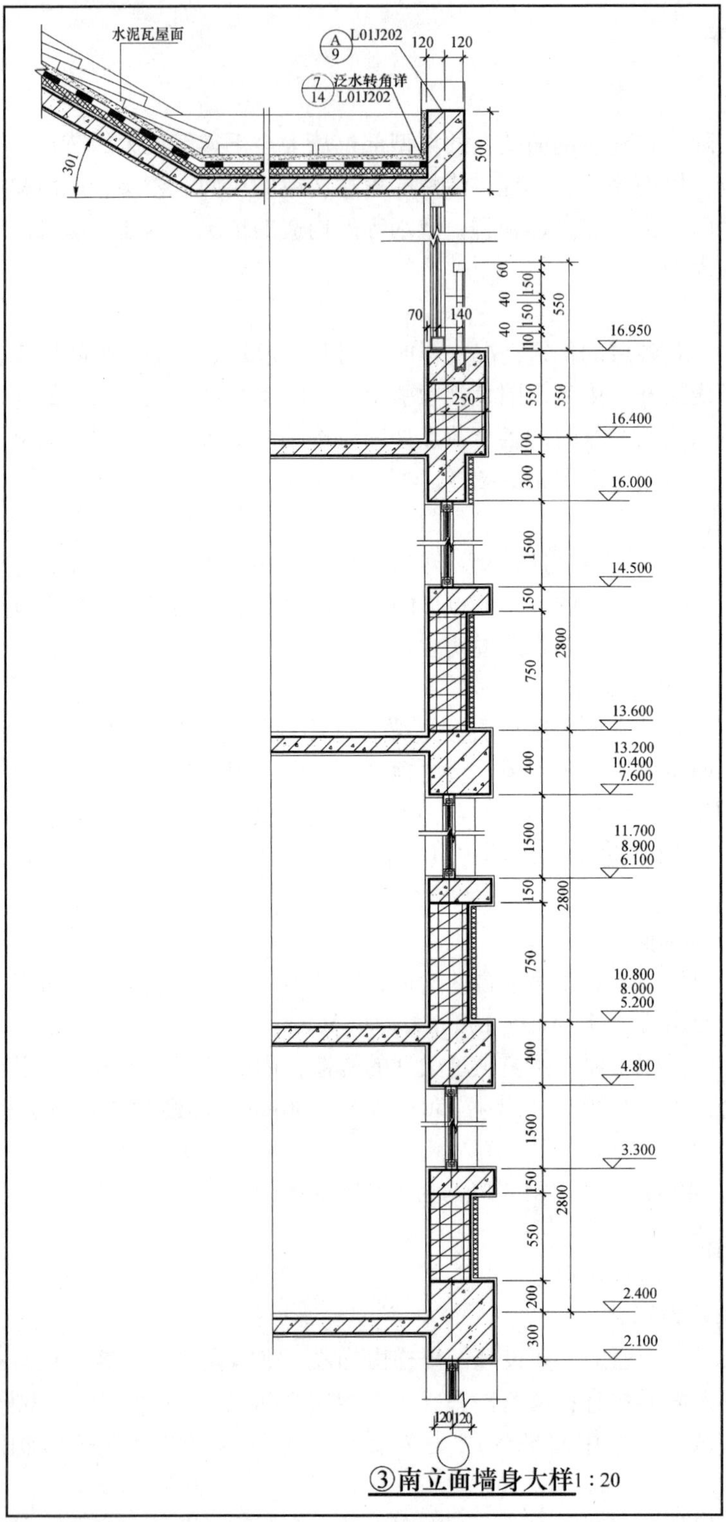

图 7-17　外墙详图

楼梯平面图常用 1∶50 的比例画出。楼梯平面图的水平剖切位置，除顶层在安全栏板（或栏杆）之上外，其余各层均在上行第一跑中间。各层被剖切到的上行第一跑梯段，都在楼梯平面图中画一条与踢面线成30°的折断线（构成梯段的踏步中与楼地面平行的面称为踏面，与楼地面垂直的面称为踢面）。各层下行梯段不予剖切。而楼梯间平面图则为房屋各层水平剖切后的向下正投影，如同建筑平面图，中间几层构造一致时，也可只画一个标准层平面图。故楼梯平面详图常常只画出底层、中间层和顶层三个平面图。

（2）楼梯平面图图示特点

各层楼梯平面图宜上下对齐（或左右对齐），这样既便于阅读又便于尺寸标注和省略重复尺寸。平面图上应标注该楼梯间的轴线编号、开间和进深尺寸，楼地面和中间平台的标高，以及梯段长、平台宽等细部尺寸。梯段长度尺寸标为：踏面数×踏面宽=梯段长。

（3）读图实例（以图7-18为例说明）

①图7-18为该住宅的楼梯平面图，各层楼梯平面图都应标出该楼梯间的轴线。从楼梯平面图中所标注的尺寸，可以了解楼梯间的开间和进深尺寸，还可了解楼地面和平台面的标高以及楼梯各组成部分的详细尺寸。

从图中还可以看出，中间层梯段的长度是8个踏步的宽度之和（270×8=2160），而中间层梯段的步级数是9（18/2），为什么呢？这是因为每一梯段最高一级的踏面与休息平台面或楼面重合（即将最高一级踏面做平台面或楼面），因此，平面图中每一梯段画出的踏面（格）数，总比踏步数少一，即：踏面数=踏步数-1。

②负一层平面图中只有一个被剖到的梯段。图中注有“上14”的箭头表示从储藏室层楼面向上走14步级可达一层楼面，梯段长260×13=3380mm，表明每一踏步宽260mm，共有13+1=14级踏步。在负一层平面图中，必须注明楼梯剖面图的剖切符号等。

③一层平面图中注有“下14”的箭头表示从一层楼面向下走14步级可达储藏室层楼面，“上23”的箭头表示从一层楼面向上走23步级可达二层楼面。

④标准层平面图表示了二、三、四层的楼梯平面，该图中没有再画出雨篷的投影，其标高的标注形式应注意，括号内的数值为替换值，是上一层的标高标准层平面图中的踏面，上下两梯段都画成完整的。上行梯段中间画有一与踢面线成30°的折断线。折断线两侧的上下指引线箭头是相对的。

⑤顶层平面图的踏面是完整的。只有下行，故梯段上没有折断线。楼面临空的一侧装有水平栏杆。顶层平面图画出了屋顶檐沟的水平投影，楼梯的两个梯段均为完整的梯段，只注有“下18”。

3. 楼梯剖面图

（1）楼梯剖面图的形成：

楼梯剖面图常用1∶50的比例画出。其剖切位置应选择在通过第一跑梯段及门窗洞口，并向未剖切到的第二跑梯段方向投影（如图7-19中的剖切位置）。图7-19为按图7-18剖切位置绘制的剖面图。

剖到梯段的步级数可直接看到，未剖到梯段的步级数因被栏板遮挡或因梯段为暗步梁板式等原因而不可见时，可用虚线表示，也可直接从其高度尺寸上看出该梯段的步级数。

多层或高层建筑的楼梯间剖面图，如中间若干层构造一样，可用一层表示这相同的若干层剖面，此层的楼面和平台面的标高可看出所代表的若干层情况。

（2）楼梯剖面图示内容

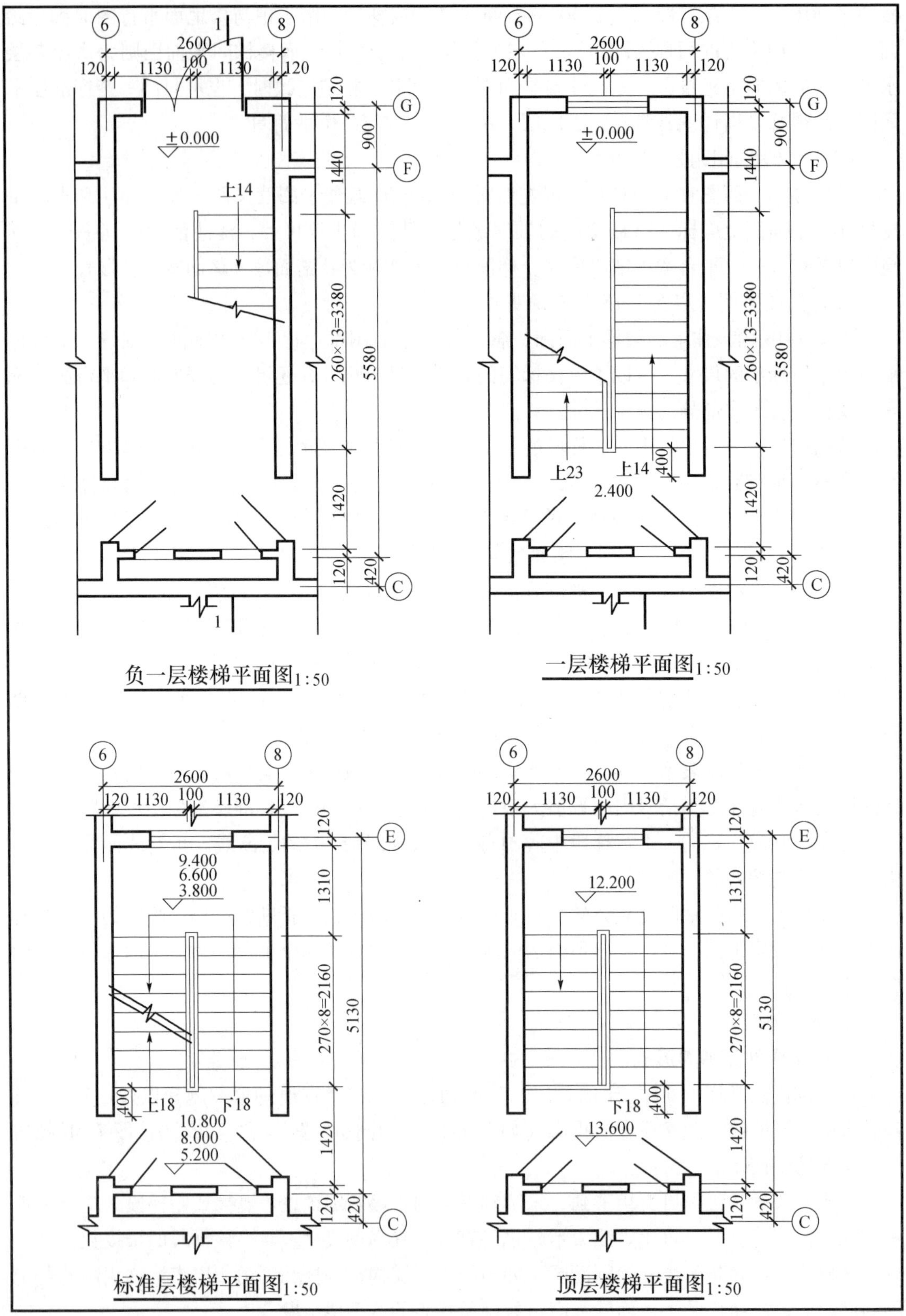
负一层楼梯平面图1:50
一层楼梯平面图1:50
标准层楼梯平面图1:50
顶层楼梯平面图1:50
2600
120
1130
100
±0.000
上14
上23
2.400
260×13=3380
5580
900
1440
1420
420
9.400
6.600
3.800
10.800
8.000
5.200
12.200
13.600
上18
下18
270×8=2160
5130
1310
400

图7-18　楼梯平面图

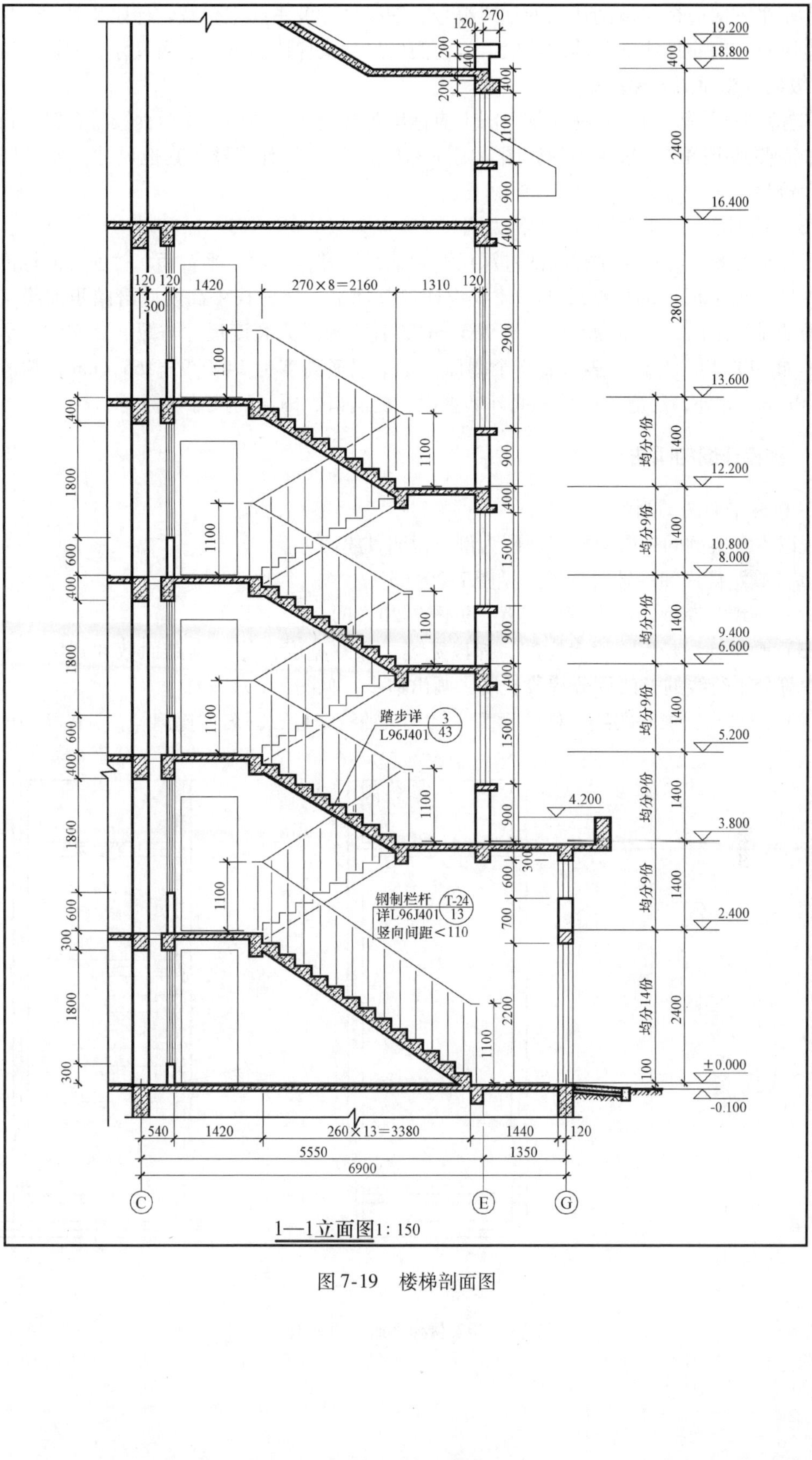

1—1立面图1:150
踏步详 3/43 L96J401
钢制栏杆 T-24 详L96J401 13 竖向间距<110
270×8=2160
260×13=3380
均分9份
均分14份
19.200
18.800
16.400
13.600
12.200
10.800
8.000
9.400
6.600
5.200
4.200
3.800
2.400
±0.000
-0.100
5550
6900
1350
C
E
G

图 7-19 楼梯剖面图

①水平方向应标注被剖切墙的轴线编号、轴线尺寸及中间平台宽、梯段长等细部尺寸。

②竖直方向应标注剖到墙的墙段、门窗洞口尺寸及梯段高度、层高尺寸。梯段高度应标成：步级数×踢面高=梯段高。

③标高及详图索引：楼梯间剖面图上应标出各层楼面、地面、平台面及平台梁下口的标高。如需要画出踢步、扶手等的详图，则应标出其详图索引符号和其他尺寸，如栏杆（或栏板）高度。

（3）读图实例（以图7-19为例说明）

楼梯剖面图中应注出楼梯间的进深尺寸和轴线编号，地面、平台面、楼面等的标高，梯段、栏杆（或栏板）的高度尺寸（建筑设计规范规定：楼梯扶手高度应自踏步前缘量至扶手顶面的垂直距离，其高度不得小于900mm），其中梯段的高度尺寸与踢面高和踏步数合并书写，如1400均分9份，表示有9个踢面，每个踢面高度为1400/9=155.6mm，梯段高度为1400mm；此外，还应注出楼梯间外墙上门、窗洞口、雨篷的尺寸与标高。

7.7.5 楼梯详图的画法

1. 楼梯平面图的画法

现以本章实例的一层楼梯平面图为例，说明其绘图方法。

（1）确定楼梯间的轴线位置，见图7-20（a）。

（2）画墙身厚度，门窗洞口位置，见图7-20（b）。

（3）画出梯段长度、平台宽度、梯段宽度、梯井宽度，并根据踏面数和宽度，用几何作图中等分平行线的方法等分梯段长度，画出踏步，见图7-20（c）。

（4）画箭头，加深图线，标注标高、尺寸、轴线编号、图名、比例等，见图7-20（d）。

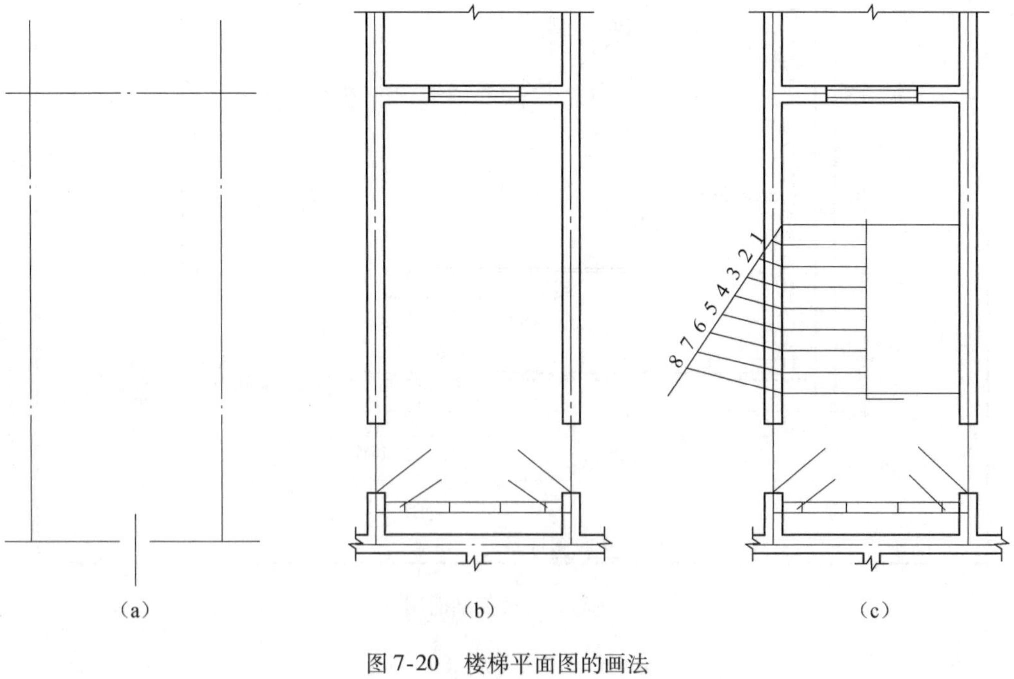

（a）　（b）　（c）

图7-20　楼梯平面图的画法

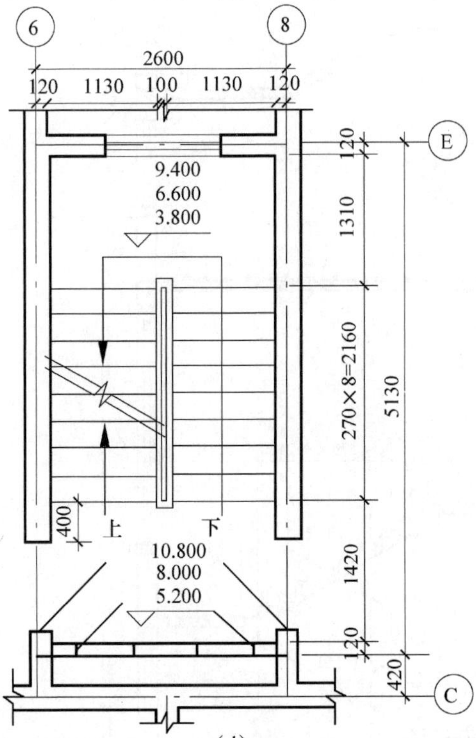

（d）

图 7-20　楼梯平面图的画法（续）

2. 楼梯剖面图的画法

绘制楼梯剖面图时，注意图形比例应与楼梯平面图一致；画栏杆（或栏板）时，其坡度应与梯段一致。

（1）确定楼梯间的轴线位置，画出楼地面、平台面高度线，确定各梯段的起止点位置，见图 7-21（a）。

（2）画墙身，墙体中的窗位置及各层楼板面；见图 7-21（b）。

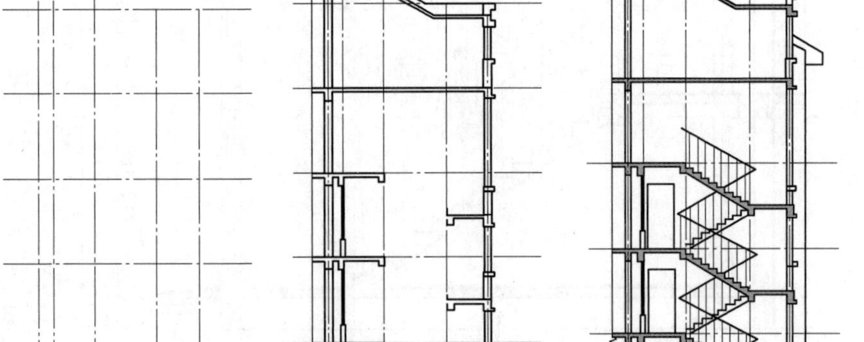
（a）　（b）　（c）

图 7-21　楼梯剖面图的画法

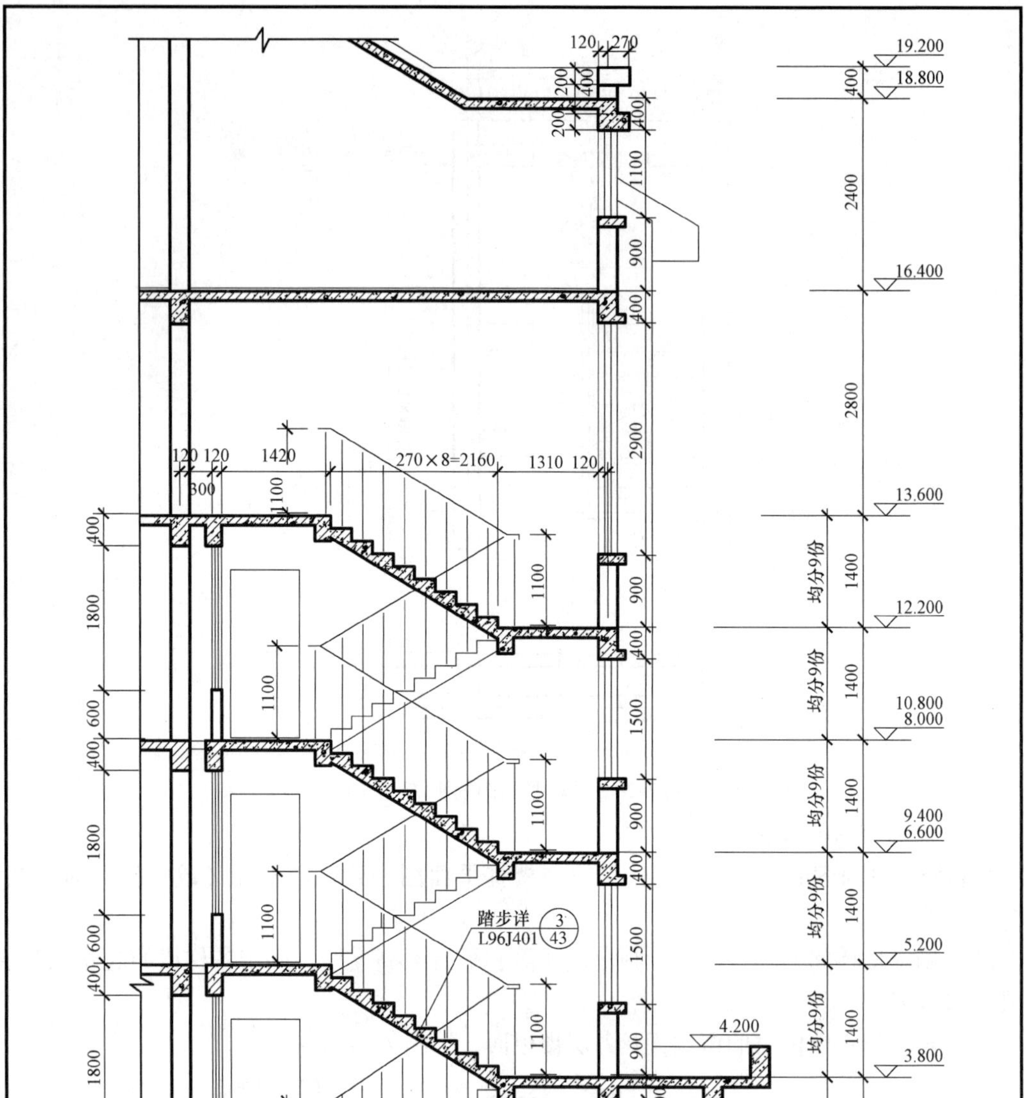

（d）

图 7-21　楼梯剖面图的画法（续）

（3）画楼梯踏步，踏步的画法可应用“斜线法”和“方格网法”，见图7-22。

（4）画细部，如门、梁、栏杆、散水等，见图7-21（c）。

（5）加深图线，标注轴线编号、尺寸、标高、索引符号、图名、比例等，见图7-21（d）。

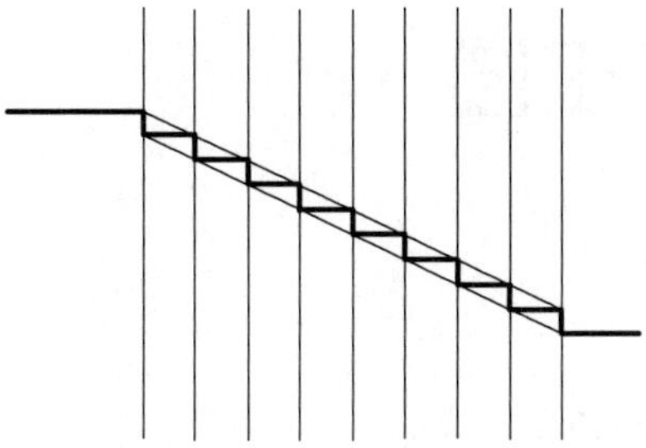

（a）

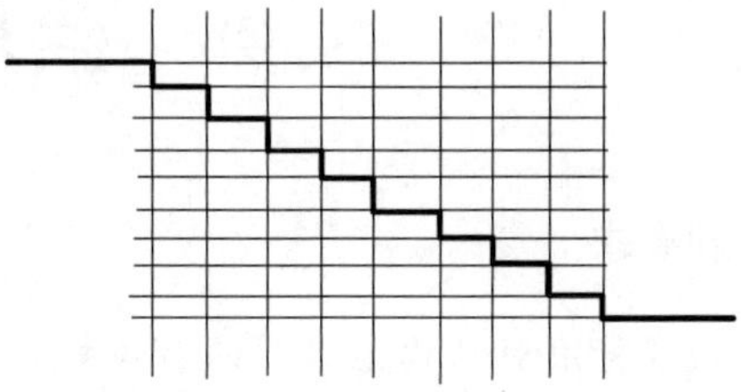

（b）

图7-22　楼梯踏步的画法

（a）“斜线法”；（b）“方格网法”

7.7.6　门窗详图

门在建筑中的主要功能是交通、分隔、防盗、兼作通风、采光。窗的主要作用是通风、采光。门、窗详图由立面图、节点图、断面图和门窗扇立面图等组成。

门、窗详图，一般都分别由各地区建筑主管部门批准发行的各种不同规格的标准图（通用图、利用图）供设计者选用。若采用标准详图，则在施工图中需要说明该详图所在标准图集中的编号即可。如果未采用标准图集时，则必须画出门、窗详图。

8　结构施工图

教学目标和要求

熟悉国家标准对结构施工图的有关规定；
了解结构施工图中各种图样的形成、表达内容和图示特点；
正确表示混凝土梁、板、柱构件的配筋图；
掌握钢筋混凝土梁、板、柱构件的平面整体表示方法；
初步掌握绘制和阅读结构施工图的方法和步骤。

教学重点和难点

正确表示混凝土梁、板、柱构件的配筋图；
掌握钢筋混凝土梁、板、柱构件的平面整体表示方法；
初步掌握绘制和阅读结构施工图的方法和步骤。

结构施工图设计是根据建筑各方面的要求，进行结构选型和构件布置，再通过力学计算，决定房屋各承重构件的材料、形状、大小，以及内部构造等，并将设计结果按正投影法绘成图样以指导施工，这种图样称为结构施工图，简称“结施”。

8.1　概　述

8.1.1　房屋结构的简介

任何一栋建筑物都是由基础、墙、柱、梁、楼板和屋面板组成骨架，如图 8-1 所示。它们起着抵抗风、雪、雨及承受各种荷载，支撑房屋保持一定形状的作用。这种骨架称为结构，组成骨架的“零件”称为结构构件。

房屋结构按承重构件的材料可分为：

（1）砖混结构——承重墙用砖或砌块砌筑，梁、楼板和楼梯等承重构件都是钢筋混凝土构件；

（2）钢筋混凝土结构——承重的柱、梁、楼板和屋面都是钢筋混凝土构件；

（3）砖木结构——墙用砖砌筑，梁、楼板和屋架都是木构件；

（4）钢结构——承重构件全部为钢材；

（5）木结构——承重构件全部为木材。

房屋结构按结构体系可分为：

（1）墙体结构——以墙体为主要承重构件的结构体系；

（2）框架结构——由梁和柱以刚接或绞接相连接而成的承重体系；

（3）剪力墙结构——由承受竖向和水平作用的钢筋混凝土剪力墙和水平构件所组成的

结构体系；

（4）框架—剪力墙结构——由剪力墙和框架共同承受竖向和水平荷载作用的组合型结构体系。

目前，我国民用房屋多采用混合砌体结构和钢筋混凝土结构。

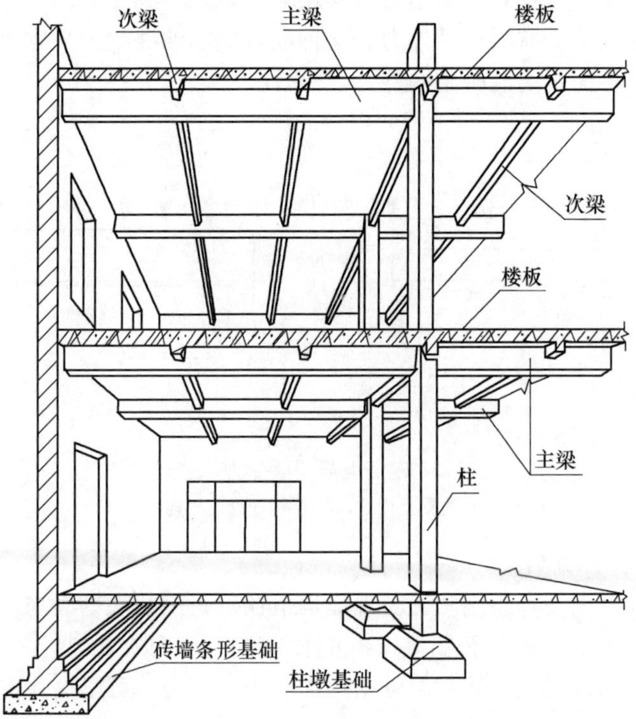

图 8-1　建筑物结构及构件

8.1.2　结构施工图的内容和分类

1. 结构设计说明。包括：选用结构材料的类型、规格、强度等级；地基情况；施工注意事项；选用的标准图集等（小型工程可将说明分别写在各图纸上）。

2. 结构平面图。包括：（1）楼层结构平面图；（2）基础平面图；（3）屋面结构平面图。

3. 结构构件详图。包括：（1）梁、板、柱及基础结构详图；（2）楼梯结构详图。

8.1.3　钢筋混凝土构件的基本知识

钢筋混凝土是建筑物承重构件的最常用材料，下面主要介绍有关钢筋和混凝土的基本知识。

1. 混凝土

混凝土是由水泥、砂子（细集料）、石子（粗集料）和水按一定的比例拌和硬化而成。混凝土的抗压强度高，但抗拉强度低，一般仅为抗压强度的 1/10 ~ 1/20。因此，混凝土构件容易在受拉或受弯时断裂。混凝土的强度等级应按立方体抗压强度标准值确定，可划分为 C10、C15、C20、C25、C30、C35、C40、C45、C50、C55、C60、C65、C70、C75、C80 等。

数字越大，表示混凝土的抗压强度越高。

2. 钢筋混凝土

钢筋混凝土构件由钢筋和混凝土两种材料组成。为了提高混凝土构件的抗拉能力，常在混凝土构件受拉区域或相应部位加入一定数量的钢筋，如图 8-2 所示。钢筋不但具有良好的抗拉强度，而且与混凝土有良好的粘结力，其热膨胀系数与混凝土也相近。因此，钢筋与混凝土可以结合成一个整体，共同承受外力。这种配有钢筋的混凝土，称为钢筋混凝土，配有钢筋的混凝土构件，称为钢筋混凝土构件。

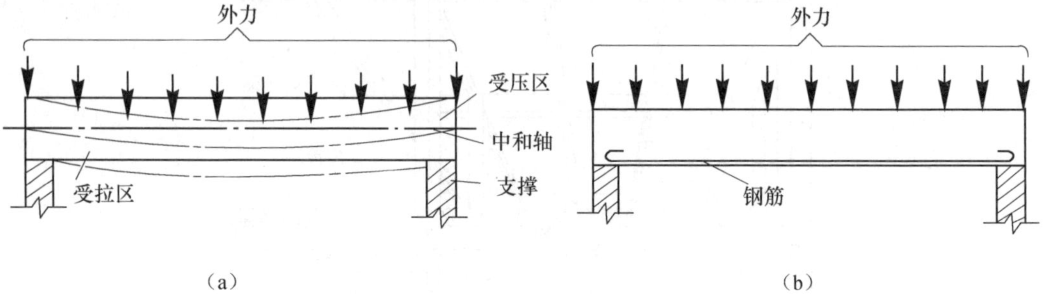

图 8-2　钢筋混凝土梁受力示意图

（a）混凝土构件；（b）钢筋混凝土构件

3. 钢筋混凝土构件的制作

钢筋混凝土构件有现浇和预制两种。现浇是指在建筑工地现场浇制，预制是指在预制品工厂先浇制好，然后运到工地进行吊装。有的预制构件也可在工地上预制，然后吊装。此外，在制作构件时，通过张拉钢筋对混凝土预加一定的压力，可以提高构件的抗拉和抗裂性能，这种构件称为预应力钢筋混凝土构件。

4. 钢筋混凝土构件中钢筋的名称和作用

配置在钢筋混凝土构件中的钢筋，按其作用可分为下列几种，如图 8-3 所示：

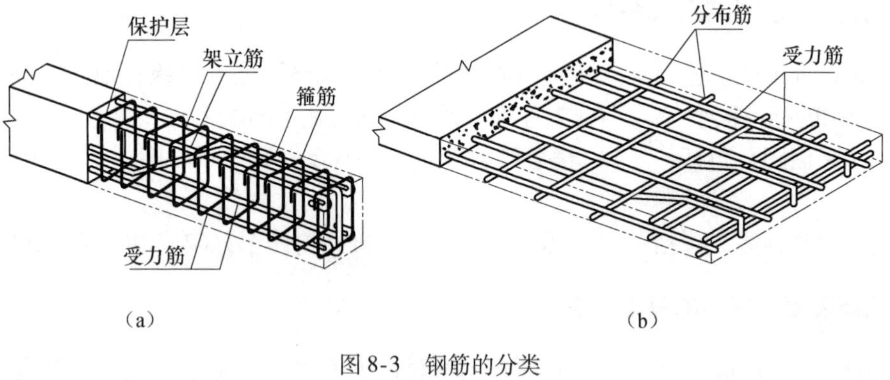

图 8-3　钢筋的分类

（a）梁；（b）板

（1）受力筋：也称主筋，主要承受拉、压应力的钢筋，用于梁、板、柱、墙等钢筋混凝土构件受力区域中。

（2）箍筋：也称钢箍，用以固定受力筋的位置，并承受一部分斜拉应力，多用于梁和柱内。

（3）架立筋：用以固定梁内箍筋位置，与受力筋、箍筋一起形成钢筋骨架，一般只在梁内使用。

（4）分布筋：用于板或墙内，与板内受力筋垂直布置，用以固定受力筋的位置，并将承受的荷载均匀地传给受力筋，同时抵抗热胀冷缩所引起的温度变形。

（5）其他：构件因在构造上的要求或施工安装需要而配置的钢筋，如预埋锚固筋、吊环等。

5. 钢筋的种类与代号

钢筋混凝土构件中配置的钢筋有光圆钢筋和带肋钢筋（表面上肋纹）。在混凝土结构设计规范中，对国产建筑用钢筋，按其产品种类和强度值等级不同，分别给予不同代号，以便标注和识别，如表 8-1 所示。

表 8-1　普通钢筋代号及强度标准值

种类（热轧钢筋）	代号	直径 d（mm）	强度标准值 f_{yk}（N/mm^2）	备　注
HPB235（Q235）	Φ	8～20	235	光圆钢筋
HRB335（20MnSi）	Φ	6～50	335	带肋钢筋
HRB400（20MnSiV、20MnSiNb、20MnTi）	Φ	6～50	400	带肋钢筋
RRB400（K20MnSi）	Φ^{R}	8～40	400	热处理钢筋

6. 钢筋的保护层

为了保护钢筋、防腐蚀、防火以及加强钢筋与混凝土的粘结力，构件中的钢筋外边缘至构件表面之间应留有一定厚度的保护层。根据《混凝土结构设计规范》（GB 50010—2002）规定：纵向受力的普通钢筋及预应力钢筋，其混凝土保护层厚度不应小于钢筋的公称直径，且应符合表 8-2 要求。

表 8-2　纵向受力钢筋的混凝土保护层最小厚度　　单位：mm

环境类别		板、墙、壳			梁			柱		
		≤C20	C25～45	≥C50	≤C20	C25～45	≥C50	≤C20	C25～45	≥C50
一		20	15	15	30	25	25	30	30	30
二	a	—	20	20	—	30	30	—	30	30
	b	—	25	20	—	35	30	—	35	30
三		—	30	25	—	40	35	—	40	35
注：基础中纵向受力钢筋的混凝土保护层厚度不应小于 40mm；当无垫层时不应小于 70mm。										

注：室内正常环境为一类环境，室内潮湿环境为二 a 类环境，严寒和寒冷地区的露天环境为二 b 类环境，使用除冰盐或滨海室外环境为三类环境。

8.1.4　钢筋混凝土结构图的图示特点

为了突出表示钢筋的配置情况，在构件结构图中，把钢筋画成粗实线，构件的外形轮廓线画成细实线；在构件断面图中，不画材料图例，钢筋用黑圆点表示。钢筋常用的表示方法见表 8-3。

表 8-3　钢筋的画法

名　称	图　例	说　明
钢筋横断面		下图表示长、短钢筋投影重叠时，短钢筋的端部用45°斜划线表示
无弯钩的钢筋端部		
半圆形弯钩的钢筋端部	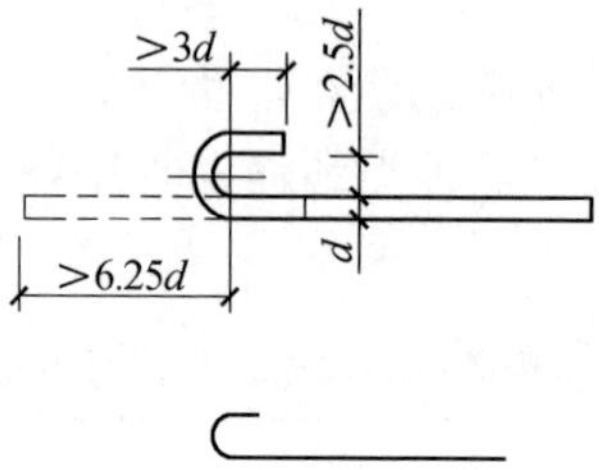	为了使钢筋和混凝土具有良好的粘结力，避免钢筋在受拉时滑动，应对光圆钢筋的两端进行弯钩处理
带直钩的钢筋端部	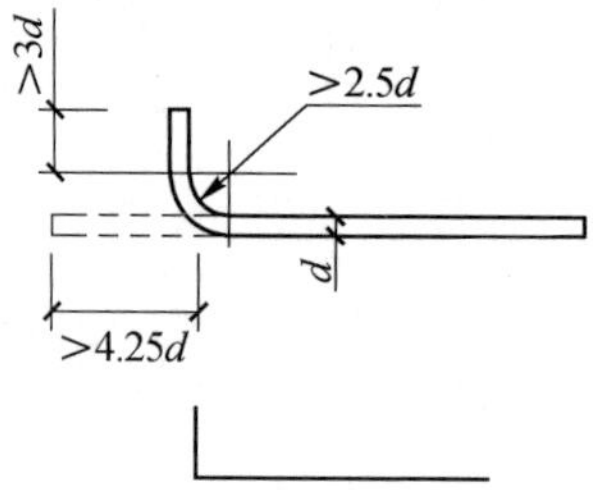	端部为直弯钩的钢筋
钢箍的弯钩		钢箍两端在交接处也要做出弯钩，弯钩的长度一般分别在两端各伸长50mm左右
带丝扣的钢筋端部		
无弯钩的钢筋搭接		带肋钢筋由于与混凝土的粘结力强，所以两端不必加弯钩
带半圆弯钩的钢筋搭接		
带直钩的钢筋搭接		
预应力钢筋或钢绞线		
单根预应力钢筋横断面		
底层钢筋	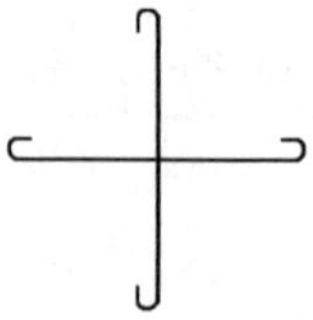	钢筋投影重叠时，弯钩向上、向左表示在底层
顶层钢筋	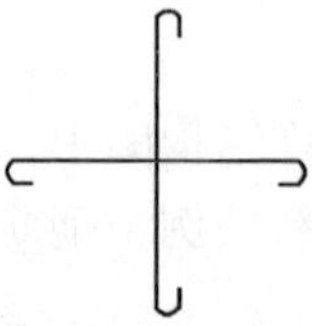	钢筋投影重叠时，弯钩向下、向右表示在顶层

续表

名 称	图 例	说 明
每组相同钢筋	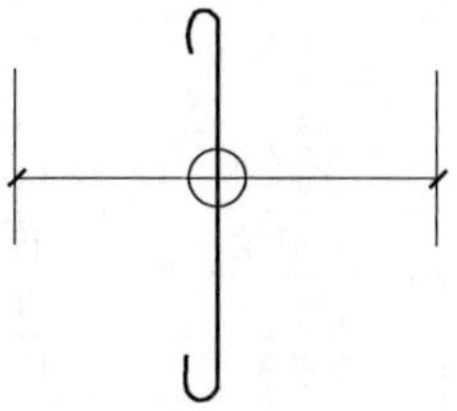	可用一根粗实线表示，同时用一两端带斜短划线的横穿细线，表示其余钢筋起止范围
钢筋大样	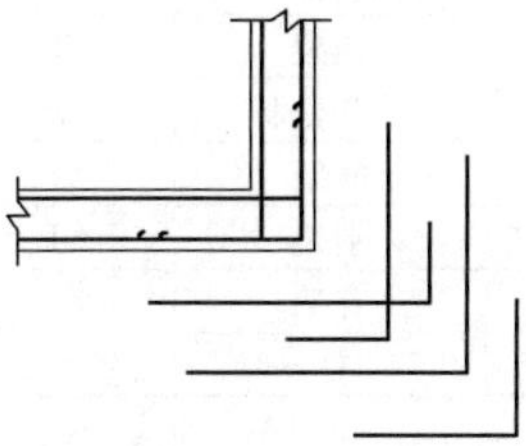	当配筋较复杂时，通常在立面图的下方用同一比例画出钢筋详图
钢筋的尺寸注法	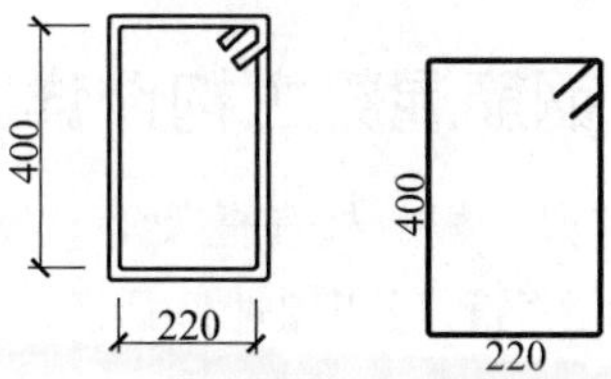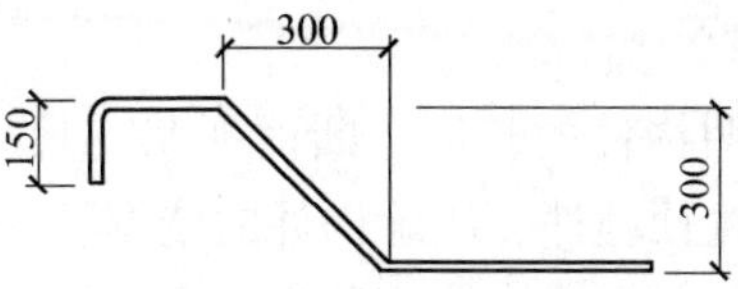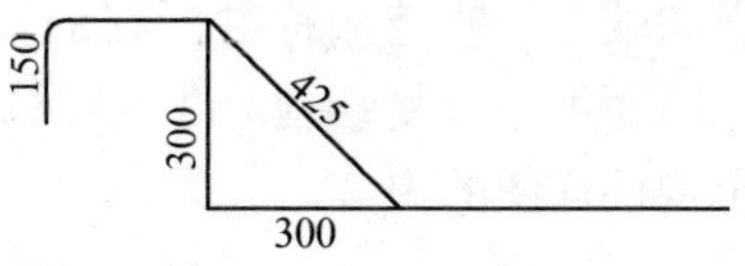	箍筋的长度尺寸指箍筋的里皮尺寸；受力钢筋的尺寸应指钢筋的外皮尺寸
钢筋的标注	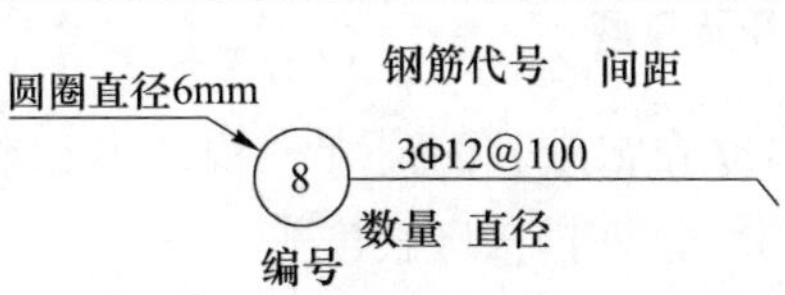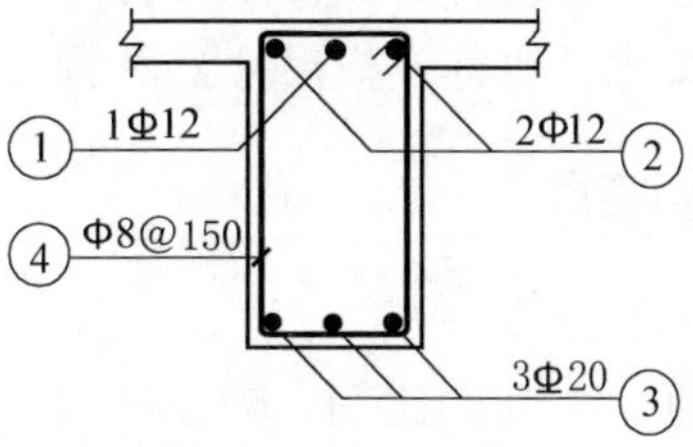	施工图中应给出钢筋的代号、直径、数量、间距、编号及所在位置。钢筋说明应沿钢筋的长度标注或标注在相关钢筋的引出线上。简单的构件或钢筋种类较少时可不编号 引出线可转折，但要清楚，避免交叉，方向及长短要整齐，断面图中的钢筋横断面（黑圆点）要紧靠箍筋

8.1.5 常用构件的代号

为绘图和施工方便，结构构件的名称应用代号来表示，常用的构件代号见表8-4。

表 8-4　常用构件代号（摘自 GB/T 50105—2001）

序号	名称	代号	序号	名称	代号	序号	名称	代号
1	板	B	15	吊车板	DL	29	基础	J
2	屋面板	WB	16	圈梁	QL	30	设备基础	SJ
3	空心板	KB	17	过梁	GL	31	桩	ZH
4	槽形板	CB	18	连系梁	LL	32	柱间支撑	ZC
5	折板	ZB	19	基础梁	JL	33	垂直支撑	CC
6	密肋板	MB	20	楼梯梁	TL	34	水平支撑	SC
7	楼梯板	TB	21	檩条	LT	35	梯	T
8	盖板或沟盖板	GB	22	屋架	WJ	36	雨篷	YP
9	挡雨板或檐口板	YB	23	托架	TJ	37	阳台	YT
10	吊车安全走道板	DB	24	天窗架	CJ	38	梁垫	LD
11	墙板	QB	25	框架	KJ	39	预埋件	M
12	天沟板	TGB	26	刚架	GJ	40	天窗端壁	TD
13	梁	L	27	支架	ZJ	41	钢筋网	W
14	屋面板	WL	28	柱	Z	42	钢筋骨架	G

注：预制钢筋混凝土构件代号，应在构件代号前加注“Y—”，如 Y—KB 表示预应力空心板。

8.2　钢筋混凝土构件详图

工程中常用的钢筋混凝土构件有梁、板、柱和框架等。钢筋混凝土构件详图，一般包括模板图（对于复杂的构件）、配筋图、钢筋表和预埋件详图。

8.2.1　钢筋混凝土构件详图的作用

钢筋混凝土构件详图主要表明构件的长度、断面形状与尺寸及钢筋的形式与配置情况，是绑扎钢筋、设置预埋件、浇筑构件的依据。

钢筋混凝土构件有定型构件和非定型构件两种。定型的预制构件或现浇构件可直接引用标准图或本地区的通用图，只要在图纸上写明选用构件所在的标准图集或通用图集的名称、代号，便可查到相应的构件详图，因而不必重复绘制。非定型构件则必须绘制构件详图。

下面具体说明各种钢筋混凝土构件详图的内容。

8.2.2　钢筋混凝土构件详图的图示内容

1. 立面图主要表示构件的高度和宽度方向尺寸、构件内钢筋配置、示意钢筋搭接位置（Ⅰ级钢筋以上用45°斜短线表示）、钢筋搭接区长度等。

2. 断面图主要反映断面的尺寸、箍筋的形状和受力筋的位置、规格、数量等。

3. 模板图主要表示柱的外形尺寸（也称模板尺寸）和预埋件、预留孔洞的大小与位置。

8.2.3　钢筋混凝土构件详图的图示特点

1. 比例

柱的立面图一般用 1∶50、1∶30、1∶20 的比例，断面图用 1∶20、1∶10 的比例。

2. 图线

为清楚地表示钢筋混凝土构件中的钢筋配置情况，假想混凝土为透明体。在立面图和断面图上，用细实线画出构件的轮廓线，用粗实线（立面图上）和黑圆点（断面图上）画出钢筋的投影。

3. 剖切位置

断面图的剖切位置应设在截面尺寸有变化及受力筋数量、位置有变化处。

4. 标注

（1）配筋图中各类钢筋都应编号，要将不同直径、等级、形状、长度的钢筋进行编号，用引出线标注编号、数量、级别、直径、间距；

（2）在配筋图的立面图中，很多钢筋的投影重叠在一起，每一根钢筋的形状不易表达清楚，所以对钢筋分布比较复杂的构件还要画钢筋详图（也称抽筋图），并列出钢筋表（反映钢筋各种情况的汇总表），把每一种不同编号的钢筋的形状、直径、根数、尺寸、规格、长度表达清楚。在配筋图的断面图上要表示梁的断面形状、尺寸，箍筋的形式及钢筋的位置；

（3）如有弯筋，应标注弯筋起弯位置，在钢筋详图中，标注尺寸不画尺寸线和尺寸界线，只把尺寸数字标注在钢筋的旁边。

8.2.4 钢筋混凝土梁读图实例

钢筋混凝土梁的形状较简单，一般不画模板图，只画配筋立面图、断面图。

图 8-4 为一个钢筋混凝土梁的构件详图，包括立面图、断面图和钢筋表。梁的两端搁置在砖墙上，是一个简支梁。

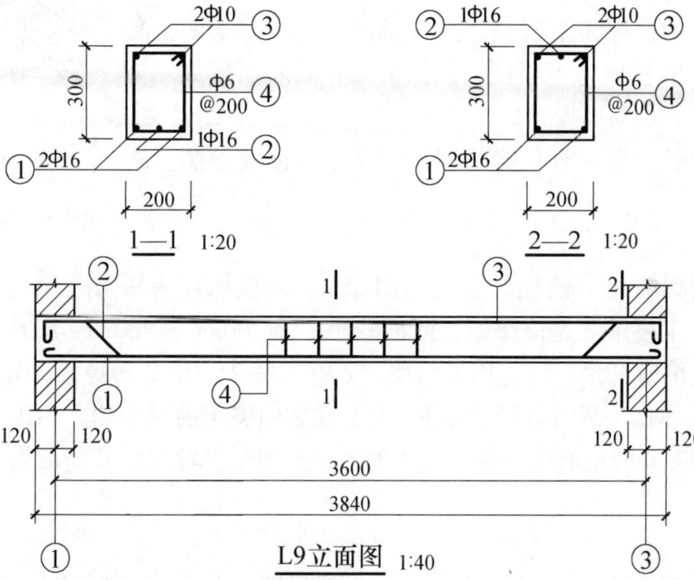

钢筋表

梁号	钢筋编号	简图	直径	长度	根数	备注
L9	①	75 3790 75	ϕ16	3940	2	
	②	215 282 250 2960	ϕ16	4454	1	
	③	3790 63 63 63	ϕ10	3916	2	
	④	200 250 300 150	ϕ6	900	20	

图 8-4 钢筋混凝土梁构件详图

梁内钢筋根据所起的作用不同，主要有三类：受拉筋（包括直筋和弯筋）、架立筋和箍筋。在梁的底部配有三根 ϕ16 的受拉筋，其中有两根是直筋，编号是①，另有一根是弯筋，编号是②。弯筋在接近梁的两端支座处弯起 45（梁高小于 800mm 时，弯起角度为 45°，弯起大于 800mm 时，弯起角度为 60°）。

在梁中的 1—1 断面图中下方有三个黑圆点，分别是两根①号直筋和一根②号弯筋的横断面。在梁端的 2—2 断面图中，②号弯筋伸到了梁的上方。

梁的上部两侧配各有一根 ϕ10 的架立钢筋，编号为③。沿着梁的长度范围内配置编号为④的箍筋。钢筋的中心距为 200mm。

下方的钢筋表中列出了这个梁中每种钢筋的编号、简图、直径、长度和根数。通过梁的立面图、断面图和钢筋表，可以清楚地表达出这根钢筋混凝土梁的配筋情况。

8.2.5 钢筋混凝土柱读图实例

柱是房屋的主要承重构件，其结构详图包括立面图和断面图，如果柱的外形变化复杂或有预埋件，则还应增画模板图。

图 8-5 是带有牛腿的钢筋混凝土柱在牛腿这一段的示意图。牛腿一般用于支承梁，在工业厂房中常用来支承吊车梁。在支承吊车梁的牛腿之上的柱称为上层柱，主要是用来支承屋架的，断面较小。牛腿之下的柱称为下层柱，因受力大，故断面较大。为了节省材料，下层柱的断面设计成工字形。

如图 8-6 所示是一根带有牛腿的钢筋混凝土柱的配筋图、断面图和模板图。

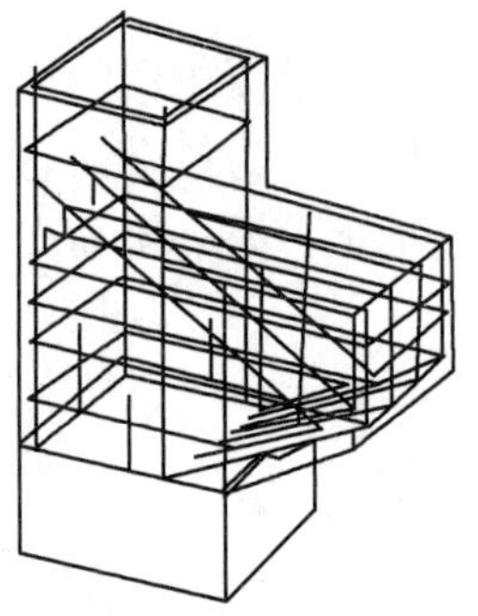

图 8-5　牛腿柱配筋示意图

1. 模板图

从模板图中可以看出，该柱的总长为 10.5m，柱顶标高为 9.4m，牛腿标高为 6.22m。牛腿之上的上柱，主要用来支撑屋架，断面较小，为 400mm ×400mm 方形实心柱。柱顶处 M-3 表示编号为 3 的螺杆预埋件，用来与屋架焊接。M-2 与吊车梁焊接，M-1、M-4 与墙板焊接（预埋件的具体做法另有详图表示）。上下柱之间突出的是牛腿，用来支承吊车梁，其断面为400mm ×950mm的矩形柱。牛腿之下的下柱，因受力较大，其断面为 400mm ×600mm 的工字形柱。

2. 配筋图

上柱受力筋采用 4ϕ18，分布在四角；下柱受力筋采用 3ϕ18 和 3ϕ14，均匀分布在柱的两边。上、下层柱的受力筋都伸入牛腿，使上下层连成一体。当长短钢筋投影重叠时，在钢筋的端部用 45°粗实线表示；在两条无弯钩的钢筋搭接处，则在搭接两端各画 45°短粗实线。上、下柱箍筋编号分别为 9 和 7，均为 ϕ8@200。在牛腿部分要承受吊车梁荷载，该部分配筋比较复杂，所以这一段有两种弯筋，编号为 8 的箍筋需要加密，采用 ϕ8@100，形状随牛腿断面逐步变化。另外用编号为 3 和 4 的弯筋加强牛腿。因投影重叠，在立面图中不宜分清它们的弯曲形状和各段长度，在配筋附近画出它们的具体形状并注上其相应编号、根数、直径和各段长度，以便与立面图和断面图对照阅读。

在配筋图的尺寸附近有箍筋的布置线，在箍筋的布置线上分段表示了箍筋的布置。

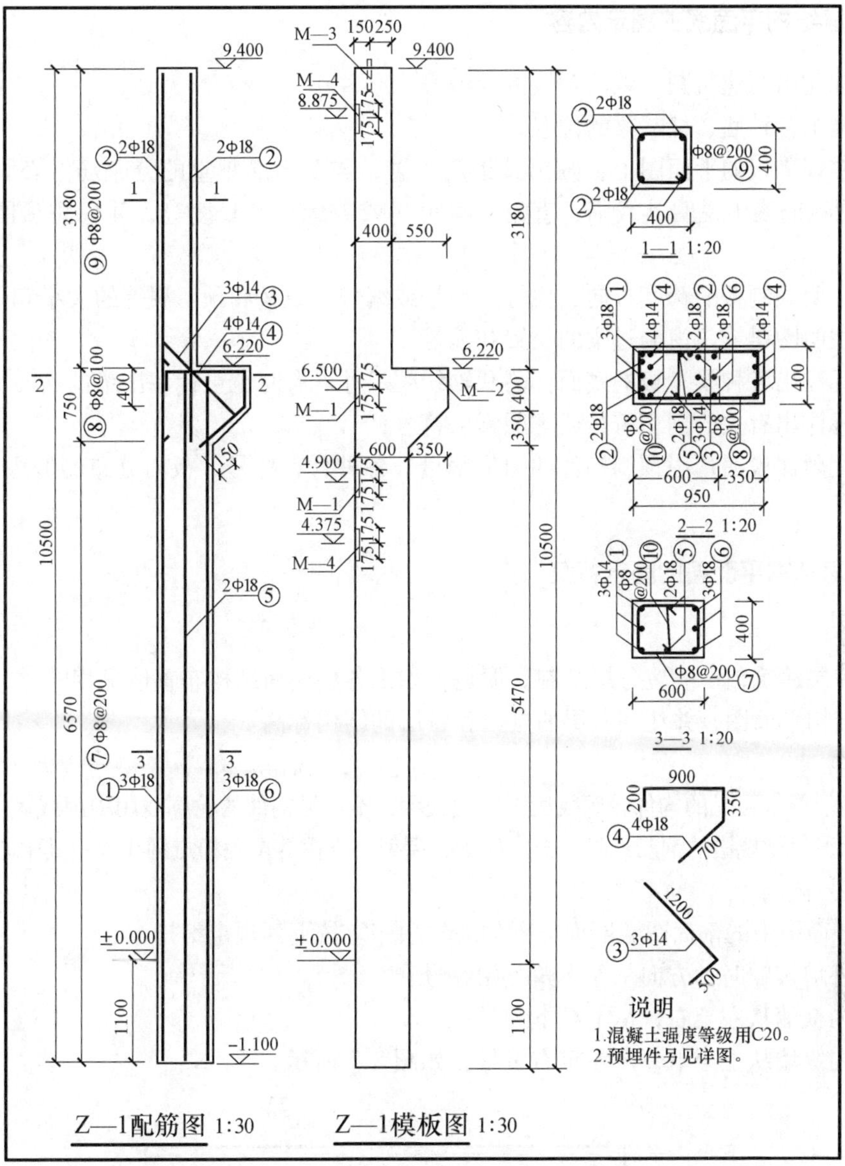

图 8-6　钢筋混凝土柱详图

8.3　楼层结构平面图

楼层结构平面图用来表示楼面板及其下面的墙、梁、柱等承重构件的平面布置，或表示现浇板的构造与配筋，以及它们之间的结构关系。

8.3.1　楼层结构平面图的形成

楼层结构平面图是假想沿楼板顶面将房屋水平剖开后所做楼层结构的水平投影，对多层建筑一般应分层绘制。但如果一些楼层构件的类型、大小、数量、布置均相同时，可以只画一个结构平面图，并注明“×层－×层”楼层结构平面图，或“标准层”楼层结构平面图。

8.3.2 楼层结构平面图的图示内容

（1）标注出与建筑图一致的轴线网及编号；

（2）画出各种墙、柱、梁的位置；

（3）在现浇板的平面图上，画出其钢筋配置，与受力筋垂直的分布筋不必画出，但要在附注中或钢筋表中说明其级别、直径、间距（或数量）及长度等，并标注预留孔洞的大小及位置；

（4）注明预制板的跨度方向、代号、型号或编号、数量和预留洞等的大小和位置；

（5）注明圈梁或门窗洞过梁的位置和编号；

（6）标注出各种梁、板的底面标高和轴线间尺寸。有时也可标注出梁的断面尺寸；

（7）标注出有关的剖切符号或详图索引符号；

（8）用附注说明选用预制构件的图集编号、各种材料标号，板内分布筋的级别、直径、间距等。

8.3.3 楼层结构平面图的图示特点

1. 图名

对于多层建筑，一般应分层绘制。但是，如果各层楼面结构布置情况相同时，可只画出一个楼层结构平面图，并注明各层的层数和各层的结构标高。

2. 图线

墙、柱、梁等可见的构件轮廓线用中实线表示，不可见构件的轮廓线用中虚线表示。钢筋用粗实线表示，每种规格的钢筋只画一根。如梁、屋架、支撑等可用粗点画线表示其中心位置。

3. 编号

结构平面图中的剖面图、断面详图的编号顺序宜按下列规定编排：

（1）外墙按顺时针方向从左下角开始编号；

（2）内横墙从左至右，从上至下编号；

（3）内纵墙从上至下，从左至右编号，如图 8-7 所示。

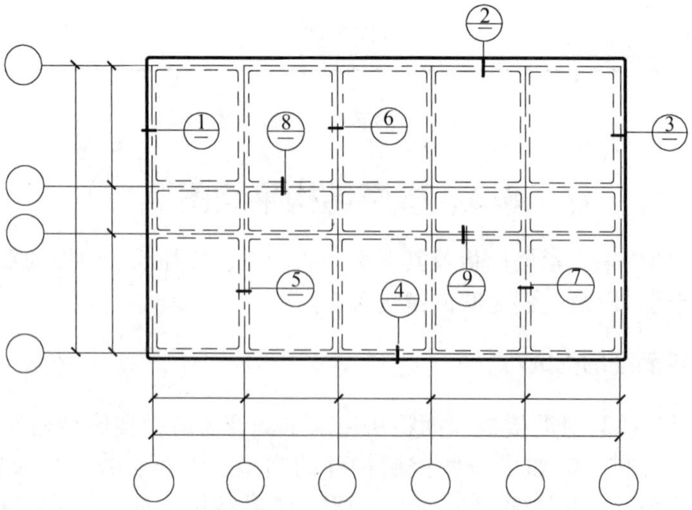

图 8-7　结构平面图中断面编号顺序表示方法

8.3.4 读图实例

现以该教师公寓图 8-8 所示的楼层结构平面图为例，说明楼层结构平面图的内容和读图方法。

1. 标准层结构平面图

图 8-8 为二、三、四层结构平面图，表示二、三、四层结构平面图结构布置相同，称为标准层结构平面图。从图中可知：图的比例和轴线编号与建筑平面图一致。

（1）图中墙角处涂黑的为钢筋混凝土柱，从柱编号知，这些柱是构造柱有两种（GZ1、GZ2），图中虚线为不可见的构件轮廓线（被楼板挡住的墙或梁），如果是梁，需要在梁的一侧标注梁的代号，梁的类型有 L-1、L-2、YLL-1、YTL-1。如果是墙，则不做标注。

（2）该住宅楼板全部采用整体钢筋混凝土现浇板，板的类型共有三种，编号分别为：XB1、A、B，图中表明了 A、B 板的配筋，A 板厚 120，B 板 130。图中说明 XB1 板厚 100，板内配筋是直径为 8 的二级钢筋间距 150 双层双向布置。由于该教师公寓是左右对称的结构布置，因此只画出了左半部分的现浇楼板内部配筋及其代号，右边的一半则省略不画。

（3）楼梯部分由于比例较小，图形不能清楚表达楼梯结构的平面布置，故需要另外画出楼梯结构详图，在这里只需用细实线画出一对角线即可。

图中其余未尽事项，均在附注中加以说明。

2. 储藏室结构平面图

图 8-9 为储藏室结构平面图，与标准层结构平面图相似，不同处是少了四道 YTL-1，少了两道 YLL-1，多了两道 LL-1，多了一道 LL-2。

3. 一层结构平面图

图 8-10 为一层结构平面，与标准层结构平面图相似，不同处是多了两道 YTL-2，多了一道 LL-3。

4. 五层结构平面图

图 8-11 为五层结构平面图，与标准层结构平面图相似，不同处是多了四道 L-3，B 板上有空洞，配筋有变化。

5. 阁楼层结构平面图

图 8-12 为阁楼层结构平面图，与标准层结构平面图比较，结构布置不同，只有四道 WL-1。屋面板厚 110mm，板内配筋是直径为 8 的二级钢筋间距 150 双层双向布置。

根据建设部等部门的有关规定，为提高钢筋混凝土结构的整体刚度，满足现代建筑工程抗震设防等方面的需要，全国范围内正在逐步限制和取消预制多孔板的使用。所以本书只对整体钢筋混凝土现浇板进行阐述，对传统的钢筋混凝土预制多孔板不再进行介绍。

8.4 基础图

基础图包括基础平面图和基础详图。图 8-13 所示是最常见的条形基础，一般用作承重砖墙。基础下部的土壤称为地基；为基础施工而开挖的土坑称为基坑；基坑边线就是施工放线的灰线；从室内地面到基础顶面的墙称为基础墙；从室外设计地面到基础底面的垂直距离称为埋置深度；基础墙下部做成阶梯形的砌体称为大放脚；防潮层是防止地下水对墙体侵蚀的一层防潮材料。

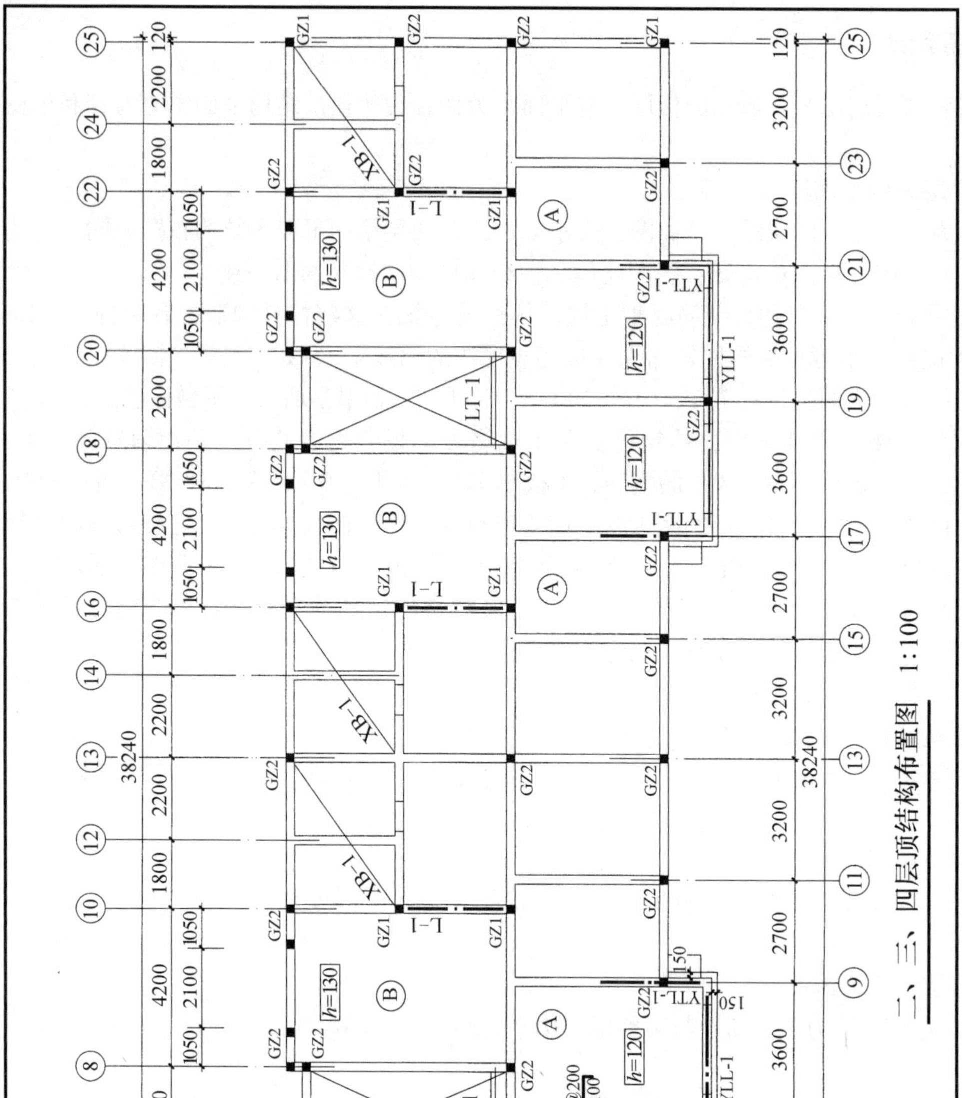

图8-8 二、三、四层顶结构平面图

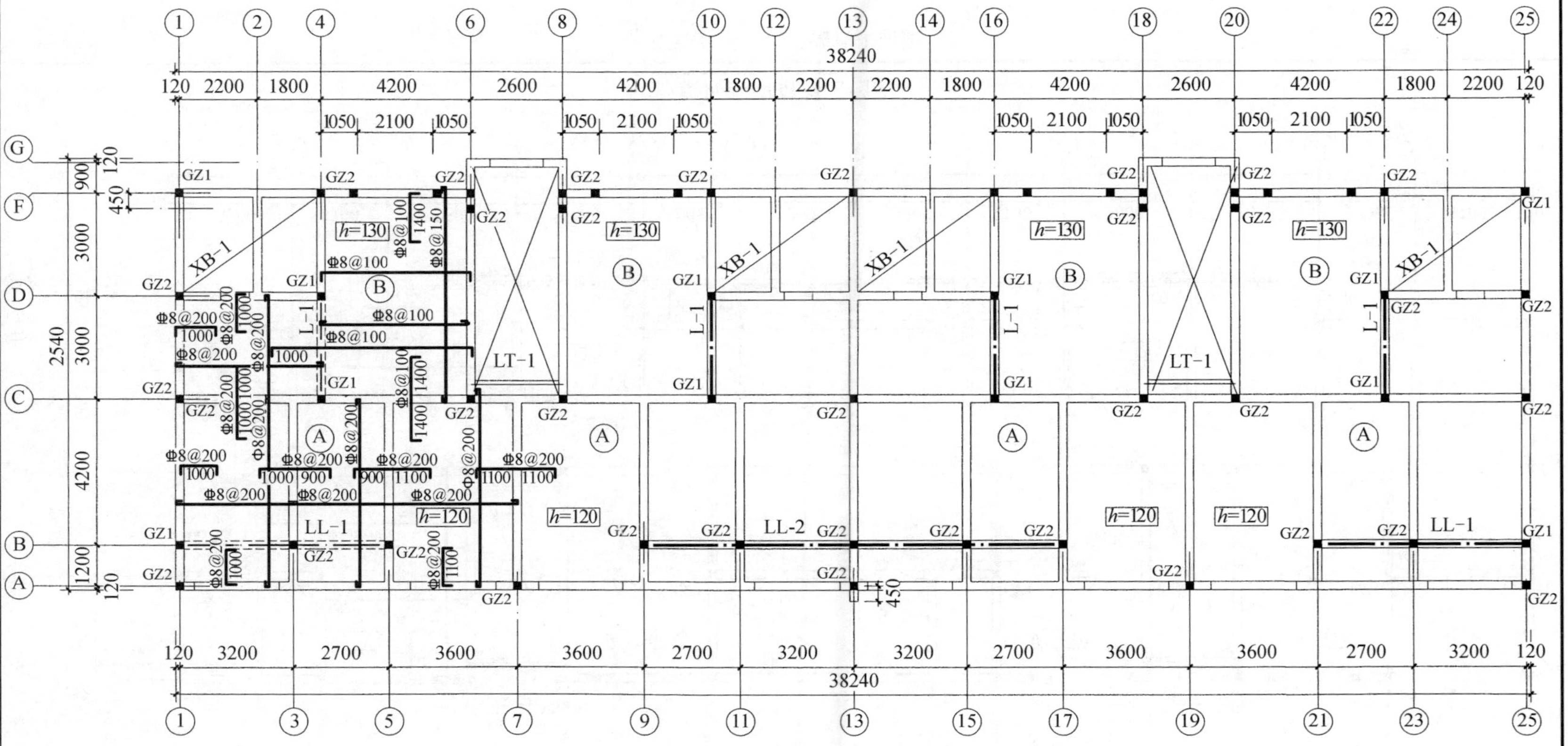

储藏室顶结构布置图 1:100

XB-1板厚100配筋双层双向 Φ8@200

图8-9　储藏室顶结构平面图

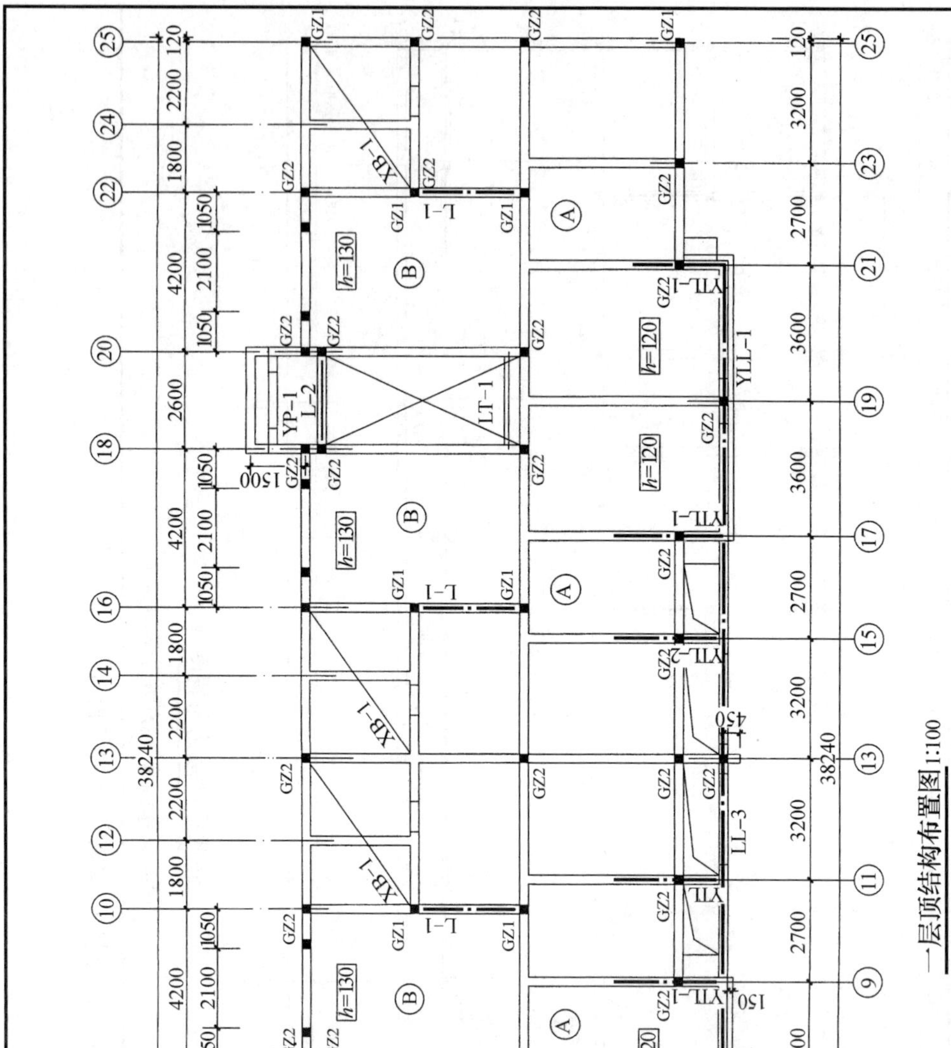

图8-10 一层顶结构平面图

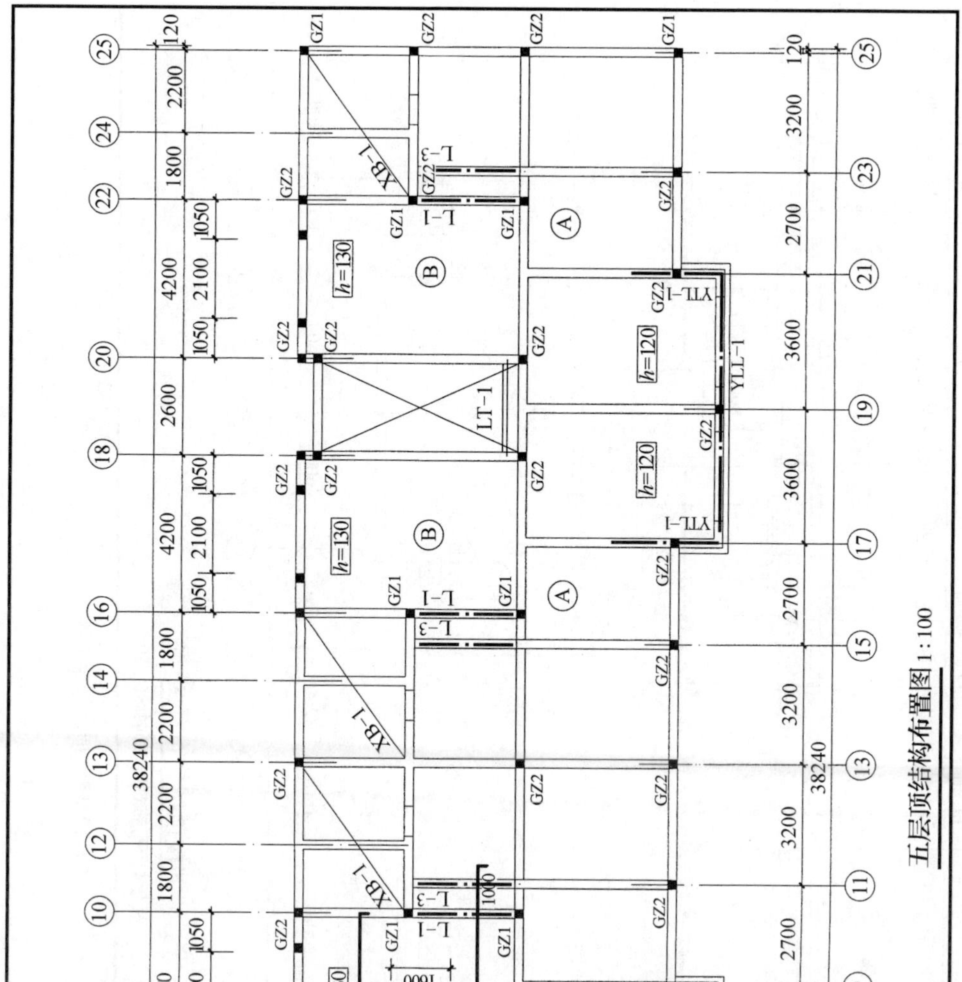

图8-11 五层顶结构平面图

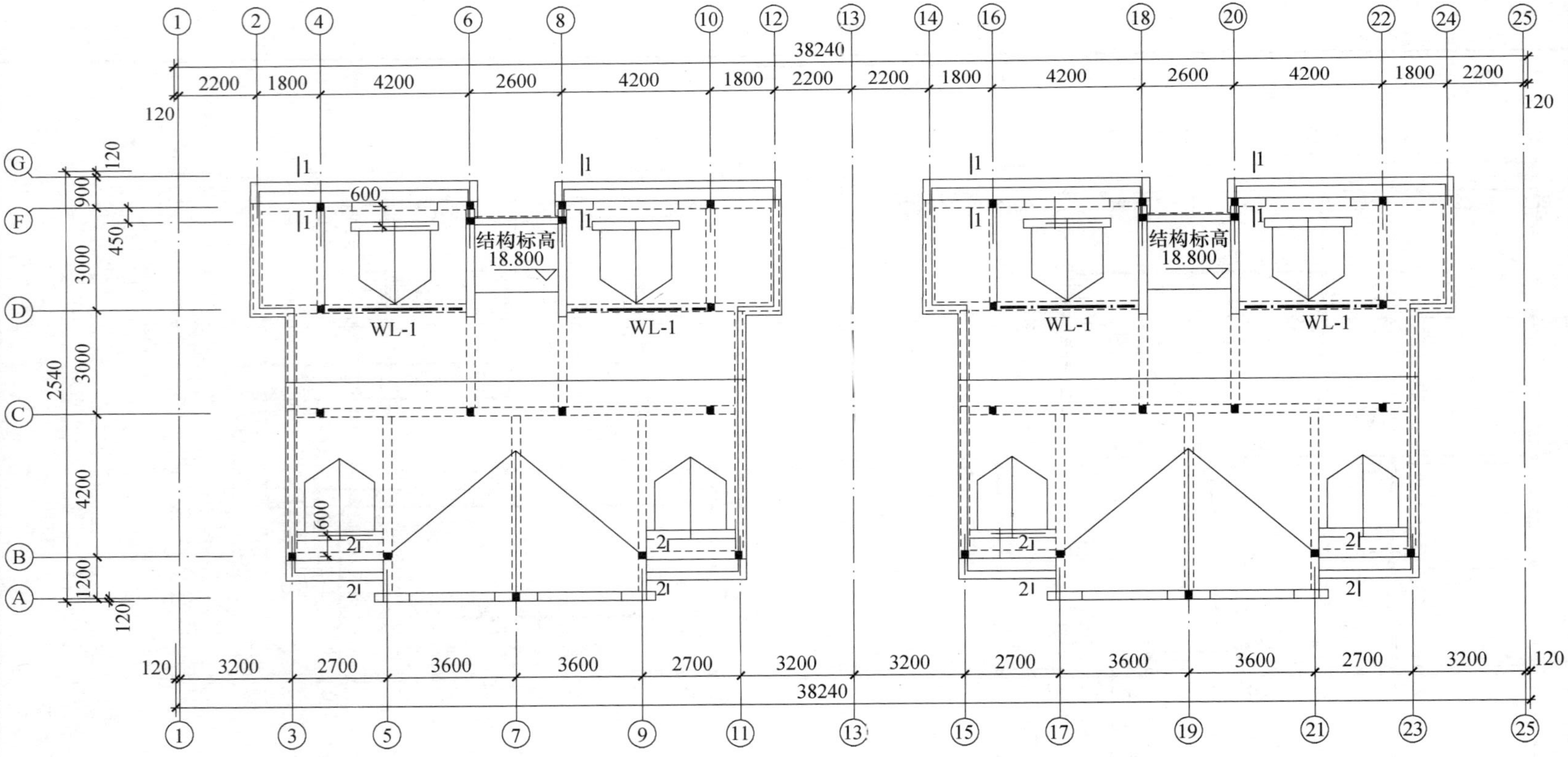

阁楼顶结构布置图1:100

板厚110配筋双层双向Φ8@150

图8-12 阁楼顶结构平面图

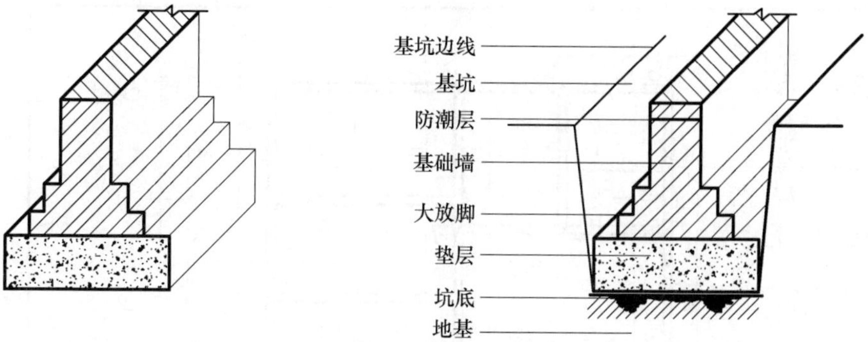

图 8-13　条形基础释义

8.4.1　基础平面图

1. 基础平面图的形成

基础平面图是表示基坑在未回填土时基础平面布置的图样，它是假想用一个水平面沿基础墙顶部剖切后所作出的水平投影图。基础平面图通常只画出基础墙、柱的截面及基础底面的轮廓线，基础的大放脚等细部的可见轮廓线都省略不画，这些细部的形状和尺寸用基础详图表示。

2. 基础平面图图示内容

(1) 基础平面图的比例、轴线及轴线尺寸

应与建筑平面图一致。

(2) 图中应注明基础的大小尺寸和定位尺寸

大小尺寸是指基础墙断面尺寸、柱断面尺寸以及基础底面宽度尺寸；定位尺寸是指基础墙、柱以及基础底面与轴线的联系尺寸。

(3) 图中还应注明剖切符号

对每一种不同的基础，都要画出它的断面图，并在基础平面图上用 1—1、2—2……等剖切符号表明该断面的位置。

3. 基础平面图图示特点

剖切到的基础墙轮廓线画粗实线，基础底面的轮廓线画中细实线，可见的梁画粗实线（单线），不可见的梁画粗点画线（单线）；剖切到的钢筋混凝土柱断面，由于绘图比例较小，要涂黑表示。

4. 基础平面图读图实例

图 8-14 是前述教师公寓的基础平面图，下面以此图为例来说明基础平面图的内容和读图。

从图中可以看出，该房屋只有条形基础。

剖切到的柱由于比例较小，均涂黑表示。柱旁边标注了柱的代号。从代号可知，有两种构造柱 GZ1、GZ2。

图中表示有三处不同的基础，1—1，2—2 和 3—3。这三处基础的构造和尺寸见 1—1 断面，2—2 断面和 3—3 断面。隔墙基础断面见 120 断面图。

8.4.2　基础详图

在基础平面图中只表明了基础的平面布置，而基础的形状、大小、构造、材料及埋置深度均未标注，所以在结构施工图中还需要画出基础详图。基础详图是垂直剖切的断面图。图 8-15 是该住宅墙下条形基础的断面图。

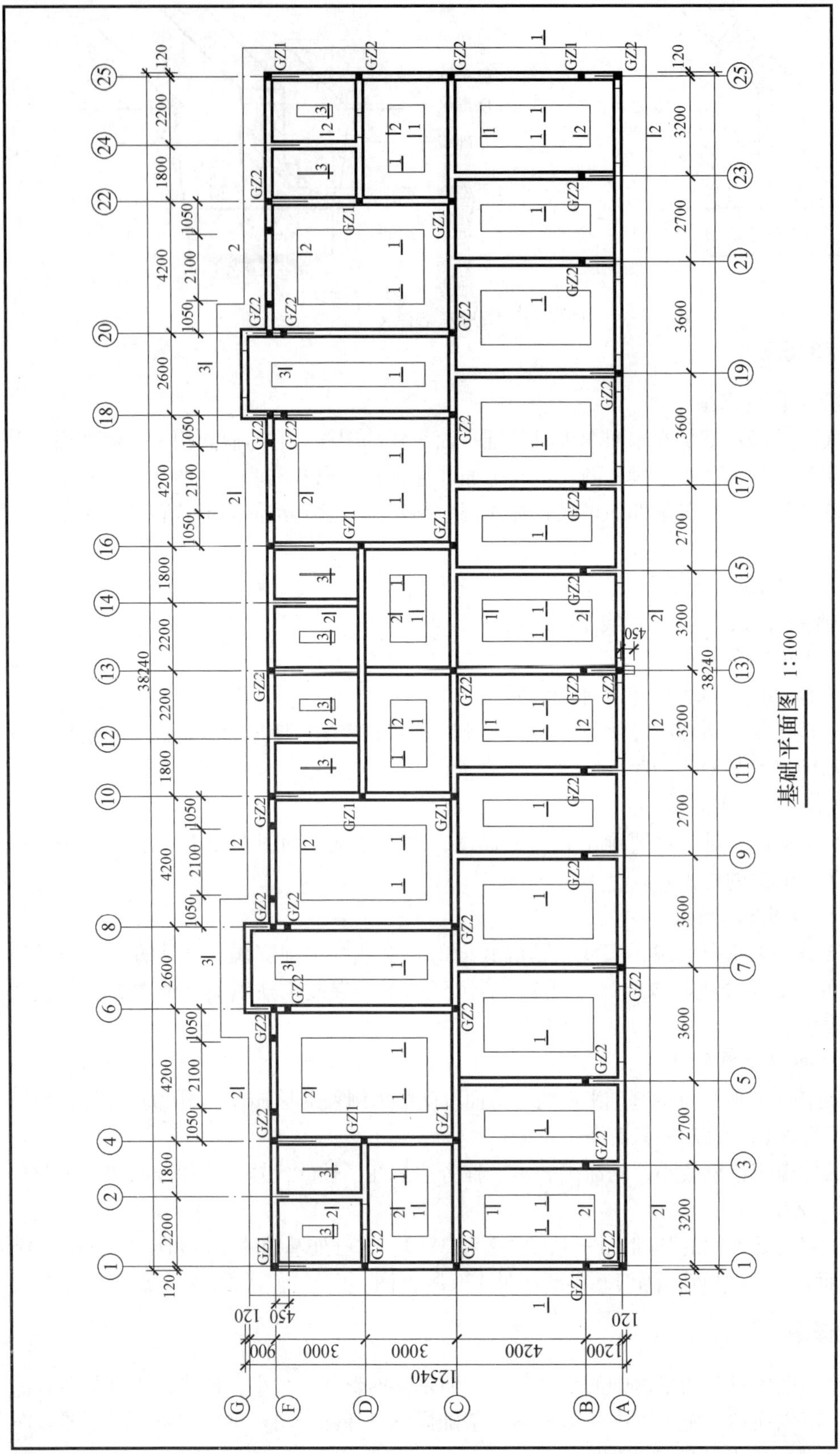

图8-14 基础平面图

1. 1—1 断面图

从图中可以看出，1—1 断面图中基础的底面宽度为 2600mm，上面宽度为 470mm，基础的下面有 100mm 厚的 C10 素混凝土垫层，主体为 450mm 高的钢筋混凝土，其内配置双向钢筋，分别是 ф8@200 和 ф12@120，基础墙高度 650mm，厚为 370mm，内有一道基础圈梁，高为 250mm，梁内配筋受力筋 6ф12，箍筋 ф6@200。

2. 2—2 断面图

2—2 断面图中除了基础的底面宽度变为 1800mm，其他均与 1—1 断面图相同。

3. 3—3 断面图

3—3 断面图中除了基础的底面宽度变为 1500mm，其他均与 1—1 断面图相同。

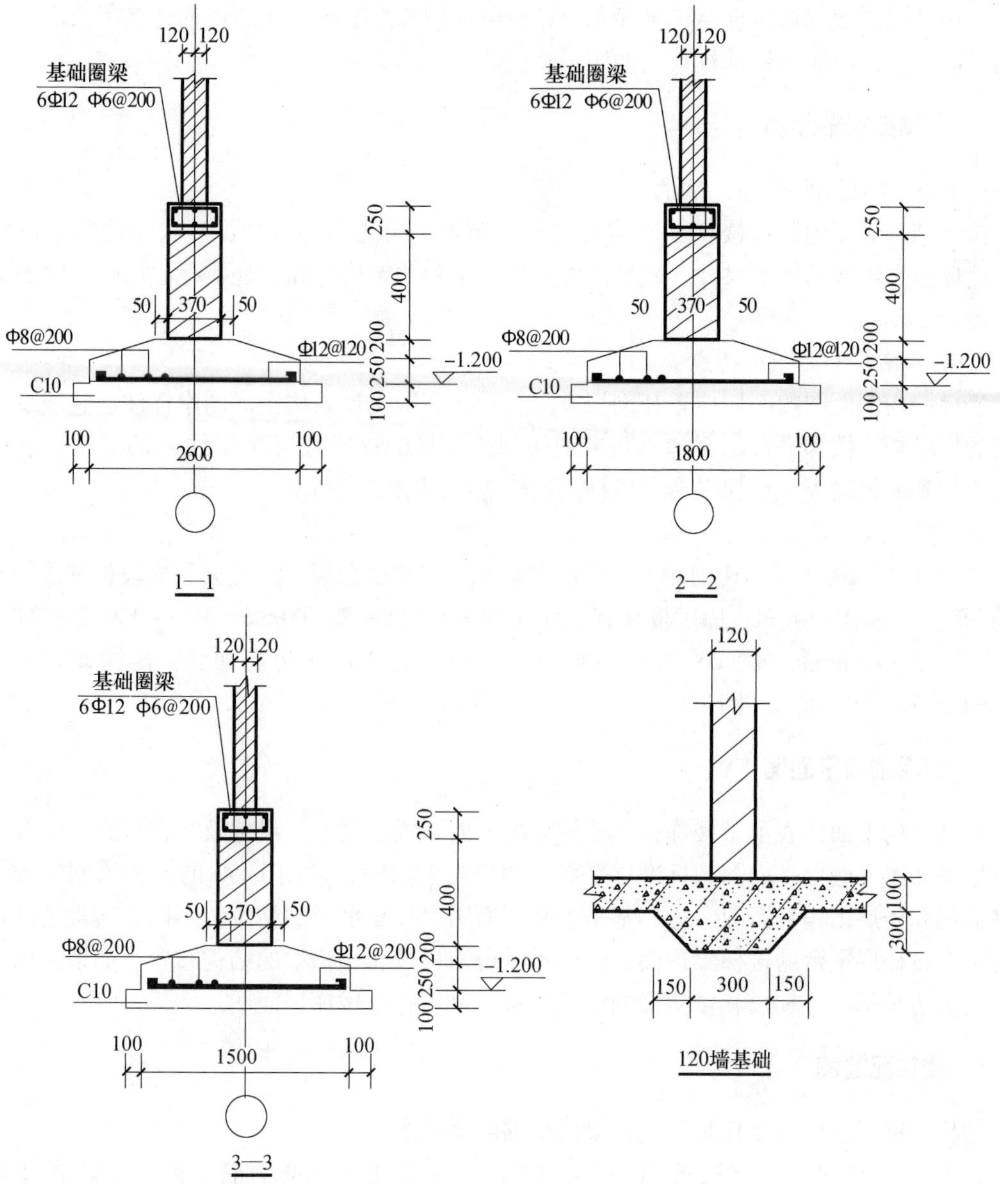

图 8-15 条形基础断面图

4. 分隔墙基础

图中分隔墙基础，采用钢筋混凝土材料，高为400mm。

5. 构造柱

构造柱是加强房屋整体刚度、提高抗震性能的一种墙身加固措施。构造柱的最小截面尺寸为240mm×180mm，竖向钢筋一般不小于4ф12，箍筋间距不大于250mm，随地震烈度加大和层数增加，房屋四角的构造柱可适当加大截面及配筋。施工时必须先砌墙，后浇钢筋混凝土柱，并应沿墙每隔500mm设2ф6拉接钢筋，每边伸入墙内不宜小于1m。

8.5 楼梯结构详图

楼梯结构详图包括楼梯结构平面图、楼梯剖面图和配筋图。本节以前述教师公寓的楼梯结构详图为例，说明楼梯结构详图的图示特点。

8.5.1 楼梯结构剖面图

1. 楼梯结构剖面图图示内容

楼梯结构剖面图表示楼梯承重构件的竖向布置、构造和连接情况。在楼梯结构剖面图中，应标注出梯段的外形尺寸、楼层高度和楼梯平台的结构标高，还应标注出楼梯梁底的结构标高。

2. 楼梯结构剖面图示特点

楼梯结构剖面图的剖切位置和剖视方向表示在底层楼梯结构平面图中标注。它表示了剖切到的梯段板、楼梯平台、楼梯梁和未剖切到的可见的梯段板（细实线）的形状和连接情况。剖切到的梯段板、楼梯平台、楼梯梁的轮廓线用粗实线画出。

3. 读图实例

图8-16所示的楼梯结构剖面图，比例为1∶50。楼梯平台板、楼梯梁和梯段板都采用现浇钢筋混凝土。从图中可知：梯段板共有4种（TB—1、TB—2、TB—3、TB—4），其中TB—2、TB—4板厚80，配筋ф8@200双层双向布置，TB—1、TB—3另有详图。楼梯梁共有2种（TL—1、TL—2），配有详图。

8.5.2 楼梯结构平面图

楼梯结构平面图表示了楼梯板和楼梯梁的平面布置、代号、尺寸及结构标高。一般包括地下层平面图、底层平面图、标准层平面图和顶层平面图，常用1∶50的比例绘制。楼梯结构平面图和楼层结构平面图一样，都是水平剖面图，只是水平剖切位置不同。通常把剖切位置选择在每楼层平台的楼梯梁顶面，以表示平台、梯段和楼梯梁的结构布置。如果楼梯剖面图已表示清楚平台、梯段和楼梯梁的结构布置，可以省略楼梯平面图。

8.5.3 楼梯配筋图

楼梯配筋图主要由楼梯板和楼梯梁的配筋断面图组成。

1. 如图8-17所示，梯段板TB—1厚130mm，板底布置的受力筋是直径为12的Ⅰ级钢筋，间距120；支座处板顶的受力筋是直径为12的Ⅰ级钢筋，间距120；板中的分布筋是直径为6的Ⅰ级钢筋，间距200。

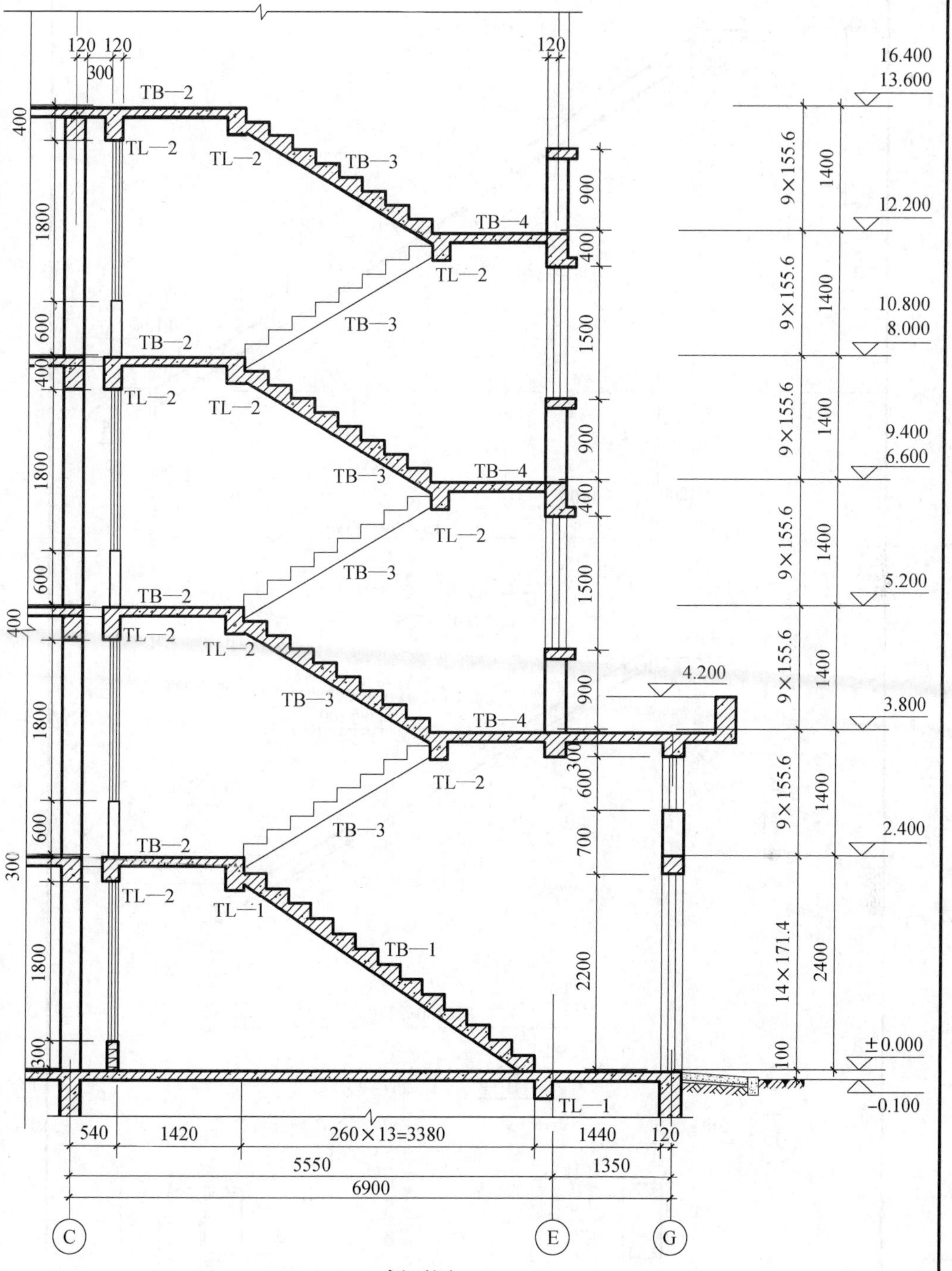

1—1剖面图1:50

说明:

1：本图中标高均为建筑标高，结构标高为建筑标高减50

2：TB—2，TB—4板厚80配筋双层双向Φ8@200

图 8-16　楼梯结构剖面图

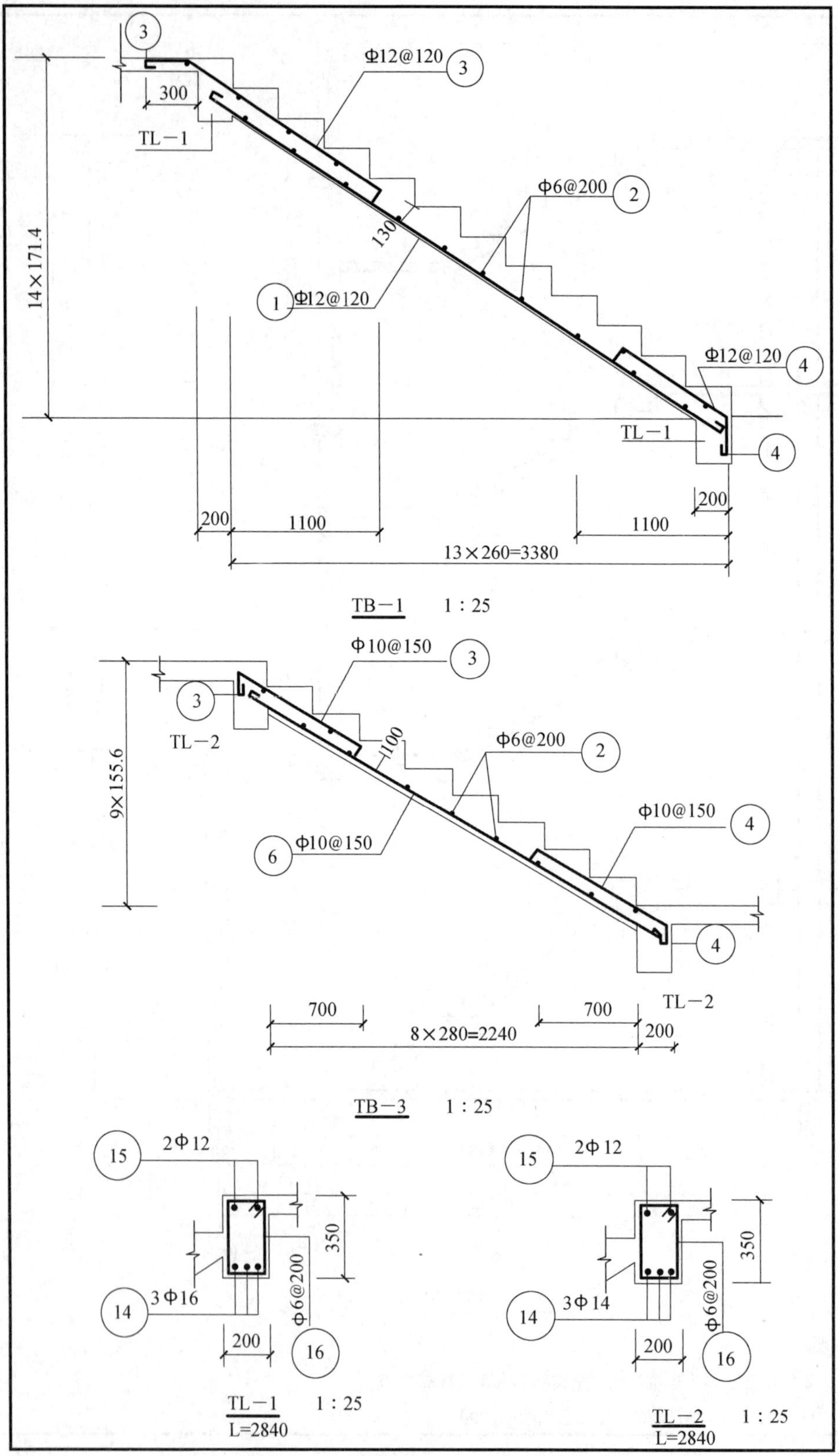

图 8-17　楼梯板及楼梯梁配筋图

2. 梯段板 TB—3 厚 100mm，板底布置的受力筋是直径为 10 的Ⅰ级钢筋，间距 150；支座处板顶的受力筋是直径为 10 的Ⅰ级钢筋，间距 150；板中的分布筋直径为 6 的Ⅰ级钢筋，间距 200。

3. 梯段板 TB—2 和梯段板 TB—4 厚 80mm，板内配筋双层双向直径为 8 的Ⅰ级钢筋，间距 200（参见图 8-16）。

4. 图 8-17 还包括有楼梯梁 TL—1、TL—2 的配筋图。

5. 如果采用较大比例（1∶30、1∶25）绘制楼梯结构剖面图，可把楼梯板的配筋图与楼梯结构剖面图结合，从而可以减少绘图的数量。

8.6 钢筋混凝土结构施工图平面整体表示方法

混凝土结构施工图平面整体表示方法，简称平法。对我国目前混凝土结构施工图的设计表示方法进行了重大改革。它作图简单，表达清楚，适用于各种现浇的混凝土柱、剪力墙、梁等构件。

8.6.1 平法制图表示方式

平法的表达形式，是把结构构件的尺寸和配筋等，按照平面整体表示方法的制图规则，整体直接表达在各类构件的结构平面布置图上，再与标准构造详图相配合，即构成一套新型完整的结构设计。它改变了传统的将构件从结构平面图中索引出来，再绘制配筋详图的繁琐方法。

平法设计的结构施工图由平法施工图和标准构件详图组成。平法施工图包括构件平面布置图和用表格表示的建筑物各层层号、标高、层高表，标准构件详图一般采用图集。

按平法设计绘制结构施工图时，在绘制的结构（标准）层平面布置图上直接表示各构件的尺寸、配筋和所选用的标准构造详图。在平面布置图上表示各构件尺寸和配筋的方式，有平面注写、列表注写和截面注写三种。

本节主要介绍梁的平面整体方法。

8.6.2 梁平法施工图

梁平法施工图是在梁结构平面图上，采用平面注写方式或截面注写方式来表示梁的截面尺寸和钢筋配置的施工图。

1. 平面注写方式

梁的平面注写方式，是在梁平面布置图上，分别在不同编号的梁中各选一根梁，在其上注写截面尺寸和配筋具体数值的方式，来表达梁平法施工图。

平面注写包括集中标注和原位标注两种方式。集中标注注写梁的通用数值，原位标注注写梁的特殊数值。

（1）集中标注

集中标注的内容是：梁编号、梁的截面尺寸、梁的箍筋、梁上部通长筋或架立筋、梁侧面纵向构造钢筋或受扭钢筋。当集中标注中的某项数值不适用于梁的某部位时，则将该项数值原位标注，施工时，原位标注取值优先。

①注写前应对所有梁进行编号，梁的编号由梁类型代号、序号、跨数及有无悬挑代号几项组成，其含义见表 8-5。

表 8-5　梁编号

梁类型	代号	序号	跨数及是否带有悬挑	备注
楼层框架梁	KL	××	（××）、（××A）或（××B）	（××A）为一端有悬挑，（××B）为两端有悬挑，悬挑不计入跨数
屋面框架梁	WKL			
框支梁	KZL			
非框架梁	L			
井字梁	JZL			
悬挑梁	XL			

如 KL7（5A）表示第 7 号框架梁，5 跨，一端有悬挑；L9（7B）表示第 9 号非框架梁，7 跨，两端有悬挑，但悬挑不计入跨数。

②梁的截面（图 8-18），如果为等截面时，用 $b \times h$（宽 × 高）表示；如果为加腋梁时，用 $b \times h\ Yc_1 \times c_2$ 表示，Y 表示加腋，c_1 为腋长，c_2 为腋高，如图 8-18（a）所示；如果有悬挑梁且根部和端部的高度不同时，用斜线分隔根部与端部的高度值，即为 $b \times h_1/h_2$，如图 8-18（b）所示。

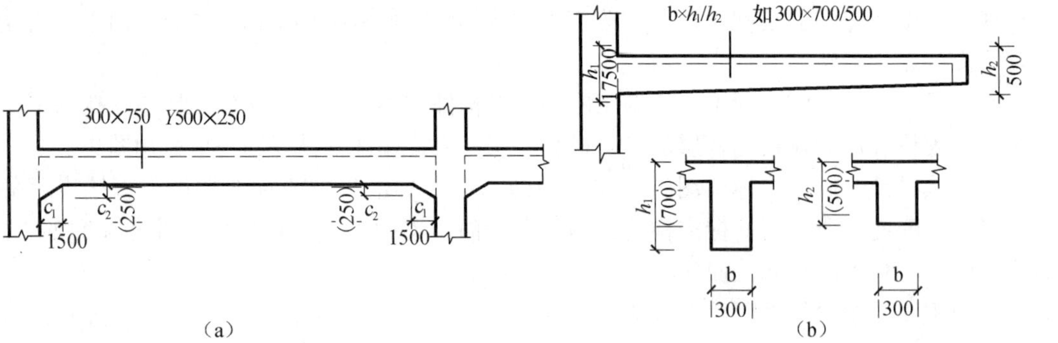

图 8-18　梁的截面尺寸注写

（a）加腋梁截面尺寸注写示意；（b）悬挑梁不等高截面尺寸注写示意

③梁的箍筋，包括钢筋级别、直径、加密区与非加密区间距及肢数等。箍筋加密区与非加密区的不同间距及肢数应用“/”分隔，箍筋肢数应写在括号内。

例如：ϕ10@100/200（2）表示箍筋为Ⅰ级钢筋，直径为 10mm，加密区间距为 100mm，非加密区间距为 200mm，均为两肢箍。又如，ϕ10@100（4）/150（2）表示箍筋为Ⅰ级钢筋，直径为 10mm，加密区间距为 100mm，四肢箍，非加密区间距为 150mm，两肢箍。

④梁上部的通长筋及架立筋根数和直径。

当他们在同一排时，应用加号“+”将通长筋与架立筋相连，注写时应将角部纵筋写在加号的前面，架立筋写在加号后面。当梁的上部纵筋和下部纵筋为全跨相同，且多数跨配筋相同时，该项可以加注下部纵筋的配筋值，用分号“；”将上部与下部纵筋的配筋值分隔开。

例如：2ϕ25+2ϕ22 表示梁的上部配置了通长筋 2 根Ⅰ级钢筋，直径为 25mm，架立筋 2 根Ⅰ级钢筋，直径为 22mm。3ϕ25；2ϕ22 表示梁的上部配置了通长筋 3 根Ⅰ级钢筋，直径为 25mm，下部配置了通长筋 2 根 I 级钢筋，直径为 22mm。

⑤梁侧面纵向构造钢筋或受扭钢筋配置的注写，应按以下要求进行：当梁腹板高度 $h_w \geq 450$mm时，需要配置纵向构造钢筋，在配筋数量前加“G”，注写的钢筋数量为梁两个侧面的总配筋值，为对称配置，如 G2ϕ12 表示梁的两个侧面共配置了 2 根直径为 12mm 的 I 级钢筋，每侧各配置 1 根；当梁侧面配置受扭纵向钢筋时，在配筋数量前加“N”，注写的钢筋数量为梁两个侧面的总配筋值，为对称配置。

⑥梁顶面标高高差，是指相对于结构层楼面标高的高差值，对于位于结构夹层的梁，则指相对于结构夹层楼面标高的高差。若有高差，需要将其写入括号内，无高差时则不标注。当某梁的顶面高于所在结构层的楼面标高时，其标高高差为正值，反之为负值。

（2）原位标注

原位标注主要标注梁支座上部纵筋（指该部位含通长筋在内的所有纵筋）及梁下部纵筋，或当梁的集中标注内容不适用于等跨梁或某悬挑部分时，则以不同数值标注在其附近。

①梁支座上部的纵筋，注写在梁上方，且靠近支座。当多于一排时，用斜线“/”将各排纵筋自上而下分开，如图 8-19 所示；当同排钢筋有两种直径时，用加号“+”将两种直径的纵筋相连，注写时将角部纵筋写在前面；当梁中间支座两边的上部纵筋不同时，需要在支座两边分别标注，当梁中间支座两边的上部纵筋相同时，可仅在支座一边标注配筋值，另一边省略不注。

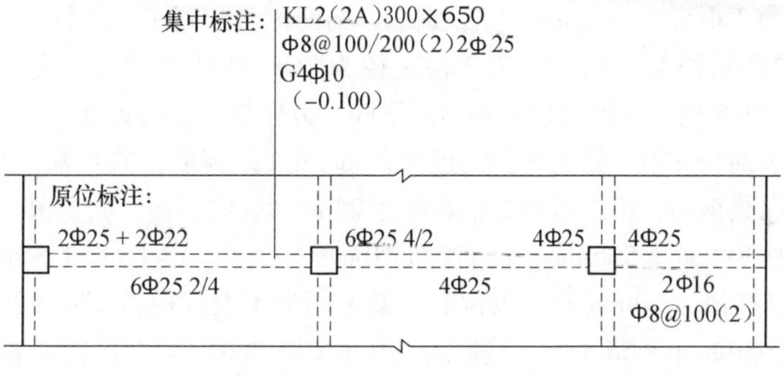

图 8-19　梁的集中标注和原位标注

②对于梁下部纵筋，当多于一排时，用斜线“/”将各排纵筋自上而下分开；当同排钢筋有两种直径时，用加号“+”将两种直径的纵筋相连，注写时将角部纵筋写在前面；当梁下部纵筋不全伸入支座时，将梁支座下部纵筋减少的数量写在括号内。

例如：4ϕ25 2（-2）/2 表示上部纵筋为 2ϕ25，不伸入支座，下部纵筋为 2ϕ25，全部伸入支座，2ϕ22+4ϕ25 2（-2）/2 表示上部纵筋为 2ϕ22 和 2ϕ25，其中 2ϕ25 不伸入支座，下部纵筋为 2ϕ25，全部伸入支座。

③对于梁中的附加箍筋或吊筋，应将其画在平面图中的主梁上，用引线注写总配筋值，附加箍筋的肢数标注在括号内。当多数附加箍筋或吊筋相同时，可以在梁平法施工图上统一注明，少数与统一注明值不同时，再原位引注。

（3）举例说明

图 8-20 是采用梁平法的平面注写方式画出的某建筑物结构施工图的一部分。从图中可知，该图中共有 KL1、KL2、KL3 三种楼层框架梁。

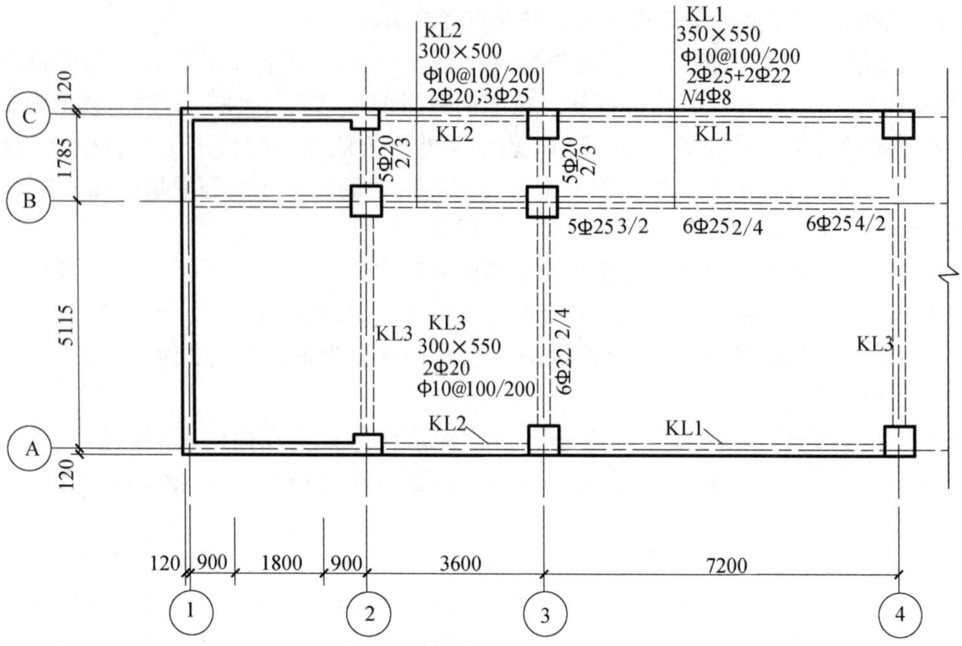

图 8-20　梁的平面注写方式示例

KL1 的截面为 350mm×550mm，箍筋为 ϕ10@100/200，梁上部角筋为 2 根直径为 25mm 的Ⅱ级钢筋，中部筋为 2 根直径为 22mm 的Ⅱ级钢筋，梁两侧各配置了 2 根直径为 8mm 的Ⅱ级受扭钢筋；梁下部配置两排纵筋，第一排为 2 根直径为 25mm 的Ⅱ级钢筋，第二排为 4 根直径为 25mm 的Ⅱ级钢筋，共 6 根。支座两边上部纵筋不同，分别配置双排钢筋，右支座第一排为 4 根直径为 25mm 的Ⅱ级钢筋，第二排为 2 根直径为 25mm 的Ⅱ级钢筋，共 6 根。左支座第一排为 3 根直径为 25mm 的Ⅱ级钢筋，第二排为 2 根直径为 25mm 的Ⅱ级钢筋，共 5 根。

KL2 的截面为 300mm×500mm，箍筋为 ϕ10@100/200，梁上部和下部各有一排纵向钢筋，梁上部为 2 根直径为 20mm 的Ⅱ级钢筋，梁下部为 3 根直径为 25mm 的Ⅱ级钢筋。

KL3 的截面为 300mm×550mm，箍筋为 ϕ10@100/200，梁上部为 2 根直径为 20mm 的Ⅱ级钢筋，梁下部有二排纵向钢筋，第一排为 2 根直径为 22mm 的Ⅱ级钢筋，第二排为 4 根直径为 22mm 的Ⅱ级钢筋，共 6 根。

2. 截面注写方式

梁的截面注写方式是在分标准层绘制的梁平面布置图上，分别在不同编号的梁中各选择一根梁，用单边截面号（如 1）引出配筋详图，并在其上注写截面尺寸和配筋具体数值的方式来表达梁平法施工图。

（1）注写原则

在画出的截面配筋详图上应标注截面尺寸 $b\times h$、上部筋、下部筋、侧面构造筋或受扭筋、以及箍筋的具体数值，表达形式同“平面注写方式”。

（2）举例说明

图 8-21 中从平面布置图上分别引出了 3 个不同配筋的截面图，各图中表示了梁的截面尺寸和配筋情况。

1—1 截面图中可知，该截面尺寸为 300mm×500mm，梁上部配置了 2 根直径为 20mm 的Ⅱ级钢筋，下部配置了 3 根直径为 25mm 的Ⅱ级钢筋，梁内的箍筋为 ϕ10@100/200。

2—2 截面图中可知，该截面尺寸为 300mm × 550mm，配筋中梁上部的配筋为 2 根直径为 20mm 的Ⅱ级钢筋，梁下部配置了两排钢筋，第一排 2 根直径为 22mm 的Ⅱ级钢筋，第二排 4 根直径为 22mm 的Ⅱ级钢筋，梁内的箍筋为 ϕ10@ 100/200。

3—3 截面图中可知，该截面尺寸为 350mm × 550mm，配筋中梁上部的通长钢筋为 2 根直径为 25mm 的Ⅱ级钢筋，角筋为 2 根直径为 22mm 的Ⅱ级钢筋。梁下部配置了两排钢筋，第一排 2 根直径为 25mm 的Ⅱ级钢筋，第二排 4 根直径为 25mm 的Ⅱ级钢筋，梁内的箍筋为 ϕ10@ 100/200。两侧各配置了 2 根直径为 18 的Ⅱ级受扭钢筋。

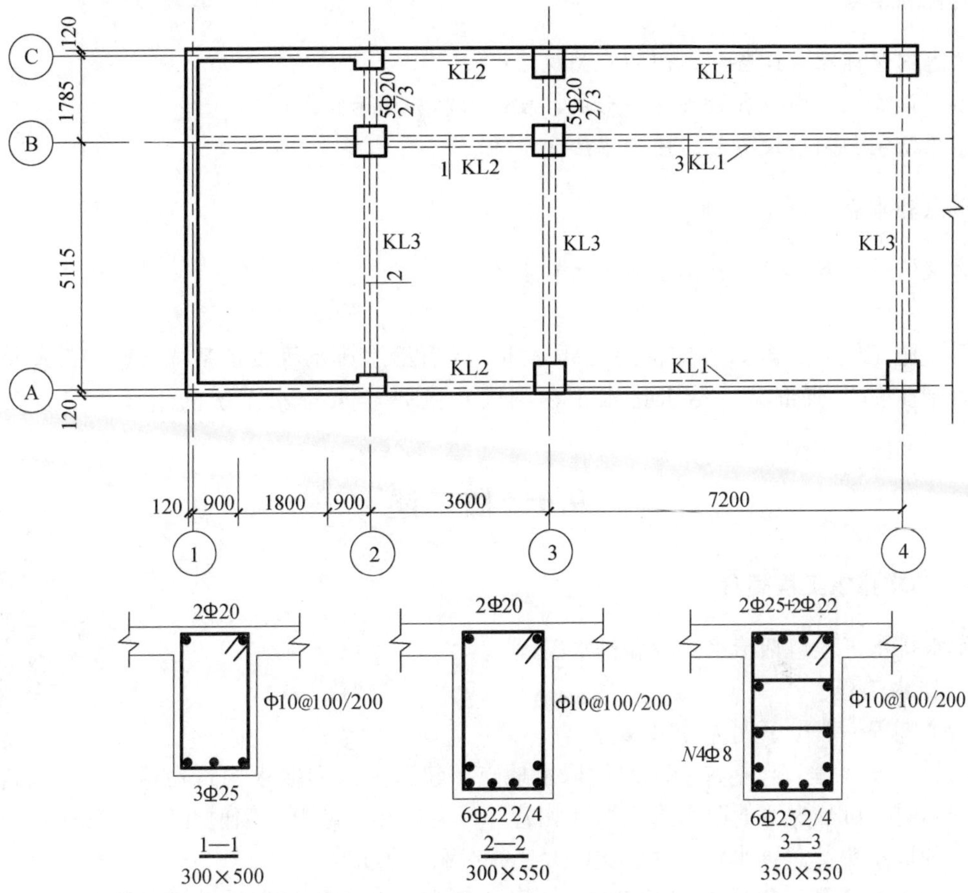

图 8-21　梁的截面注写方式示例

梁的截面注写方式可以单独使用，也可以与平面注写方式结合使用。

在梁平法施工图的平面图中，当局部区域的梁布置过密时，除了采用截面注写方式表达外，也可以将过密区用虚线框出，适当放大比例后再用平面注写方式表示。

表达异型截面梁的尺寸与配筋时，用截面注写方式相对比较方便。

9 给水排水施工图

教学目标和要求

熟悉国家标准对设备施工图的有关规定；
了解设备施工图中各种图样的形成、表达内容和图示特点；
掌握绘制和阅读设备施工图的方法和步骤。

教学重点和难点

掌握绘制和阅读设备施工图的方法和步骤。

房屋施工图除了建筑和结构两大部分外，还有给水排水等设备系统，这些设备是建筑物不可缺少的组成部分，给水排水工程图表示的是给水排水系统的组成、安装布置等内容。

9.1 概 述

9.1.1 给水排水工程简介

给水排水工程包括给水工程和排水工程。

1. 给水工程

给水工程一般由下列部分组成：

（1）取水工程。包括选择水源和取水地点，建造一系列取水构筑物等。取水构筑物按水源的不同，可分为地下取水构筑物（如管井、大口井、渗渠、辐射井等）、地表水取水构筑物（如取水头部、进水管、井、集水井、一级泵站等）。

（2）净水工程。包括水厂工艺设计、一系列水处理构筑物和辅助建筑物的建造，如各种不同工艺、不同功能的水处理池、储水池、二级泵站等的建造。

（3）输配水工程。包括输配水管网设计，管道敷设以及附属储水、升压设施的建造，如泵站、水塔、储水池等的建造。

2. 排水工程

排水系统指的是收集、输送、处理、利用废水并将废水排入水体的全部工程设施，一般可分为以下几种。

（1）城市污水排水系统。是指以收集、排除生活污水为主的排水系统，一般由五部分组成：室内污水管道系统及卫生设备，室外污水管道系统及附属构筑物，污水泵站及压力管道，污水处理厂，污水出口设施等。

（2）工业废水排水系统。一般工厂排水系统均纳入城市排水系统，有些工厂或因规模较大，或因距城市市区较远，才单独形成工业废水排水系统，它一般由五部分组成：车间内部管道系统及排水设备，厂区管道系统及附属设施，污水泵站及压力管道，污水处理站，出水口等。

（3）城市雨水排水系统。是指以收集、排除大自然降水为主的排水系统，一般由五部分组成：房屋雨水管道系统和设备，厂区（小区）雨水管渠系统，街道管渠系统，排洪沟，出水口等。

9.1.2 给水排水工程图分类

给水排水工程图是表达室内外给水排水工程设施的结构、形状、大小、位置及其材料和有关技术参数的图样，以利于设计人员与施工人员相互之间的交流和正常的施工。

给水排水工程图按其作用和内容分，有以下几种：

1. 室内给水排水工程图

主要画出房屋内的厨房、浴厕等房间以及工矿企业中的锅炉间、澡堂、化验室以及需用水的车间等用水部门的管道布置，常见图样一般包括室内给水排水平面图、给水排水系统图、卫生设备或用水设备安装详图、屋面雨水平面图等。

2. 室外管网及附属设备图

主要画出敷设在室外地下的各种管道的平面及高程布置，常见图样一般包括区域规划图、管网平面布置图、管网平差图、街道管道平面图、管道纵剖面图、管道节点图、管道附属构筑物工程图等。

3. 水处理工艺设备图

这是指自来水厂和污水处理厂等的设计图样。

本章主要介绍室内给水排水施工图。

9.1.3 室内给水排水系统的组成

1. 室内给水系统的组成

室内给水系统主要由以下部分组成（如图9-1所示）。

（1）引入管（亦称进户管）。为穿过建筑物承重墙或建筑物基础，自室外给水管网将水引入室内给水管网的一段水平管段。引入管应有不小于0.3%的坡度斜向室外给水管网。

（2）水表节点。对于需要单独统计用水量的房屋，其引入管上应设置水表。为便于查修，水表前后均应设置阀门，必要时还要装设泄水装置以便于管网检修时泄水。水表节点就是上述装置的总称，所有装置应设置在水表井中。

（3）管道系统。包括干管、立管和支管。

①干管。指将水由引入管沿水平方向输送到室内有关地段的管段。

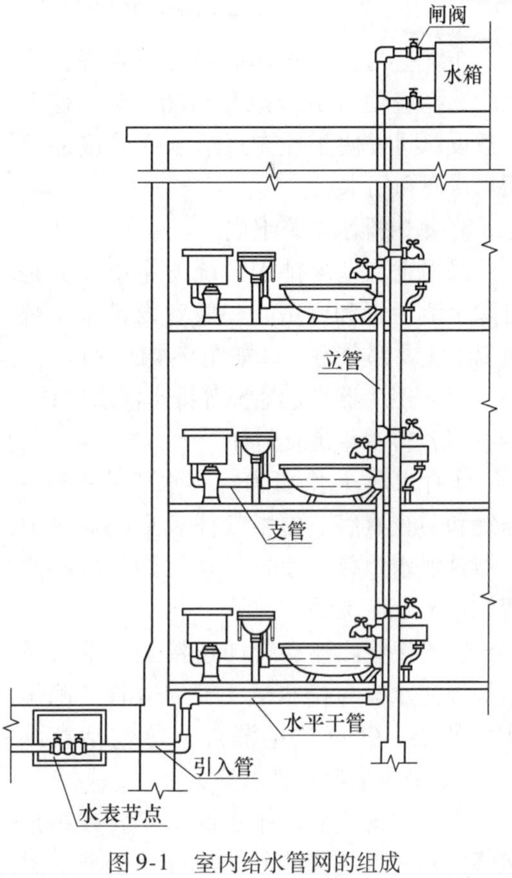

图9-1 室内给水管网的组成

②立管（亦称竖管）。指将水由干管沿竖直方向输送到各楼层的管段。

③支管（亦称配水管）。指将水由立管输送到各用水房间，即向配水管供水的管段。

（4）给水附件及设备。包括各种阀门、管道接头、放水龙头和分户水表等。

（5）升压及储水设备。当用水量大、水压不足时，需要设置水箱和水泵等设备。

（6）室内消防设备。按照建筑物的防火等级要求需要设置消防给水时，一般应设消防水池、消火栓等消防设备。有特殊要求的，还应专门装设置自动喷淋消防或水幕消防设备。

2. 给水方式

根据给水干管敷设位置的不同，给水管网系统可分为下行上给式（如图9-2所示）和上行下给式（如图9-3所示）两种。

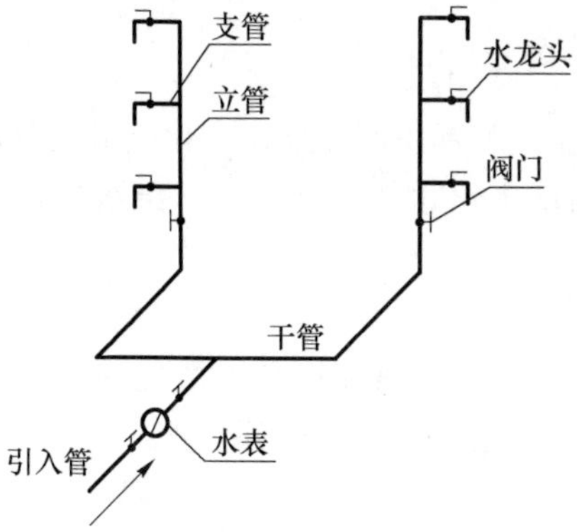

图9-2　下行上给式给水系统

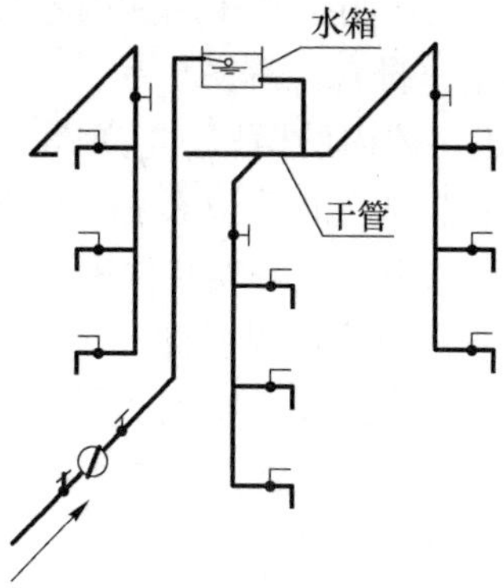

图9-3　上行下给式给水系统

布置室内给水管网时应尽量考虑：管网的选择应使管道最短并与墙、梁、柱平行敷设，同时便于检查；给水立管应靠近用水房间和用水点。

3. 室内排水系统组成

民用建筑室内排水系统的主要任务是排除生活污水和废水。一般室内排水系统由以下主要部分组成（如图9-4所示）。

（1）卫生器具及地漏等排水泄水口；

（2）排水管道及附件。

①存水弯（水封段）。存水弯的水封将隔绝和防止有害、易燃气体及虫类通过卫生器具泄水口侵入室内。常用的管式存水弯有：N（S）形和P形。

②连接管。连接管即连接卫生器具及地漏等泄水口与排水横支管的短管（除坐式大便器、钟罩式地漏外，均包括存水弯），亦称卫生器具排水管。

③排水横支管。排水横支立管接纳连接管的排水并将排水转送到排水立管，且

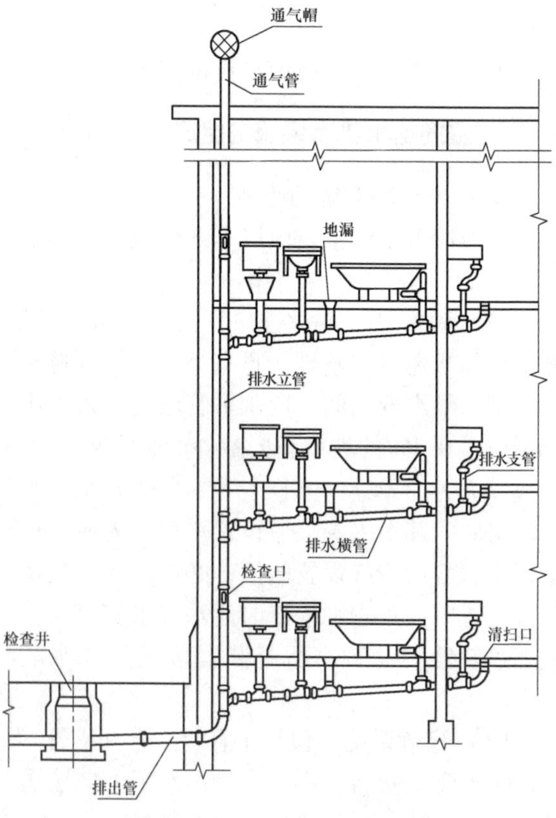

图9-4　室内排水系统的组成

坡向排水立管。若与大便器连接管相接，排水横支管管径应不小于90mm，坡向排水立管的标准坡度为0.02。

④排水立管。排水立管即接纳排水横支管的排水并转送到排水排出管（有时送到排水横干管）的竖直管段。其管径不能小于DN50或所连横支管管径。

⑤排出管。排出管是将排水立管或排水横干管送来的建筑排水排入室外检查井（窨井）并坡向检查井的横管。其管径应大于或等于排水立管（或排水横干管）的管径，坡度为1%到3%，最大坡度不宜大于15%，在条件允许的情况下，尽可能取高限，以利尽快排水。

（3）检查井。建筑排水检查井在室内排水排出管与室外排水管的连接处设置，将室内排水安全地输送至室外排水管道中。

（4）通气管。通气管是顶层检查口以上的立管管段。它排除有害气体，并向排水管网补充新鲜空气，利于水流畅通，保护存水弯水封。其管径一般与排水立管相同。通气管高出屋面的高度不小于300mm且在管顶设置网罩以防杂物落入，同时必须大于屋面最大积雪厚度。

（5）管道检查、清堵装置。指清扫口、检查口。清扫口可单向清通，常用于排水横管上。检查口则为双向清通的管道维修口。立管上的检查口之间的距离不大于9m，通常每隔一层设一个检查口，但底层和顶层必须设置检查口。其中心离相应楼（地）面一般为1.00m，应高出该层卫生器具上边缘0.15m。

布置室内排水管网时应尽量考虑：立管的布置要便于安装和检修；立管应尽量靠近污物、杂质最多的卫生设备，横管设有斜向立管的坡度；排出管应以最短的途径与室外管道连接，并在连接处设检查井。

9.1.4 给水排水施工图的图示特点

1. 图样比例跨度大

常用比例有：1∶300、1∶200、1∶100、1∶50。一般采用与其建筑平面图相同的比例，如1∶100、1∶50。有时可将有些公共建筑中，如集体宿舍、教学楼的集中用水房间，单独抽出并用比其建筑平面图大的比例绘制。最小比例可达1∶50000，如区域规划图；最大比例可达2∶1，如管道附件。

2. 图样种类繁多

不仅包括具有专业特征的管道系统的各类图样，还包括建筑、结构、机械、水利工程等不同专业的图样，如设备零件图、零部件详图等。各种图样均应参照执行各自的制图标准。

3. 图例使用广泛

由于多数图样比例偏小，因此管道及其附件、管道连接、阀门、卫生器具及水池、设备及仪表这些图内的重要内容均无法按投影关系绘出；此外，上述内容大部分为工业成型产品，其规格、形状、尺寸均可在有关规范、标准图中查出，不需要在图中详尽表达，因此，图例在给水排水工程图中得到广泛应用。

表9-1中列出了给水排水施工图中常用的图例。

表 9-1　给水排水施工图中常用图例

名　称	图　例	备　注	名　称	图　例	备　注
生活给水管			存水弯	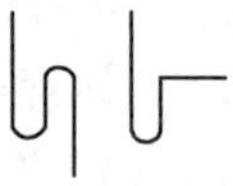	
污水管			闸　阀	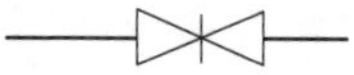	
通风管			截止阀	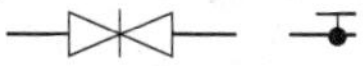	
多孔管			放水龙头		左侧为平面 右侧为系统
管道立管	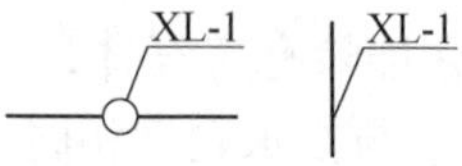	X：管道类别 L：立管 1：编号	立式洗脸盆	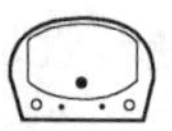	
立管检查口			浴　盆	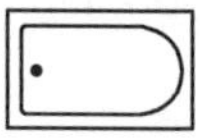	
清扫口			自动冲洗水箱	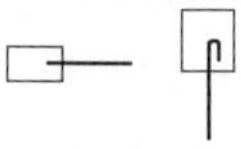	
通气帽	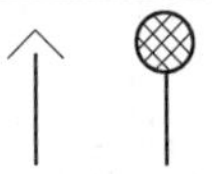		污水池		
圆形地漏		通用。如为无水封，地漏加存水弯	坐式大便器	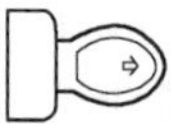	
方形地漏	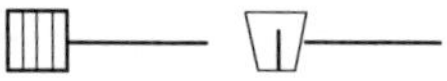		蹲式大便器	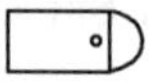	
承插连接			淋浴喷头	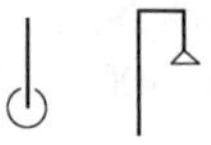	
法兰连接	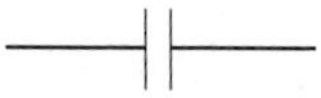		阀门井、检查井		

9.2　室内给水排水平面图

9.2.1　室内给水排水平面图的形成和作用

为方便读图和画图，把同一建筑相应的给水平面图和排水平面图画在同一张图纸上，称为建筑给水排水平面图。室内给水排水平面图主要反映室内卫生设备、管道及其附件的平面布置情况。

9.2.2　室内给水排水平面图的图示特点

1. 比例

室内给水排水平面图采用与建筑平面图相同的比例绘制，一般为1∶100，当所选比例表达不清楚时，可以采用1∶50的比例绘制。

2. 图名

室内给水排水平面图的数量根据各层管网的布置情况而定。对于多层房屋，底层的给水排水平面图应单独绘制；中间楼层平面的管道布置若相同，可绘制一个标准层给水排水平面图；当屋顶设有水箱及管道布置时，应单独绘制顶层给水排水平面图。

3. 图线

墙身、柱、门和窗、楼梯、台阶等主要建筑构件的轮廓线用细实线绘制，房屋的细部及门窗代号均可省略。洗涤池、洗脸盆、浴盆、坐便器等卫生设备和器具以图例的形式用中实线绘制。管道用粗线绘制，其中给水管道用粗实线，排水管道用粗虚线。

4. 卫生器具平面图

定型工业产品的卫生器具，如大便器、小便器、洗脸盆等用细线画其图例，需现场砌制的卫生设施依其尺寸，按比例画出其图例，若无标准图例，一般只绘其主要轮廓。

5. 管网编号

在底层给水排水平面图中各种管道应按系统予以编号。一般给水管以每一根室外引入管（即从室外给水干管引入室内给水管网的水平进户管）为一系统，排水管以每一根承接室外检查井的排出管为一系统。

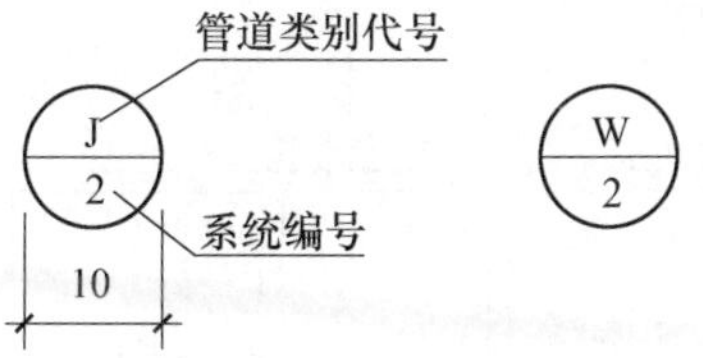

图 9-5　给水排水系统编号表示方法

系统编号的表示方法如图 9-5 所示，其中圆的直径为 10mm，用细实线绘制；分子用相应的字母代号表示管道的类别，例如“J”、“W”分别表示给水、污水；分母用阿拉伯数字表示系统的编号。

6. 立管表示方法

在给水排水平面图中，用直径 3mm（约为 3 倍粗实线宽）的圆表示立管的断面，如图 9-6 所示。其中左图为平面图的表示方法，右图为系统图的表示方法；X 表示管道类别，L 表示立管，阿拉伯数字表示立管的编号。当多根管道在平面图中重影时，可以平行排列绘制。管道不论敷设在楼面（地面）之上或之下，均不考虑其可见性，应按规定的线型绘制。

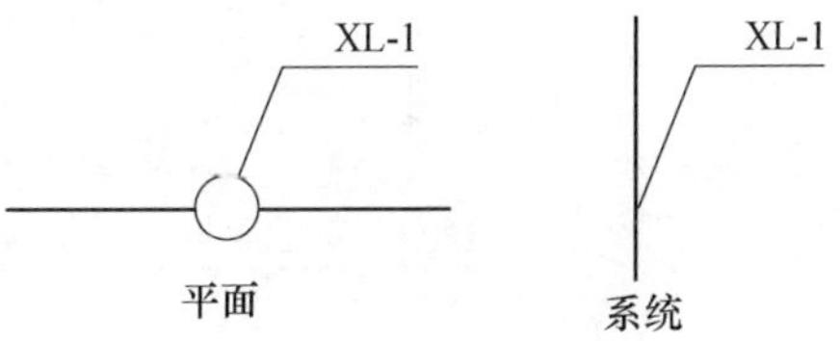

图 9-6　给水排水立管表示方法

9.2.3　阅读室内给水排水平面图

以举例说明，某住宅建筑室内给水排水平面图有底层的储藏室给水排水平面图、一～五层给水排水平面图和阁楼层给水排水平面图。因为中间层的卫生器具和管道布置、数量、规格均相同，画一个楼层的给水排水平面图即可。

1. 储藏室给水排水平面图

（1）给水

从储藏室给水排水平面图（图 9-7）可以看出，一单元设有两个给水系统。每一给水系统有五根给水引入管，从建筑物北面室外的水表井标高 -0.80m 进入房屋内部。五根引入管中有四根的直径为 20mm 分别供一～四层住户使用，还有一根的直径为 25mm 供五层住户及阁楼使用。由于储藏室没有用水设备，所以五根引入管没有设置支管，而是沿竖向直接到达一～五层用户的厨房，这两个给水系统是对称的。第二单元给水系统的布置与第一单元给水系统完全对称，图中未画出第二单元。

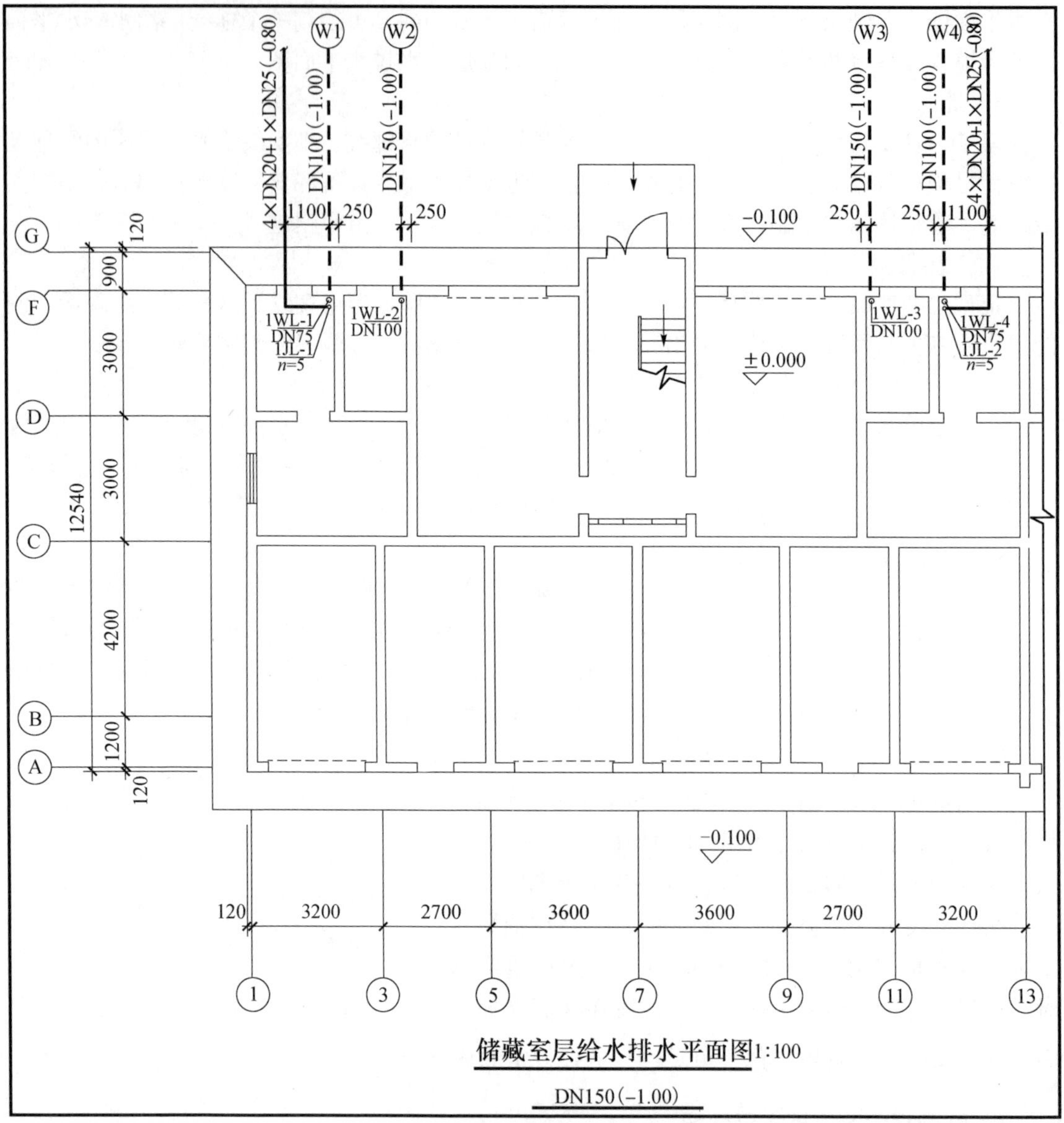

图 9-7　储藏室给水排水平面图

（2）排水

从储藏室给水排水平面图（图 9-7）可以看出，一单元设有四个排水系统。每一排水系统有一根排水立管，共有四根排水立管，一单元一～五层用户的污水分别通过四根排水立管从建筑物北面排出到室外污水检查井。每根排出管的直径为 100mm，标高为 -1.00m。由于储藏室没有用水设备，所以没有设置排水横管。第二单元排水系统的布置与第一单元排水系统完全对称，图中未画出第二单元。

2. 一～五层给水排水平面图（图 9-8）

（1）给水

在一～五层给水排水平面图中可看出，有五根立管由下向上分别供一～五层住户使用。

每一根立管接出两个分支，一根支管接上配水龙头，供厨房洗涤池用水。另一根支管穿过墙体进入卫生间接上配水龙头，供卫生间用水。一～五层的给水管网的平面布局完全一致。立管 JL－2 的布置与立管 JL－1 对称。第二单元给水系统的布置与第一单元给水系统完全对称，图中未画出第二单元。

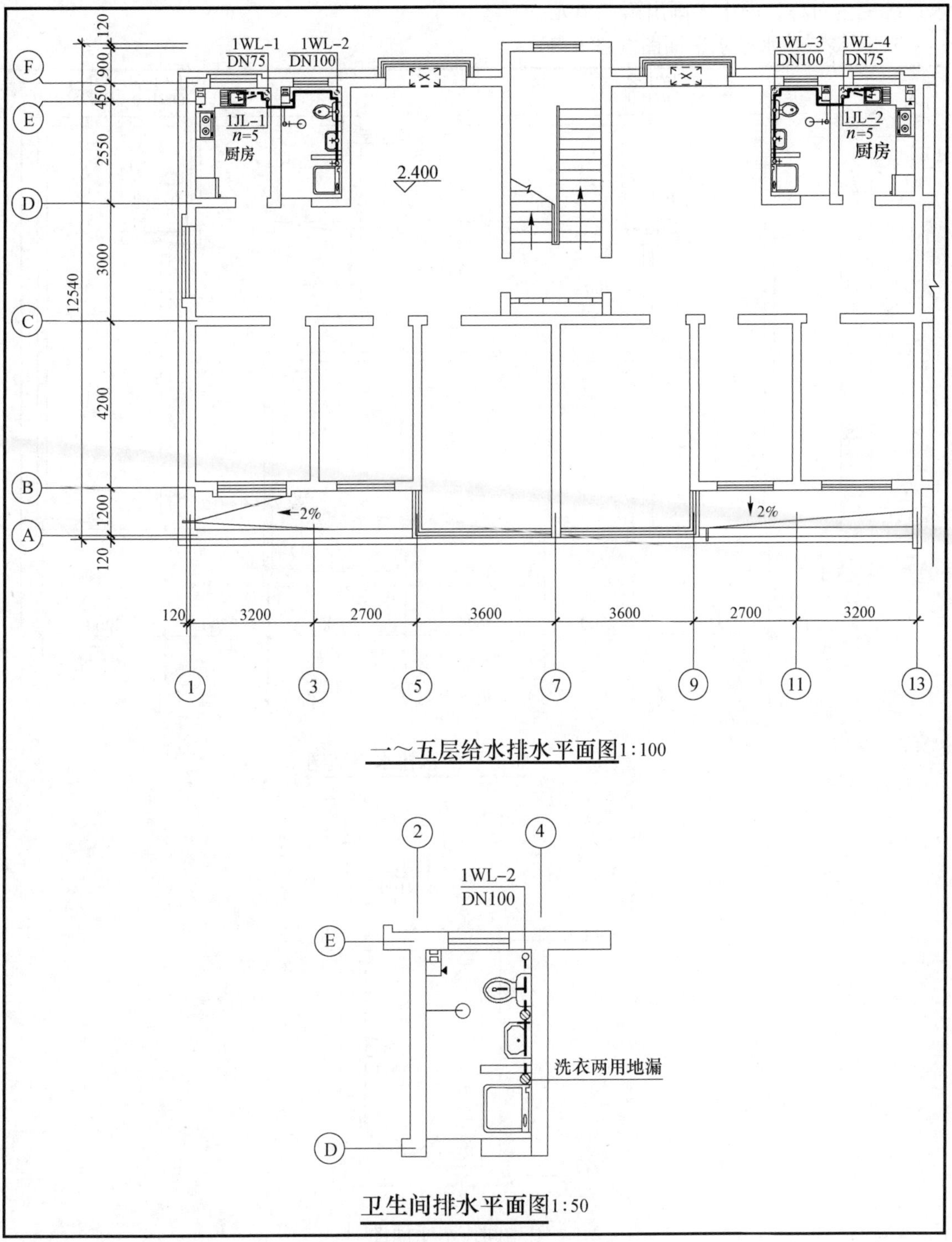

图 9-8　一～五层给水排水平面图

（2）排水

厨房洗涤池使用后的废水进入立管 WL－1，管径 75mm，卫生间使用后的污水进入横管 WL－2，管径 100mm。一～五层住户使用后的污水废水，从上向下通过立管传入底层，排出室内。卫生间的排水设施有地漏和大便器排水横管。第二单元排水系统的布置与第一单元排水系统完全对称，图中未画出第二单元。

3. 阁楼层给水排水平面图（图 9-9）

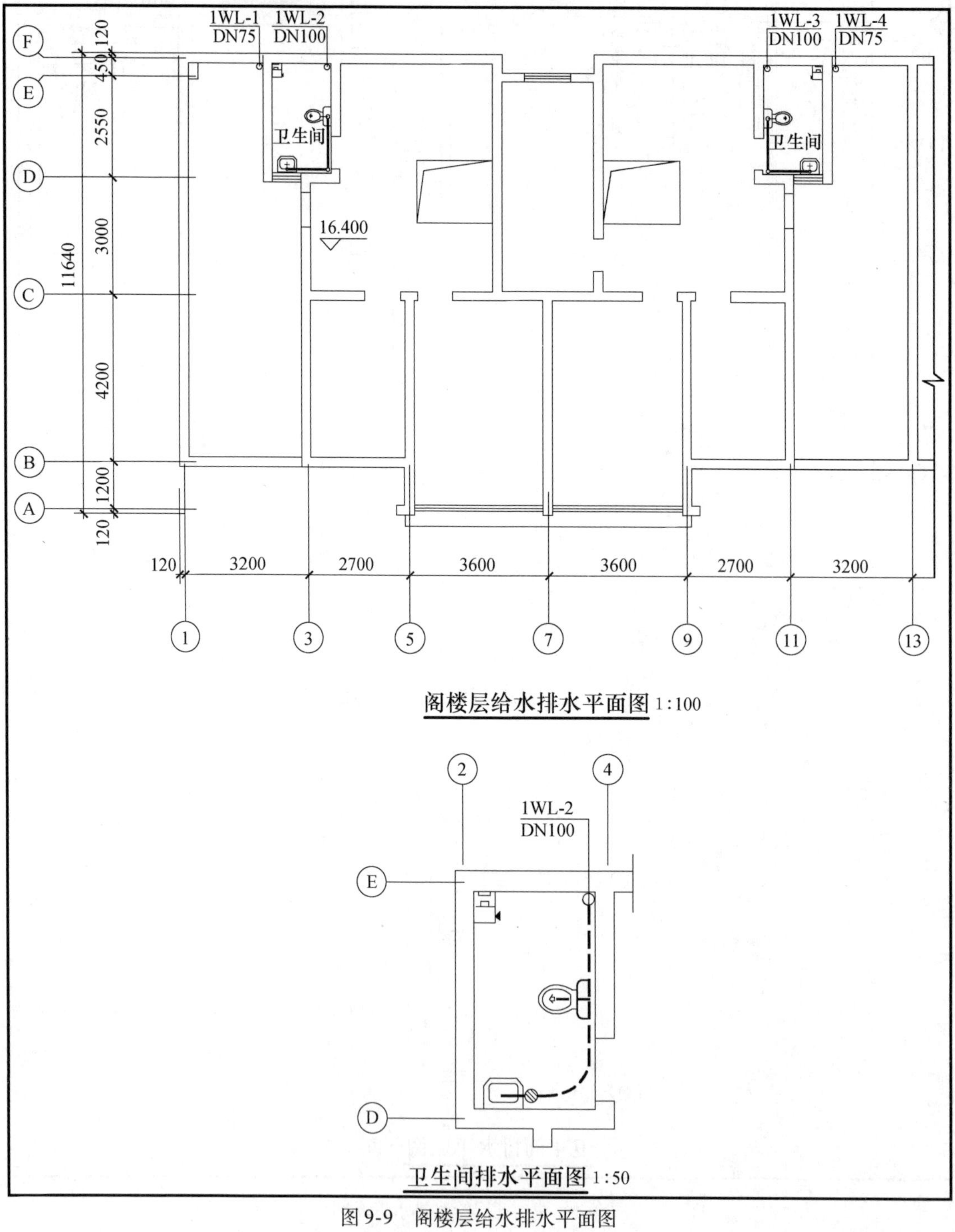

图 9-9　阁楼层给水排水平面图

(1) 给水

阁楼层只有卫生间配有用水设备，所以五层立管延伸到阁楼将水送给阁楼卫生间的洗手盆和坐便器。

(2) 排水

阁楼层排水设施有一个地漏和两个排水支管。

9.2.4 绘制室内给水排水平面图

绘制建筑给水排水平面图时，一般先绘底层给水排水平面图，再画标准层或其余楼层给水排水平面图。绘制一层给水排水平面图底稿的画图步骤如下：

1. 画楼层的建筑平面图

建筑给水排水平面图的建筑轮廓应与建筑专业一致，其画图步骤也与建筑图中绘制建筑平面图一样，先画定位轴线，再画墙身和门窗洞，最后画必要的构配件。

2. 画卫生器具平面图

3. 画给水排水管道平面图

简单地说，画建筑给水平面图就是用沿墙的直线连接群用水点，画建筑排水平面图就是用沿墙的直线将卫生器具连接起来。

画建筑给水排水平面图时，一般先画立管，然后画给水引入管和排水排出管，最后按照水流方向画出各干管、支管及管道附件。

4. 画必要的图例

若只用了《给水排水制图标准》GB/T 50106—2001 中的标准图例，一般可不另画图例，否则必须列出图例。

5. 标注尺寸、标高、编号和必要的文字

9.3 给水排水轴测图

9.3.1 室内给水排水系统图的形成和作用

因为给水排水管道在空间往往有转折、延伸、重叠及交叉的情况，所以为了清楚地表现管道的空间布局、走向及连接情况，系统图采用了轴测投影原理形成轴测图的绘制方法。给水排水系统图用来表达各管道的空间布置和连接情况，同时反映了各管段的管径、坡度、标高及附件在管道上的位置。

9.3.2 室内给水排水轴测图的图示特点

1. 比例

系统图通常采用与平面图相同的比例绘制，一般为1∶100。当局部管道按比例不易表示清楚时，例如在管道和管道附件被遮挡，或者转弯管道变成直线等情况下，这些局部管道可不按比例绘制。

2. 布图方向

为了看图方便，给水排水系统图的布图方向应该与相应的给水排水平面图一致。

3. 图线

系统图中的管道依然用粗线型表示，其中给水管用粗实线表示，排水管用粗虚线表示。管道的配件或附件（如阀门、水表、龙头等）用图例表示，卫生器具（如洗涤池、坐便器、浴盆等）不再绘制，只是画出相应卫生器具下面的存水弯或连接的横支管即可。

4. 画法

（1）系统图采用45°正面斜等轴测投影绘制。必要时也可取30°、60°，但相应的给水系统图与排水系统图需要用相同角度画出。通常，将房屋的横向作为 *OX* 轴，纵向作为 *OY* 轴，高度方向作为 *OZ* 轴，三个方向的轴向伸缩系数相等均取1。当系统图与平面图采用相同的比例绘制时，*OX* 轴、*OY* 轴方向的尺寸可以直接在相应的平面图上量取，*OZ* 轴方向的尺寸按照配水器具的习惯安装高度量取。例如，洗涤池（盆）、盥洗槽、洗脸盆、污水池的放水龙头一般离地（楼）面1.00m，淋浴器喷头的安装高度一般离地（楼）面2.100m。设计安装高度一般由安装详图查得，亦可根据具体情况自行设计。有坡向的管道按水平管绘制。管道附件、阀门及附属构筑物等仍用图例表示。

（2）室内给水、排水系统图通常分开绘制，给水管道系统图一般按各条给水引入管分组，排水管道系统图一般按各条排水排出管分组。引入管和排出管以及立管的编号均应与其平面图的引入管、排出管及立管对应一致。

（3）当楼层管道布置、规格等完全相同时，给水系统图和排水系统图上的中间楼层管道可以不画，仅在折断的支管上注写同某层即可。习惯上将底层和顶层系统图完整画出。

（4）当管道的轴测投影相交时，位于上方或前方的管道连续绘制，位于下方或后方的管道则在交叉处断开。如图9-10所示。

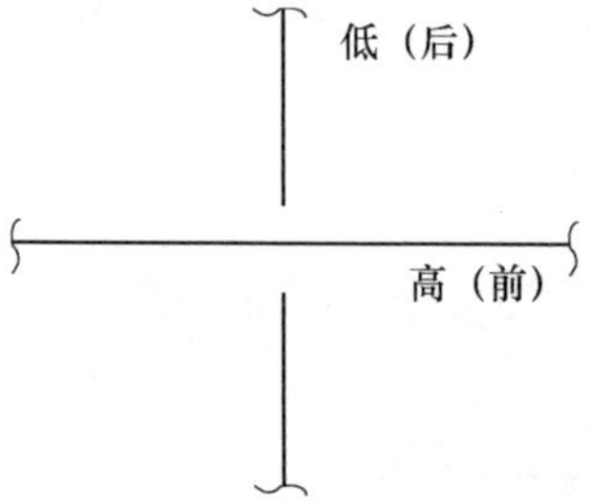

图9-10　管道交叉表示方法

（5）在给水排水系统图中，应对所有的管段的直径、坡度和标高进行标注。管段的直径可以直接标注在管段的旁边或由引出线引出。给水管为压力管，不需要设置坡度；排水管为重力管，应在排水横管旁边标注坡度，如“$i=0.02$”，箭头表示坡向，当排水横管采用标准坡度时，可省略坡度标注，在施工说明中写明即可。系统图中的标高数字以m为单位，保留三位有效数字。给水系统一般要求标注楼（地）面、屋面、引入管、支管水平段、阀门、龙头、水箱等部位的标高，管道的标高以管中心标高为准。排水系统一般要求标注楼（地）面、屋面、主要的排水横管、立管上的检查口及通气帽、排出管的起点等部位的标高，管道的标高以管内底标高为准。

9.3.3　阅读室内给水排水系统图

阅读系统图时，应与平面图中相同编号系统的平面布置图对照阅读。图9-11和图9-12分别为教师公寓的给水系统和排水系统的系统图。

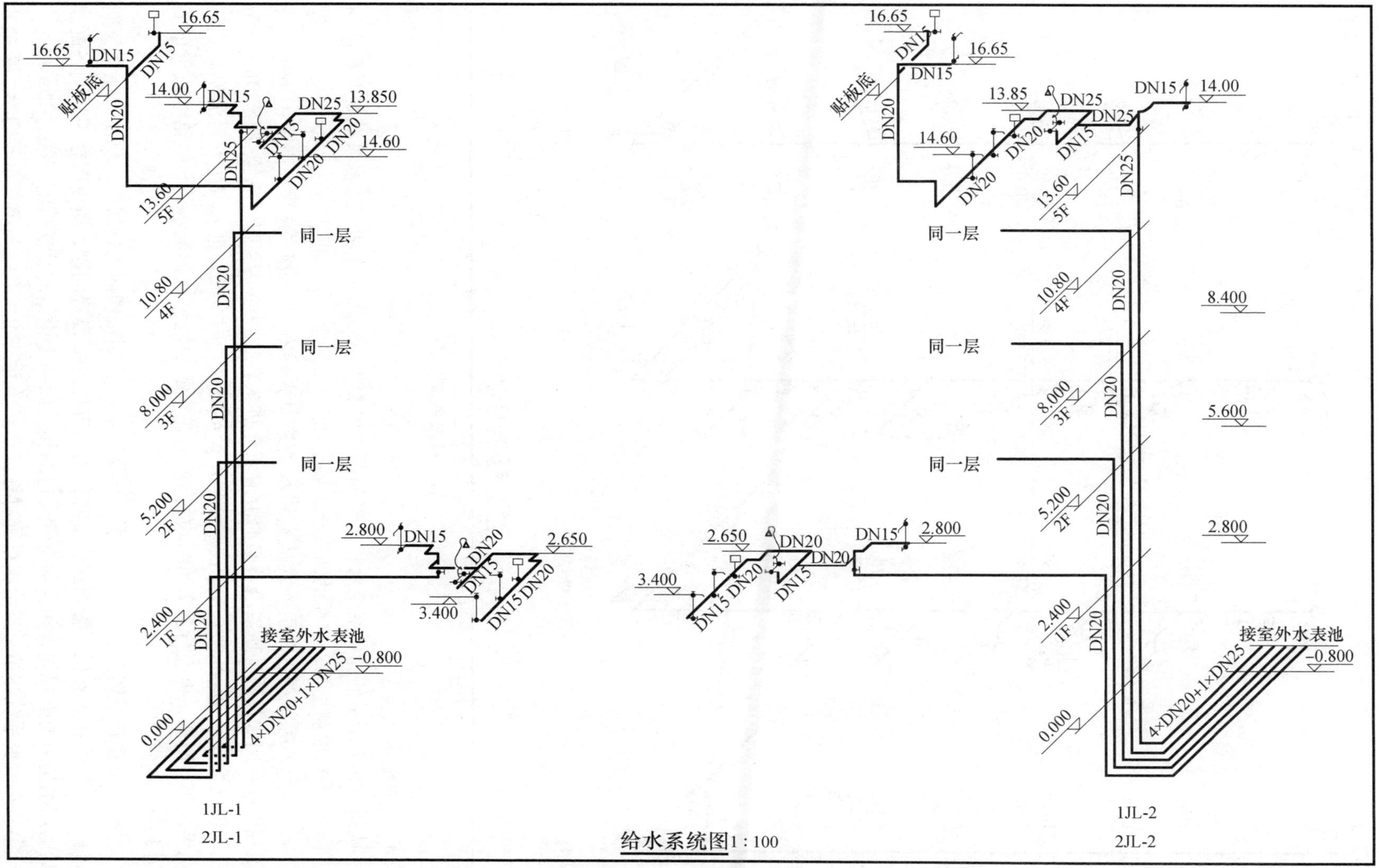
16.65
DN15
DN15
16.65
贴板底
DN20
14.00
DN15
DN25
13.850
DN15
DN20
14.60
DN25
DN20
13.60
5F
同一层
10.80
4F
DN20
同一层
8.000
3F
DN20
同一层
5.200
2F
DN20
2.800
DN15
DN20
2.650
DN15
DN15 DN20
3.400
2.400
1F
DN20
接室外水表池
−0.800
4×DN20+1×DN25
0.000
1JL-1
2JL-1
给水系统图1 : 100
DN15
16.65
DN15
贴板底
DN20
13.85
DN25
DN15
14.00
DN25
14.60
DN20
DN15
DN20
13.60
5F
DN25
同一层
10.80
4F
DN20
8.400
同一层
8.000
3F
DN20
5.600
同一层
5.200
2F
DN20
2.800
2.650
DN20
DN15
2.800
DN20
3.400
DN15 DN20
DN15
2.400
1F
DN20
接室外水表池
−0.800
4×DN20+1×DN25
0.000
1JL-2
2JL-2

图9-11　给水系统图

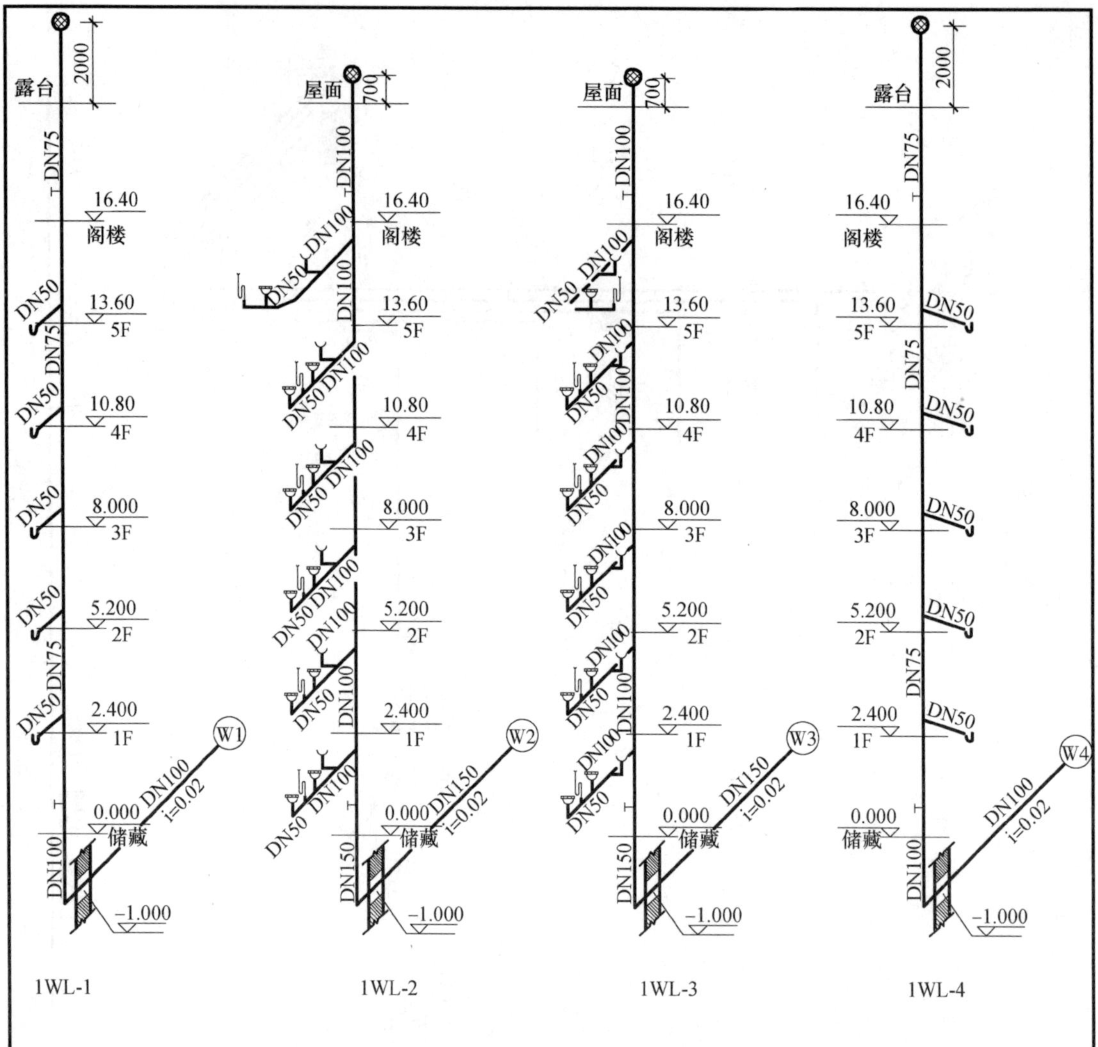

排水系统图1：100

图 9-12　排水系统图

1. 室内给水系统图

从如图 9-7 所示的储藏室给水排水平面图可以看出，一单元有两支给水系统是对称布置的。图 9-11 只绘制了第一单元的两支给水系统图。

第一支给水系统的五根引入管从室外水表井引入到室内，此时的管标高为-0. 80m，因为储藏室没有用水设施，所以沿着竖向由下而上进入各住户。一～四层立管管径 20mm，五层及阁楼立管管径 25mm。一层立管上行至 2. 65m 时设置一个支管进入卫生间，分别将水送至洗手盆和坐便器，再上行至 2. 800m 的高度时送至厨房洗涤池的配水龙头。给水支管的管径为 15mm。

另外四根立管继续穿过二层、三层、四层、五层及阁楼楼面向每层用户供水，给水支管的布局同一层。在第五根立管到达五层时，因为五层上面设置阁楼，所以阁楼卫生间各配水器具的用水是由与五层立管相连的支管穿过阁楼楼面向上供给的，支管的管径为 15mm。

第二支给水系统与第一支给水系统对称。第二单元的给水系统与第一单元的给水系统相同，未画出。

2. 室内排水系统图

从如图 9-7 所示的储藏室给水排水平面图可以看出，第一单元排水系统有两个，第二单元的排水系统和第一单元排水系统是对称设置的，所以图 9-12 只绘制了第一单元四个排水系统的系统图。

第一单元的第一个排水系统$\frac{W}{1}$用来收集用户厨房的生活污水。整个排水系统由底层的排出管、排水立管 WL－1 及与其相连的各层排水横管组成。一～五层排水横管的布局相同，即在管径为 100mm 的横管上连接一个厨房洗涤池下的 S 形存水弯（管径为 50mm）。在立管 WL－1 上设有距楼面高度为 1m 检查口，分别设置在储藏室、阁楼，中间层隔层设置，立管管径一～四层为 100mm，至储藏室时为 150mm。在阁楼检查口以上的立管称为通气管，通气管高出屋面 500mm，并在顶端设有通气帽，防止杂物落入。排出管的管径为 150mm，起点的标高为－1. 00m，并按标准坡度 $i=0.02$ 排向室外 1 号检查井。

第一单元的第二个排水系统$\frac{W}{2}$用来收集用户卫生间的生活污水。整个排水系统由底层的排出管、排水立管 WL－2 和与其相连的各层排水横管组成。一～五层排水横管的布局相同，即在管径为 100mm 的横管上依次连接洗手盆下的 S 形存水弯（管径为 32mm）、两个地漏（管径为 50mm）、坐便器下的 P 形存水弯（管径为 90mm）。阁楼卫生间排水横管的布局有所不同，见图 9-9 所示。在立管 WL－4 上设有距楼面高度为 1m 检查口，分别设置在储藏室、阁楼，立管管径一～四层为 100mm，至储藏室时为 150mm。通气管高出屋面 500mm，并设有通气帽。排出管的管径为 150mm，起点的标高为－1. 000m，并按标准坡度 $i=0.02$ 排向室外 2 号检查井。

第一单元的第三个排水系统$\frac{W}{3}$与第一个排水系统$\frac{W}{1}$对称，第四个排水系统$\frac{W}{4}$与第二个排水系统$\frac{W}{2}$对称，不再赘述。

第二单元的排水系统和第一单元排水系统是对称的，未画出。

9. 3. 4 室内给水排水系统图的画图步骤

室内给水排水系统图应按系统的编号分别绘制。系统布置完全相同或对称的可以只画一个，各楼层管网布局相同的只画一层。

1. 确定轴测轴的方向

为了使图面上管道清晰易读，避免出现管道过多交叉的现象，通常将房屋的横向作为 *OX* 轴，房屋的纵向作为 *OY* 轴，高度方向作为 *OZ* 轴。

2. 画立管或者引入管、排出管

一般地说，若一条引入管或排出管只服务于一根立管，通常先画立管。倘若一条引入管或排出管服务于几根立管时，就宜先画引入管或排出管，再画水平干管，然后才画立管

3. 定出室内地面线、楼面线和屋面线

立管上的地面、楼面、屋面根据建筑设计标高来确定。若屋面无给水设施，给水系统图可不画屋面。

4. 画各楼层的横向支管

根据放水龙头、阀门和卫生器具、管道附件（如地漏、存水弯、清扫口等）的安装高

度以及管道坡度确定横管的位置，一般先画平行于轴向的横管、再画不平行于轴向的横管。

5. 绘制管道附件

阀门、截止阀、水表、检查口、配水器具的存水弯及地漏等，这些都采用相应的图例绘制。

6. 标注

在适宜的位置布置应标注的管径、坡度、标高、编号以及必要的文字说明等。

10 道路、桥梁、涵洞、隧道工程图

教学目标和要求

A 熟悉国家标准对道路、桥梁、涵洞、隧道工程图的有关规定；
了解道路、桥梁、涵洞、隧道工程图中各种图样的形成、表达内容和图示特点；
掌握绘制和阅读道路、桥梁、涵洞、隧道工程图的方法和步骤。

教学重点与难点

掌握绘制和阅读道路、桥梁、涵洞、隧道工程图的方法和步骤。

道路是一种主要承受移动荷载（车辆、行人）反复作用的带状工程结构物，其基本组成部分包括路基、路面，以及桥梁、涵洞、隧道、防护工程、排水设施等构造物。

道路工程图是由表达线路整体状况的道路路线工程图和表达各工程实体构造的桥梁、隧道和涵洞等工程图组合而成。公路效果图见图 10-1。

图 10-1　公路效果图

10.1 道路路线工程图

10.1.1 概述

道路是车辆通行和行人步行的带状结构，是人们生产、生活必需的。根据性质、组成和作用，道路可分为公路、城市道路、厂矿道路和农村道路。

处于城市内的道路称为城市道路，处于城市以外的道路称为公路，穿入山岭或地下的道路称为隧道，跨越江河、峡谷等障碍的道路称为桥梁，而埋在路基内横穿路基用以宣泄少量水流的构筑称为涵洞。

桥梁、涵洞是保证车辆通过江河、山谷、低洼地带和宣泄水流的构造物，桥梁通过江河时，还要考虑船只通航。桥梁和涵洞的区别在于跨径的大小，凡是单孔跨径小于5m、多孔跨径小于8m时修建涵洞，否则修建桥梁。

为了减少土石方数量，保证车辆平稳行使和缩短里程，在山岭地区修筑道路时，可考虑修筑公路隧道。

道路路线是指道路沿长度方向的行车道中心线，路线中心线方向狭长，其竖向高差和平面的弯曲变化与地面起伏情况有关，因此道路路线工程图的图示方法与其他工程图不同。道路路线工程图是以地形图作为平面图，称为路线平面图；以纵向断面展开图作为立面图，称为路线纵断面图；以横向断面图作为侧面图，称为路基横断面图。三种图分别画在单独的图纸上。道路路线工程图就是以这三种图样来表示路线的线型、空间位置、路基、路面状况和尺寸。

需要特别提醒的是：道路和桥隧工程图中的尺寸是以cm为单位的。这一点与房屋建筑施工图以mm为单位有所不同。道路、桥梁、涵洞、隧道等构造物工程图，都是采用前面所述的正投影理论和方法绘制的。

道路路线工程图包括路线平面图、路线纵断面图和路线横断面图。

10.1.2 路线平面图

公路是道路的一种，我们以公路为例，介绍道路工程图。首先介绍公路路线平面图的形成和内容以及图示特点。

1. 公路路线平面图的形成和内容

路线平面图是上面绘有道路中心线的地形图。其作用是表达路线的方向、平面线型、沿线两侧一定范围内的地形、地物的情况以及结构物的平面位置，如图10-2所示。

公路路线平面图主要表达了地形、地物和路线三方面的内容。

1）地形

（1）比例：根据地形起伏情况，为了清晰地表示图样，地形图应采用不同的比例，一般山岭地区采用1∶2000，平原地区采用1∶5000。

（2）方位：为了表示地区的方位和路线的走向，地形图上需画出指北针或测量坐标网。X表示东西方向，Y表示南北方向。

（3）等高线：路线平面图中用高差为2m的等高线表示地面的起伏，等高线越密，表示地形越陡；等高线越稀，表示地形越平坦。从图10-2中可以看出：沿路线走向，东北方向有两座山峰，西南和西北方向是平原，东南地势较平坦。

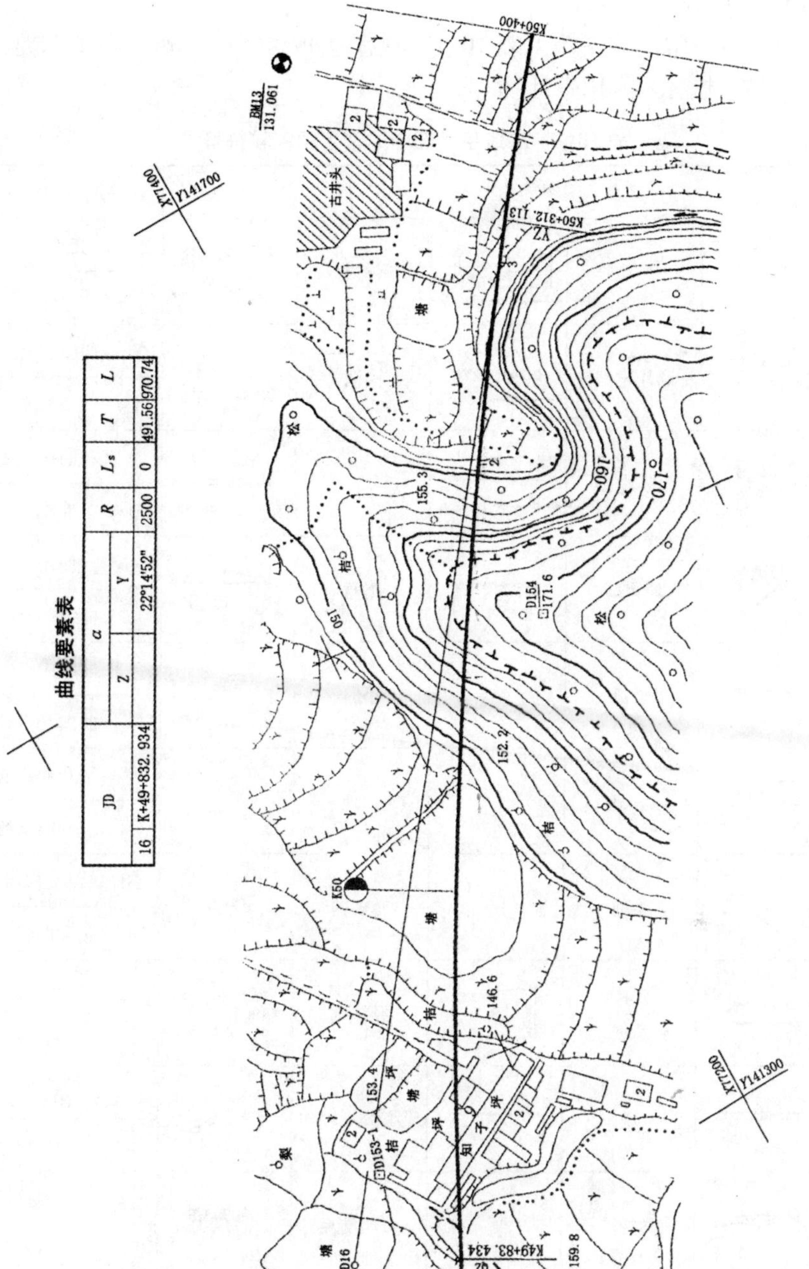

图 10-2　公路路线平面图

2）地物

地物用图例表示，常用的图例见表 10-1。根据这些图例可了解到在道路路线的周围有村庄、池塘、桔林、松林、水田等地物。

表 10-1　路线平面图中的常用图例和符号

图例						符号	
路中心线		房屋	独立 成片	用材林	松	交角点	JD
						半径	R
水准点	BM编号 高程	高压电线		围墙		切线长度	T
						曲线长度	L
导线点	编号 高程	低压电线		堤		缓和曲线长度	L_S
						外距	E
交角点	JD编号	通讯线		路堑		偏角	α
						曲线起点	ZY
铁路		水田		小路		曲线中点	QZ
						曲线终点	YZ
公路		旱田		坟地		第一缓和曲线起点	ZH
						第一缓和曲线终点	HY
大车道		菜地		变压器		第二缓和曲线起点	YH
						第二缓和曲线终点	HZ
桥梁及涵洞		水库 鱼塘	塘	经济林	油茶	东	E
						西	W
水沟		坎		等高线　冲沟		南	S
						北	N
河流		晒谷坪	谷	石质陡崖		横坐标	X
						纵坐标	Y

该路线平面图两座山峰之间有一条小溪，由南到北东面有一条大车道，西面有一条公路，还有一条低压线路沿公路架立，南面有一个小鱼塘，周围有些草地和坡地。

3）路线

由于绘图比例小，路线宽度无法用实际尺寸绘出，所以路线用粗实线沿公路的路中心线表示。

2. 公路路线平面图图示特点

1）路线长度用里程表示，分段画出，图 10-2 所示为 K49 + 700 至 K50 + 400 段的路线平面图。按规定由左向右递增。沿道路的前进方向，于左侧设“◑”表示公里桩，如 K49，公里桩上的数字代表公里数，两个公里桩之间设百米桩，规定数字写在短细线端部，字头朝上。

2）路线平面线型有直线和曲线。对于路线转弯处的平面曲线（简称平曲线），在平面图中用交角点编号来表示。如图中的 JD16 表示第 16 号交角点，路线在交角点处有一段平面曲线，平面曲线的要素如图 10-3 所示。α 为偏角，表示沿路线前进方向偏转的角度；R 为曲线弯曲圆弧的半径；T 是切线长度，L 是曲线长度，E 是外矢距；对于缓和曲线，还应标出曲线起点 *ZH*（直缓）、*HY*（缓圆）、*QZ*（曲中）和 *YH*（圆缓）、*HZ*（缓直）点的位置。*JD*（交角点）的这些数值在图 10-3 中的曲线要素表中可以查到。

3）路线平面图中还应标出用于导线测量的导线点 ⊡ 和控制标高的水准点⊗的编号和位置，如图 10-2 所示。

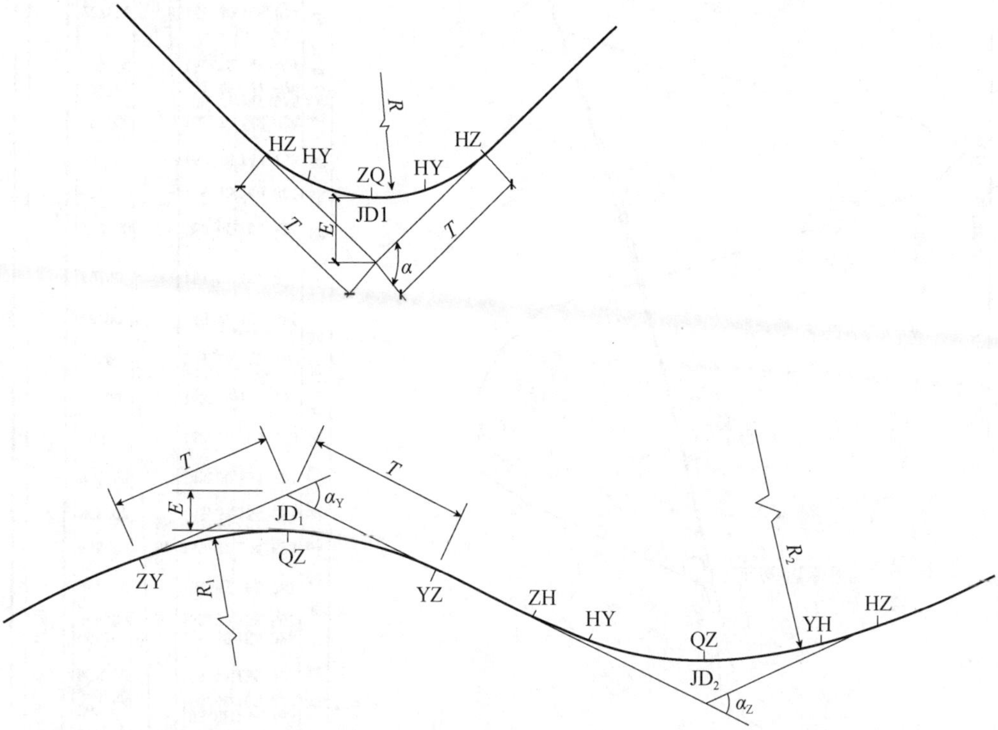

NO	α		R	L_S	T	L	E
	Z	Y					
JD_1		37″42′43″	1200	200	510.27	989.84	69.52
JD_2	25″21′43″		700	160	244.26	482.07	20.51

图 10-3　平曲线要素

10.1.3　路线纵断面图

1. 路线纵断面图的形成

路线纵断面图是假想用铅垂面沿道路中心线剖切后，展开成平行于投影面的平面，向投影面作正投影所获得的。由于道路中心线是由直线和曲线所组成的，所以剖切面既有平面也有曲面，为了清晰地表达路线纵断面情况，故用展开方法将纵断面展为一平面，展开后的投影图即为路线纵断面图，如图 10-4 所示。

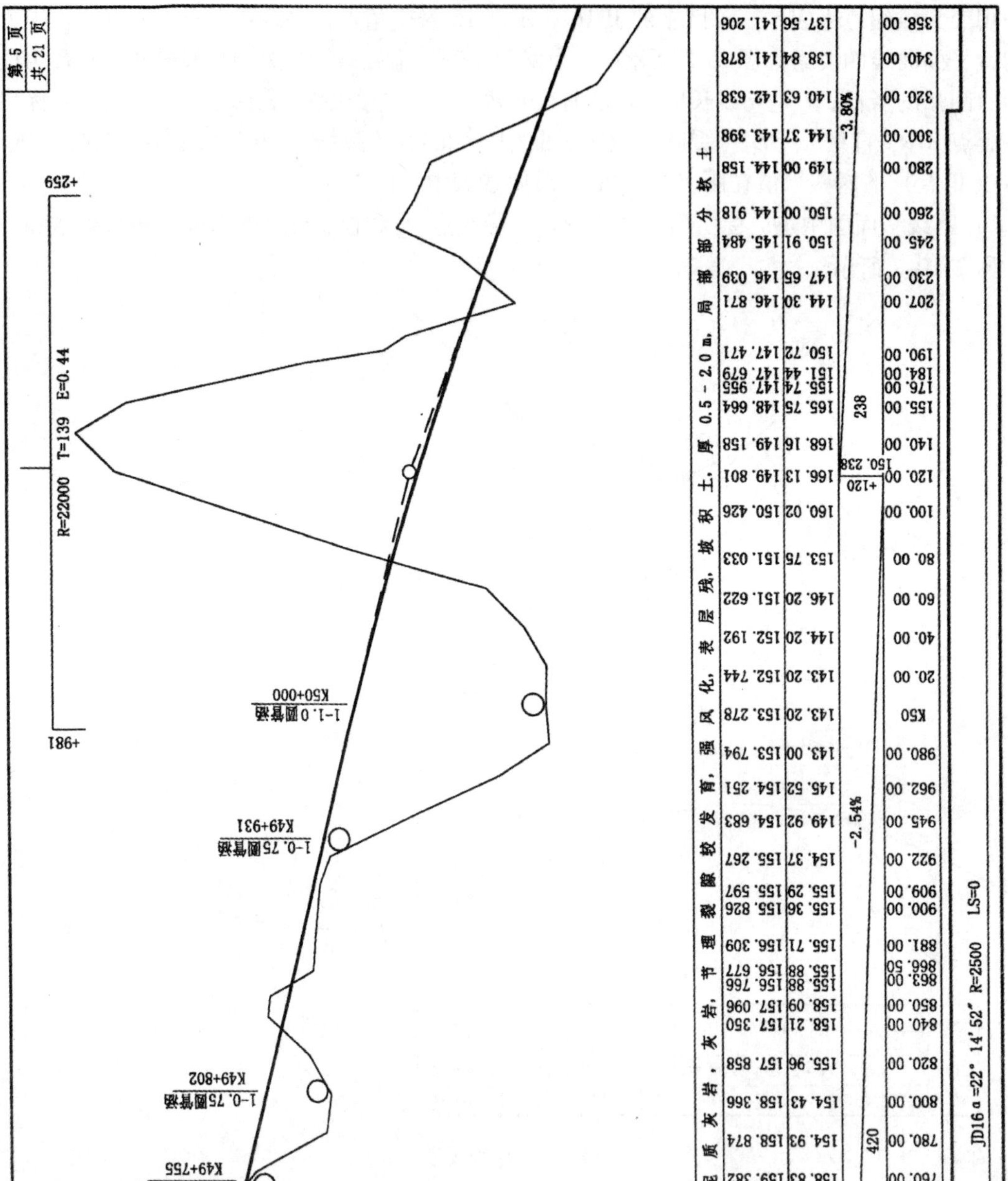
第 5 页
共 21 页
R=22000 T=139 E=0.44
+981
+259
1-1.0圆管涵 K50+000
1-0.75圆管涵 K49+931
1-0.75圆管涵 K49+802
1-0.75圆管涵 K49+755
-2.54%
-3.80%
420
238
150.238
+120
泥盆系泥质灰岩，灰岩，节理裂隙较发育，强风化，表层残，坡积土，厚0.5－2.0m，局部部分软土
JD16 α=22° 14′ 52″ R=2500 LS=0
168
164
160
156
152
148
144
140
136

图10-4 路线纵断面图

2. 路线纵断面图的内容

路线纵断面图的作用是表达路线中心线纵向地面起伏、地质情况和沿线构造物的情况。路线纵断面图包括图样和资料表两部分。

1）图样部分

（1）由于路线纵断面图是剖切展平而获得的图样，因此它的长度反映了路线的实际长度。在图样中水平方向表示长度，垂直方向表示高程。

（2）由于路线与地面的高差比路线的长度小得多，为了更加清晰地表达路线与地面垂直方向的高差，规定垂直方向采用的比例比水平方向的比例放大 10 倍。图 10-4 中，水平方向用 1∶2000，竖直方向用 1∶200。

（3）图中不规则的细折线表示设计路中心线处的纵向地面线，它是根据一系列中心桩的地面高程依次连接而成的。图中的粗实线表示路线纵向设计线。由地面线和设计线，可以决定填挖方路段和填挖高度。

（4）在设计线纵坡变化处，按规定设置了竖曲线，以利汽车行驶。竖曲线分为“凸”和“凹”两种，分别用“┌┬┐”和“└┬┘”符号表示，并在其上标注竖曲线的半径 R、切线长度 T、外矢距 E。如图 10-4 所示在 K50 + 120 处有一个凸形曲线的变坡点。

（5）路线纵断面图中还应在相应里程处绘出各种构造物及其名称、规格和中心里程，如桥梁、涵洞、箱形通道等。图 10-4 中标绘出了沿线的四个圆管涵。

2）资料表部分

（1）为了便于对照查阅，资料表要与路线纵断面图对应布置。资料表中一般列有地质概况、设计高程、地面高程、坡度/距离、里程桩号、直线及平曲线等栏（即图 10-4 资料表中序号顺次为 1 至 6 的六栏）。

（2）在地质概况栏中可以了解地基土层的地质情况；从设计高程和地面高程的高差可以确定填或挖的土方量。

（3）在坡度/距离栏中可以看出，在 K50 + 120 处有变坡点，所以在图样上方设凸形曲线。

（4）在直线和平曲线栏中可看出该路段的平曲线，表示出它具有右偏角的圆曲线，并标出交角点编号、圆曲线半径和偏角角度值。这样结合路线纵断面图便可以想象出该路段的空间情况。

10.1.4 路基横断面图

1. 路基横断面图的形成

路基横断面图是在路线中心桩处作一垂直于路面中心线的断面图。路基断面图的作用是表达各中心桩处路基的断面形状、填挖高度、横向地面的起伏和设计路基的横断面情况。工程要求每一个中心桩处，根据测量资料和设计要求顺此画出每一个路基断面图，以此作为路基施工的依据，并可用于计算公路的土石方量，如图 10-5 所示路基横断面图。

2. 路基横断面图的形式

路基横断面图的形式基本上有三种情况：填方路基（路堤式）、挖方路基（路堑式）、半填半挖路基，如图 10-6 所示。

3. 路基横断面图的画法

横断面图的地面线一律用细实线，设计线一律用粗实线。路基横断面图排列顺序应沿里程桩号从下至上、从左至右画出，如图 10-7 所示。

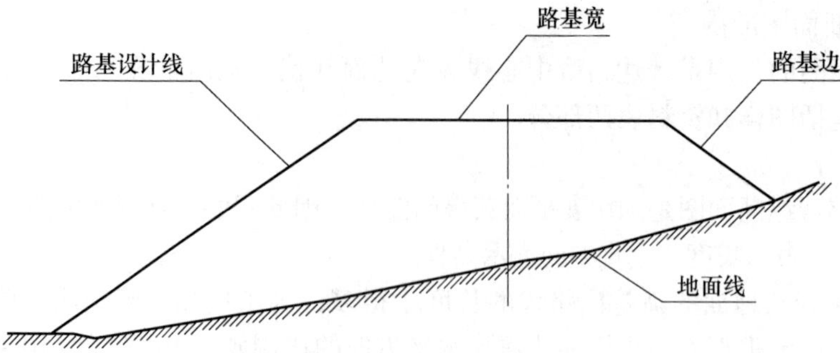

图 10-5　路基横断面图（一）

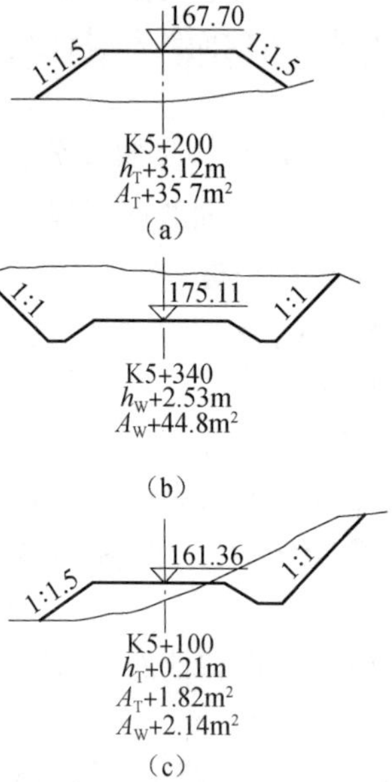

图 10-6　路基横断面基本形式
（a）填方路基；（b）挖方路基；
（c）半填半挖路基

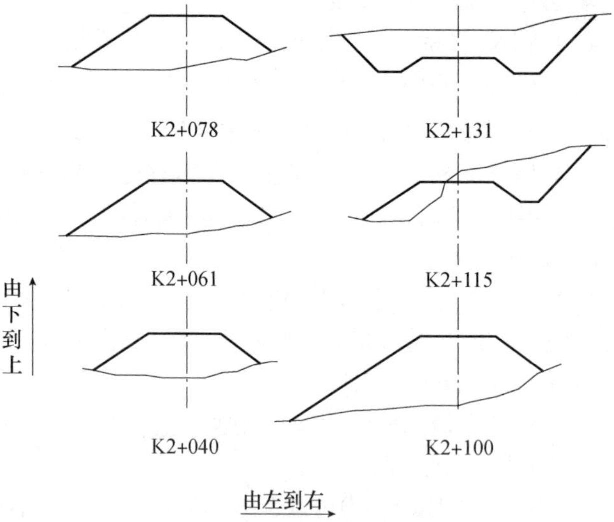

图 10-7　路基横断面图（二）

10.1.5　城市道路工程图

城市道路主要包括：机动车道、非机动车道、人行道、分隔带、绿化带、交叉口和交通广场等各种设施。城市道路的线型设计，也是通过路线平面图、路线纵断面图和路基横断面图来表达的，它们的图示方法和特点，与公路路线工程图完全相同。但是，城市道路所处的地形比野外公路平坦，交通情况和组成部分比公路复杂，因此，城市的横断面图比公路的横断面图复杂得多，如图 10-8 所示。

城市道路横断面图的形成与公路横断面图相同，但功能与各部分组成情况都比公路的复杂，横断面布置的基本形式按路面板块划分，有一块板、两块板、三块板、四块板等断面形式，按交通流量、组织往返车辆行驶有序、车人分离、机动车和非机动车各行其道等因素进行设计。

图 10-8 表达了两条道路平面交叉设计方案以及道路的标准横断面设计，反映了横断面的各组成部分及其相互关系，使机动车和非机动车分道行驶，图中还表示了各组成部分的宽度和路面厚度。

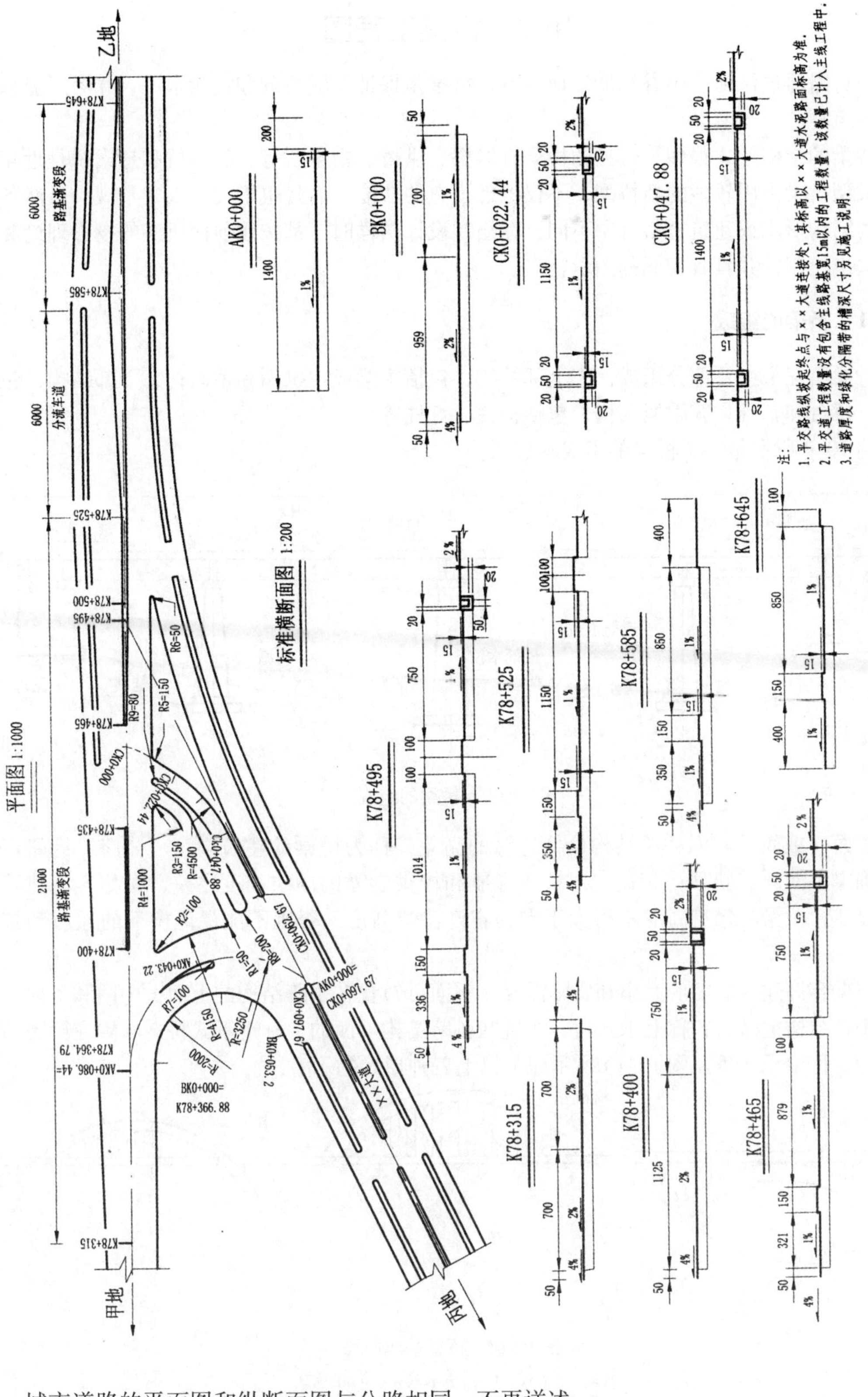

图10-8　城市道路平面交叉设计及横断面图设计

城市道路的平面图和纵断面图与公路相同，不再详述。

10.2 桥梁工程图

当道路通过江河、山谷和低洼地带时，桥梁是保证车辆行驶和宣泄水流、并考虑船只通过的建筑物。

桥梁的结构形式很多，常见的桥梁有梁桥、拱桥、桁架桥等，斜拉桥和悬索桥是近年来建造大型桥梁采用较多的新桥型，不仅考虑了它的功能，而且也增设了人文景观。虽然各种桥梁的结构形式或建筑材料有所不同，在绘制设计图样时，都按照前面所述的投影理论和绘图方法来绘制，并具有相同的图示特点。

10.2.1 桥梁的组成

桥梁由三个主要部分组成：①上部结构，包括主梁或主拱圈和桥面；②下部结构，包括桥墩、桥台和基础；③附属结构，包括护栏、灯柱等。

图 10-9 所示是一个桥梁的组成示意图。

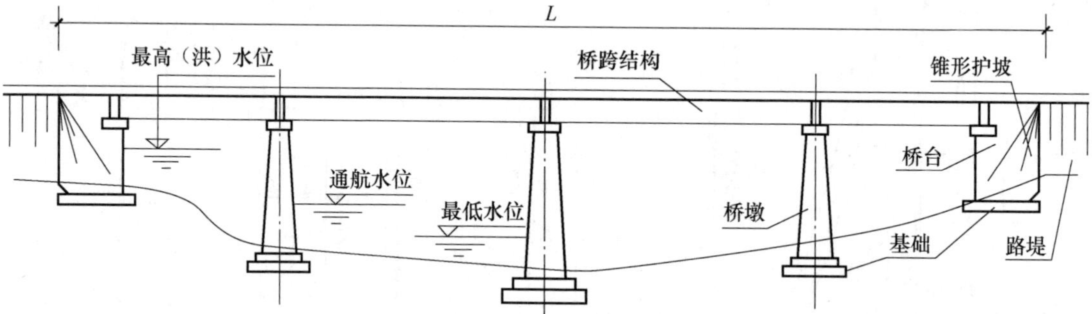

图 10-9 桥梁的组成

桥面（或轨顶）对桥跨结构最低边缘的高差，称为桥梁的建筑高度。公路或铁路定线中所确定桥面（或轨顶）标高，对桥下通航和排洪必需的净空高度之差，又称容许建筑高度。显然，桥梁的建筑高度不得大于它的容许建筑高度，否则不能保证桥下的通航和排洪要求。

根据容许建筑高度的大小和实际需要，桥面可布置在桥跨结构的上面、中间和下面。布置在桥跨结构上面的，称上承式桥；布置在桥跨结构下面的，称下承式桥；布置在桥跨结构中间的，称中承式桥。图 10-10 所示即为以上三种形式的示意图。

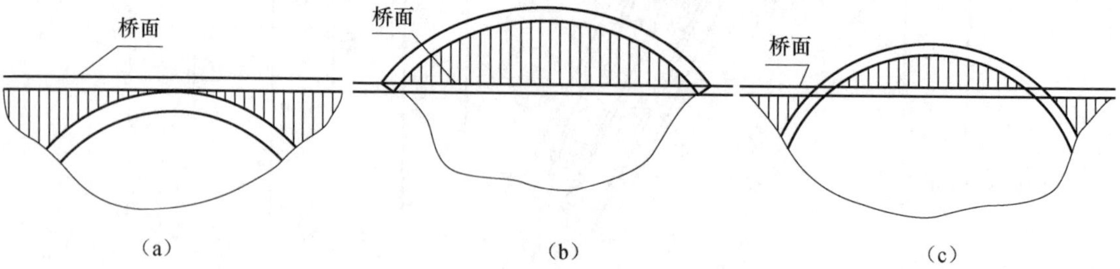

图 10-10 桥梁结构形式

（a）上承式；（b）下承式；（c）中承式

建造一座桥梁需要设计的图样很多，桥梁工程图是建造一座桥梁的施工依据，桥梁工程

图一般包括桥位平面图、桥位地质纵断面图、桥梁总体布置图、构件结构图等。下面分别介绍这几种图样。

10.2.2 桥位平面图

1. 桥位平面图的作用

桥位平面图主要表明桥梁和路线连接的平面位置，通过实际地形测绘桥位处的道路、河流、水准点、里程、钻孔以及附近的地形、地物，以便作为设计桥梁和施工定位的依据。

2. 桥位平面图的内容

1）桥位平面图一般采用较小的比例，如 1∶500，1∶1000，1∶2000 等；

2）桥位平面图中用粗实线表示了路线的平面形状，用指北针表示方向；

3）在新建桥梁的中心部位标注里程桩号，如图 10-11 所示的为 0 + 738.00；

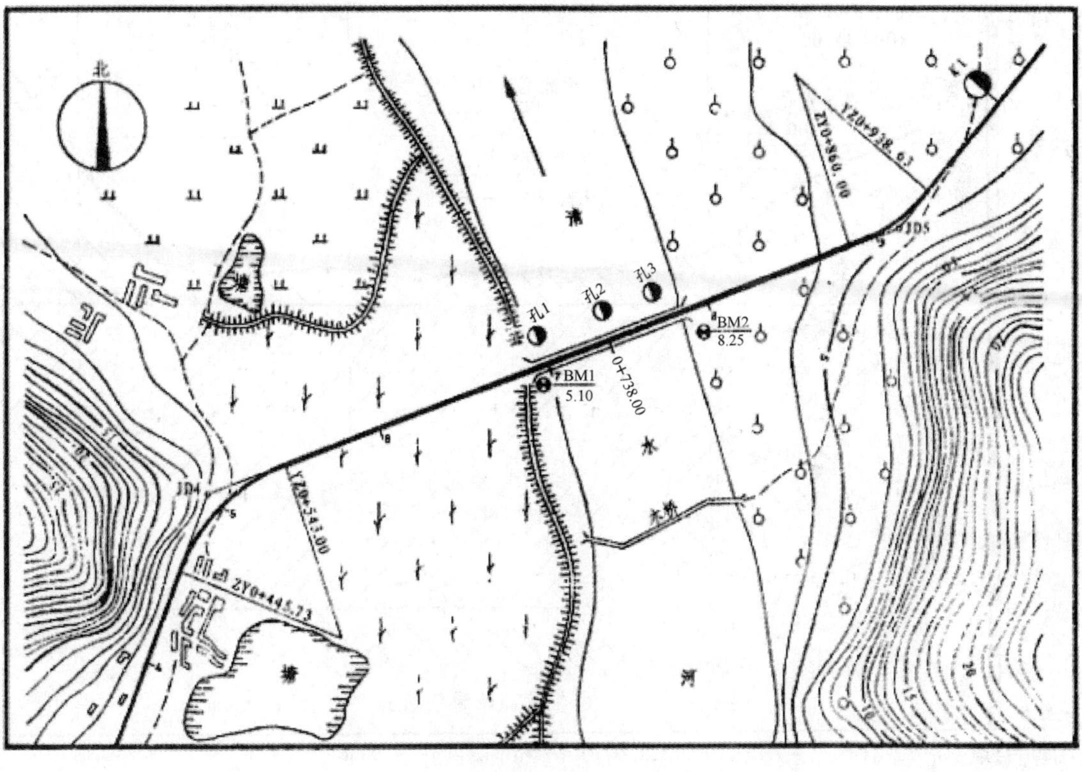

图 10-11 桥位平面图

4）在桥梁的两端有两个水准点（BM1 和 BM2），绝对标高分别是 5.10m 和 8.25m；在桥的一侧标出了三个钻孔（孔 1、孔 2、孔 3）的平面位置；

5）道路和桥梁附近的地形由等高线表示；

6）地物由图例表示，图中有老房屋、水塘、原有木桥、小路，还有果树林、草地等植被；

7）图中的植被、水准符号等均应按照正北方向为准，而图中文字方向则可按路线要求及总图标方向来决定。

10.2.3 桥位地质纵断面图

根据水文调查和钻探所得的地质水文资料，绘制桥位所在河床位置的地质纵断面图，包括河床断面线、最高水位线、最低水位线、常水位线和土质情况。桥位地质纵断面图是设计桥梁、桥台、桥墩和计算土石方工程量的依据。

图 10-12 所示的桥位地质纵断面图与道路工程图中的路线纵断面图相似，也是分为图样和资料表两部分。图样部分为了显示地质和河床深度变化情况，特意把地形高度（标高）的比例较水平方向比例放大数倍画出，图中地形高度的比例采用 1∶200，水平方向的比例采用 1∶500。

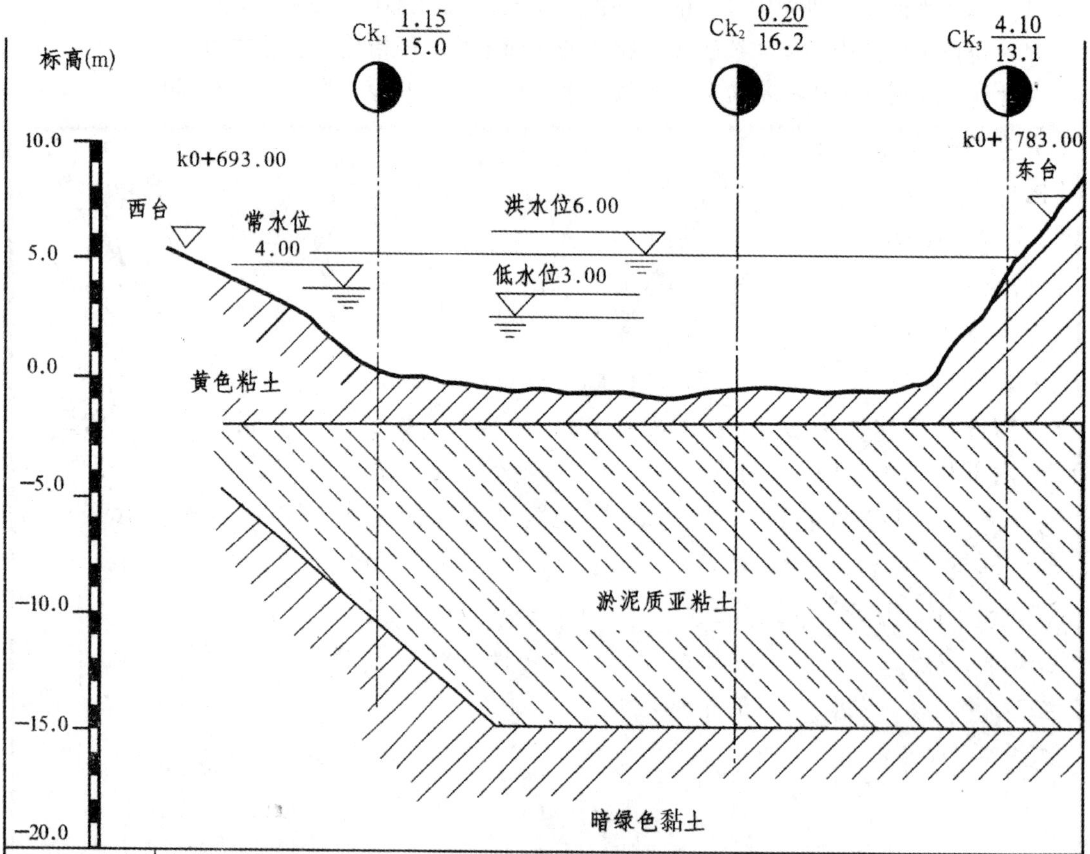

钻孔编号	1	3	3	
孔口标高 (m) 钻孔深度 (m)	1.15	15.0 0.20	16.2 4.10	13.0
间 距 (m)		40.00	38.00	

图 10-12 桥位地质纵断面图

10.2.4 桥梁总体布置图

桥梁总体布置图是表达桥梁上部结构、下部结构和附属结构三部分组成情况的总图，主要表明桥梁的桥型、跨径、总体尺寸，各主要构件的相互位置关系，各部分的标高、材料数量以及有关的说明等，作为施工时确定墩台位置、安装构件和控制标高的依据。

图 10-13 是一座总长 125. 04m、中心桩为 K24 + 114. 00 的六孔钢筋混凝土公路桥的总体布置图，包括立面图、平面图和横剖面图。立面图和平面图用 1∶500 的比例画出，横剖面图用 1∶100 的比例画出。

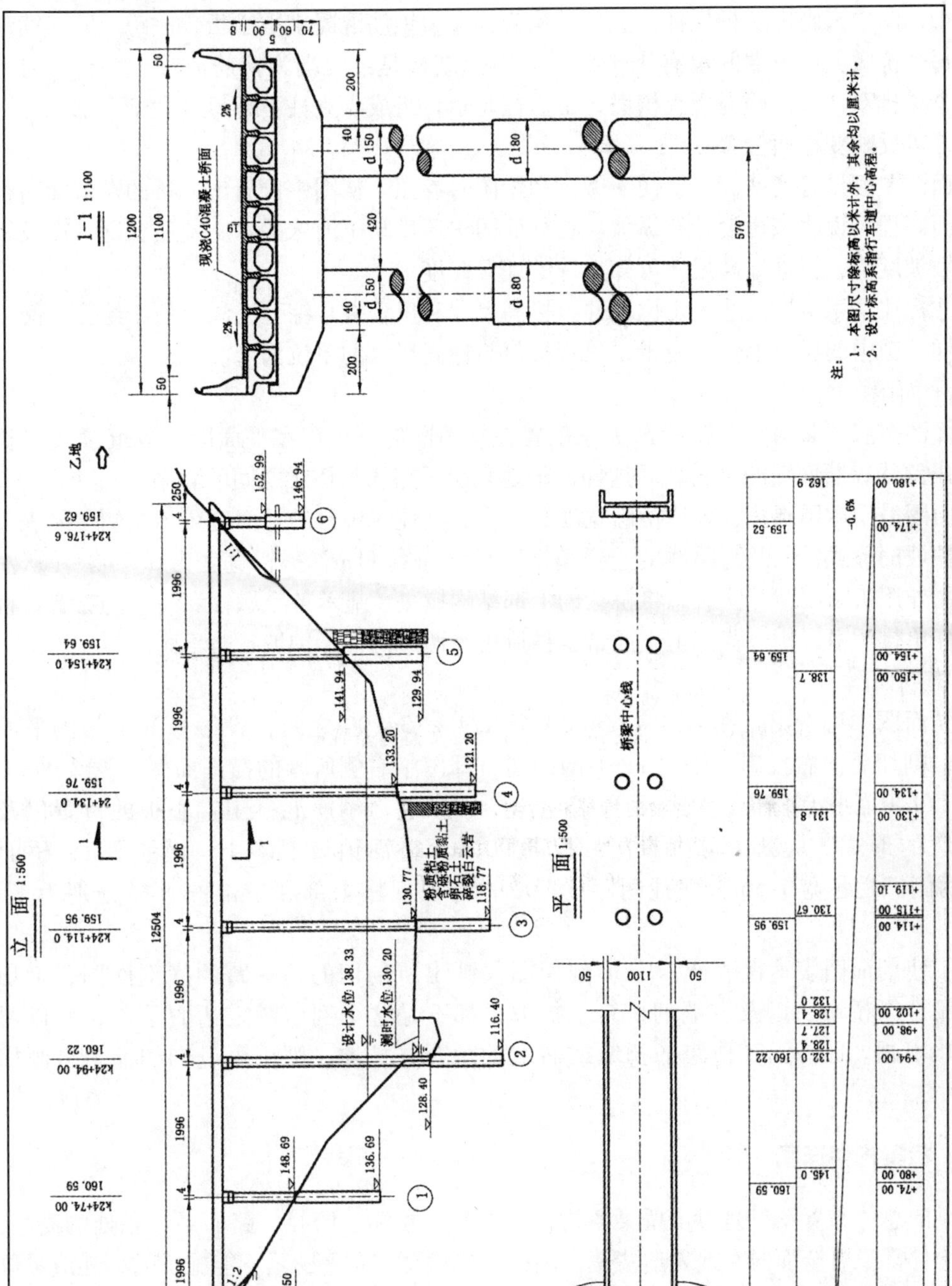

图10-13 桥梁总体布置图

下面以图 10-13 为例，介绍桥梁立面图、平面图和横剖面图的图示内容和特点。

1. 立面图

立面图反映桥梁的特征和桥型，共有六个孔，每孔跨径为 20m，全长 125. 04m。因绘图比例较小，图中未画出防护栏杆。上部结构为预应力钢筋混凝土空心板，一跨一跨连续地铺设，在每个桥墩上两板端间留有 4cm 间隙。下部结构是：两端为钢筋混凝土桥台；河床中布置五个单排双柱式钢筋混凝土桥墩，由立柱与承台组成，立柱下部尺寸大于上部尺寸，由标高尺寸可反映变截面位置。

立面图左侧设有高度标尺，便于阅读和绘图时参照。从图中可看出，桥的左端面高程大于右端面高程，说明该桥设计有纵坡。在立面图中还反映了河床的水文地质状况，以及桥台初的护坡坡度值，根据标高尺寸可知立柱的埋置深度。

尺寸标注采用定性尺寸、定位尺寸、标高尺寸和里程桩号综合注法，便于绘图、阅读与施工放样。图中的尺寸单位为厘米，里程桩号与标高尺寸的单位为米。

2. 平面图

平面图按照“长对正”的投影关系配置在立面图的下方，在平面图下方继续按“长对正”列出路线纵断面图的资料表。这样清晰地表明了路线与桥梁之间的联系。

平面图采用掀层画法，表达桥面宽度和护栏、立柱、桥台的平面位置。左侧主要表明桥面系、护坡的形式，以及与路线的连接情况，桥面净宽 11m，护栏宽度为 0. 5m。在从左向右第三孔处用折断线断开，假想将桥梁的上部结构掀去，显示各个墩柱和桥台的布置：桥墩为双立柱单排桥墩；桥台背部填土通常也被掀去，两边的锥形护坡省略不画。

3. 横剖面图

从立面图中可看出，在 K24 + 114. 00 至 K24 + 134. 00 之间，设编号为 1 的侧平面为剖切面，剖切后向右投影，画出 1—1 剖面图，即图中右侧所画的横剖面图。这个 1—1 剖面图用 1∶100 的比例画出，较详尽地表达出各片预应力钢筋混凝土空心板的位置以及护栏、桥墩的形式。从图中可以看出：板高 90cm，桥面铺设混凝土，横坡 2%；桥面宽 11m，两侧护栏各宽 0. 5m；立柱间距 5. 70m，每根立柱上部和下部的直径分别为 1. 5m 和 1. 8m。

为了使剖面图表达得清晰，1—1 剖面图仅画出所剖切的这一跨的横剖面图，剖切面之右的第二个桥墩，以及右端的桥台、护坡，都不是这个剖面图表达的重点，所以习惯上都省略不画。如需画其他跨的桥墩或右端的桥台与护坡，则可再设剖切面，另画横剖面图。

10. 2. 5 桥梁构件详图

桥梁的总体布置图只是表示桥梁各构件的布置、桥型、跨径、路面系、各处的高程等，但各个构件都没有全面详尽地表达清楚，因此，单凭总体布置图是不能施工的，还应另画详图，采用较大的比例将各个构件的形状、构造、尺寸都完整地表达出来，这种图样称为构件详图。构件详图通常画出桥台图、桥墩图、主梁图或主板图、护栏图等，常用的比例是1∶10 至 1∶50。

1. 桥台图

图 10-14 所示是一个右端桥台，呈 U 形，由台帽、台身、挡土墙和基础组成。

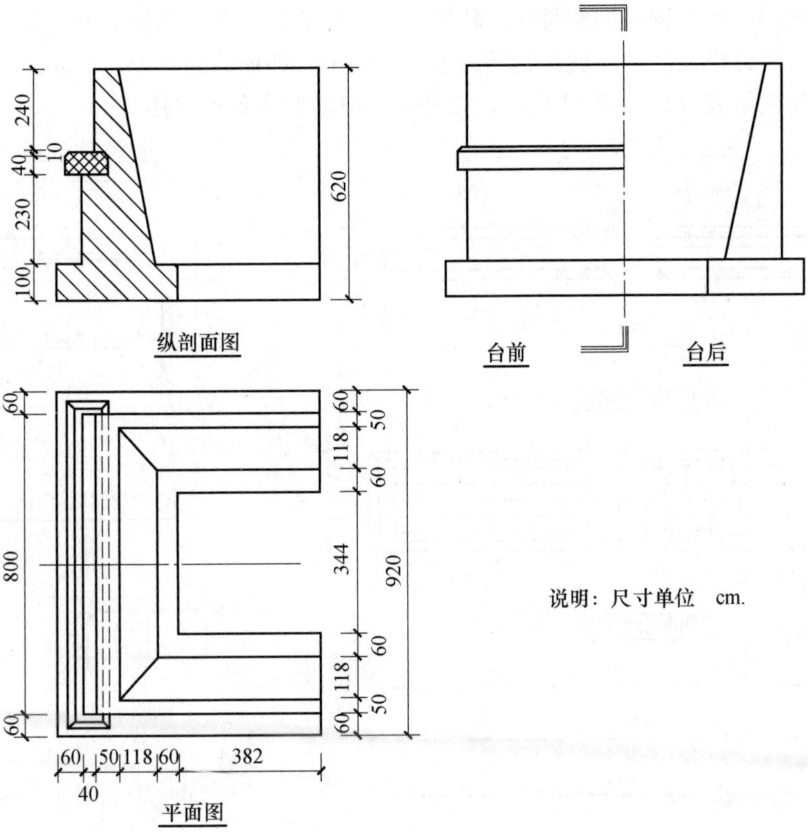

图 10-14　U 形桥台

桥台构件详图由纵剖面图、平面图、侧立面图组成。从纵剖面图中可以了解桥台内部构造的形状、尺寸和材料；平面图仅反映了桥台呈 U 形，为了表达清晰，未填土；侧立面图由 1/2 台前和 1/2 台后组合而成。台前是右端桥台的左侧面，台后为右侧面。

2. 桥台台帽图

图 10-15 是桥台台帽部分的构件详图，详细标注了台帽的形状及尺寸。

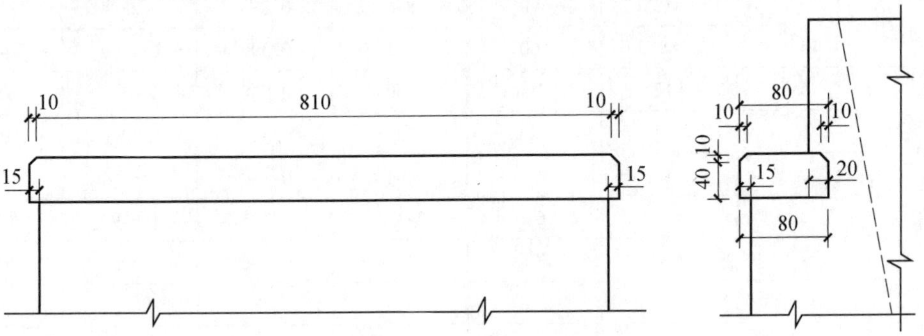

图 10-15　桥台台帽构造图

3. 桥台配筋图

图 10-16 所示是桥台台帽的配筋详图，分别用配筋立面图、配筋平面图和配筋侧面图表示了台帽内的配筋情况。配筋图的表示方法与建筑结构施工图中的配筋图表示方法一样，只

是在台帽配筋侧面图中钢筋的编号比较特别，在图形的上部和下部分别画出与钢筋黑圆点对应的方格，每个方格内的数字就是钢筋的编号。至于每种钢筋的直径、根数、长度、重量等情况则见钢筋明细表，如表 10-2 所示，以便施工时对照和备料之用。

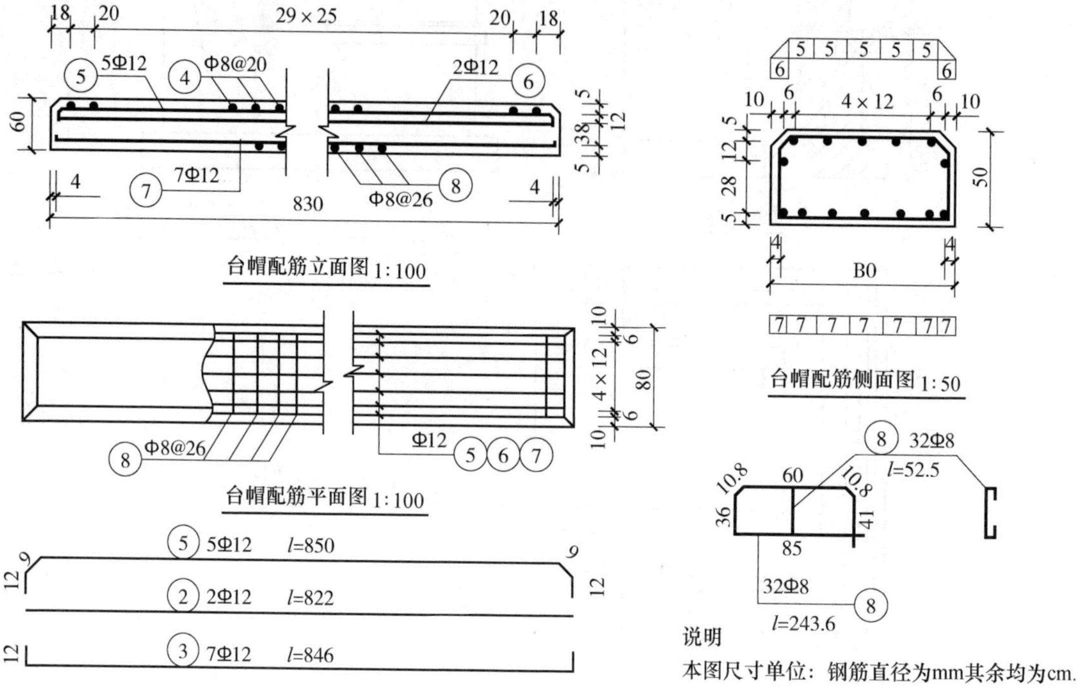

图 10-16　桥台台帽配筋图

表 10-2　钢筋明细表

部位	编号	符号直径（mm）	根数	单根长度（cm）	单位重量（kg/m）	总长（m）	总重（kg）
墩帽（4 个）	1	ϕ12	36	850	0. 888	306	271. 73
	2	ϕ12	8	822	0. 888	65. 76	58. 73
	3	ϕ12	44	846	0. 888	372. 24	330. 55
	4	ϕ8	160	383	0. 396	612. 80	242. 67
台帽（2 个）	5	ϕ12	10	850	0. 888	85	75. 48
	6	ϕ12	4	822	0. 888	32. 88	29. 20
	7	ϕ12	14	846	0. 888	118. 44	105. 17
	8	ϕ8	64	243. 6	0. 396	155. 90	61. 73
	9	ϕ8	32	52. 5	0. 396	168	66. 53
合计	ϕ12		116			980. 32	870. 52
	ϕ8		256			936. 70	370. 93

10. 3　涵洞工程图

涵洞是公路工程中宣泄少量水流的构造物，埋设在路基内。涵洞按照建筑材料不同可以分为石涵、混凝土涵、钢筋混凝土涵等；按照构造形式可分为圆管涵、盖板涵、拱涵、箱涵等；按断面形状可分为圆形涵、拱形涵、矩形涵等；按孔数可分为单孔、双孔和多孔等。

10.3.1 涵洞的结构组成

各类涵洞都是由洞口、洞身和防护工程组成。

1. 入口抬高式拱涵

图 10-17 所示是一个入口抬高式拱涵的示意图，标出了涵洞各部分的名称。

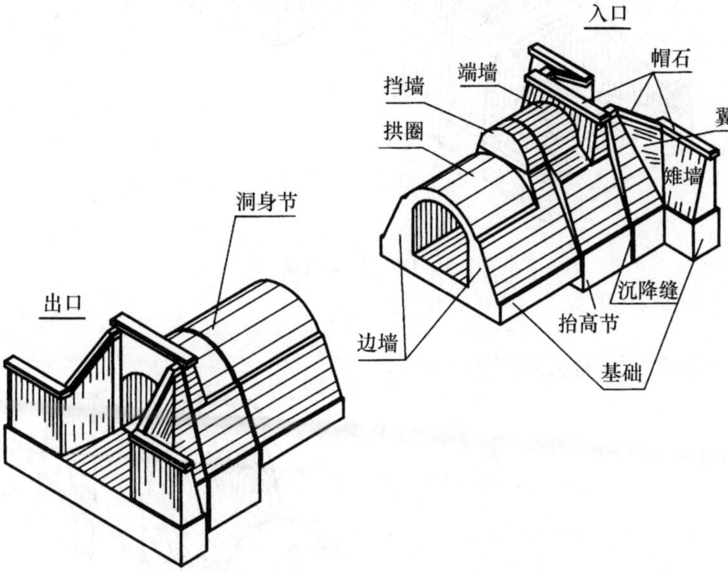

图 10-17 拱涵的示意图

（1）洞身

洞身节由基础、边墙和拱圈组成，每节长 3～5m。基础是长方体，它的上表面中部有一个圆弧形槽。边墙位于基础之上，是两个平放的五棱柱体，上窄下宽。拱圈是等厚的圆拱，两端叫拱脚，拱脚与边墙的上表面吻合，拱脚所在平面通过拱圈的轴线。

洞身各节的形状和尺寸基本相同，只是与入口处抬高节相邻的那一节，在拱圈的上部做有一段挡墙，挡墙的上表面与抬高节拱圈上表面一致。挡墙的一边做成斜面。

抬高节的基础、边墙、拱圈形状与洞身节基本相同，只是边墙较高，基础较宽、较厚。拱圈上部在入口的一端做有端墙，端墙上有带抹角的帽石。

（2）洞口

出口和入口的构造基本相同，由基础、翼墙、雉墙及其上带有抹角的帽石所组成。基础是 T 形板，上表面中部有深 10cm 的圆弧形槽，厚度与抬高节的基础一样。两翼墙设置成八字形，对称于涵洞的对称面。翼墙靠洞口一侧的表面由两个平面组成，一个平行于涵洞的对称面，另一个是倾斜于涵洞的对称面的铅垂面。翼墙的背面是由梯形和三角形平面组成。翼墙的顶面倾斜于水平面而垂直于涵洞的对称面。雉墙是两端垂直于涵洞对称面的梯形棱柱，其背面是梯形平面，顶面是水平的。

2. 盖板箱涵

图 10-18 所示为盖板箱涵的示意图，具有相似的基础、洞身和洞口构造。

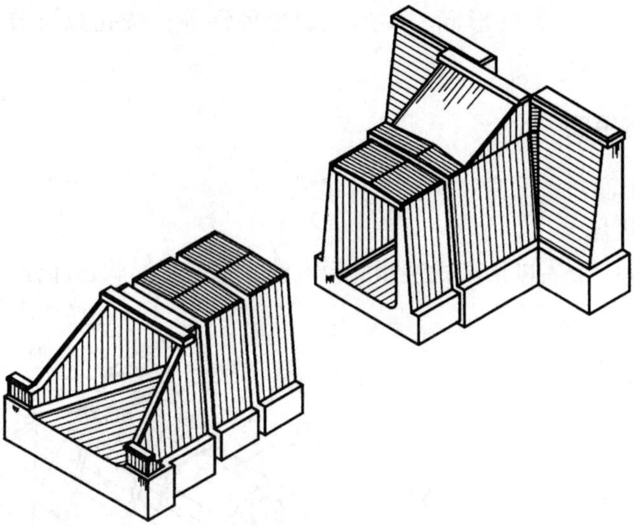

图 10-18　盖板箱涵

3. 圆管涵

图 10-19 所示为圆管涵的示意图。

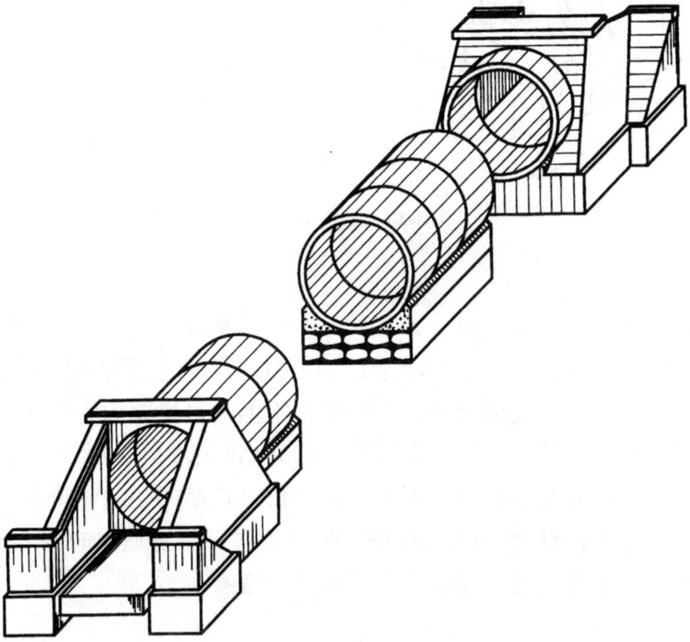

图 10-19　圆管涵

10.3.2　涵洞工程图的内容

因为涵洞比桥梁小得多，所以涵洞工程图的比例比桥梁工程图的比例大。

图 10-20 是常用的钢筋混凝土盖板涵工程图。洞口形式为八字翼墙式。工程图由平面图、纵剖视图、洞口立面图和洞身断面图四个图组成。

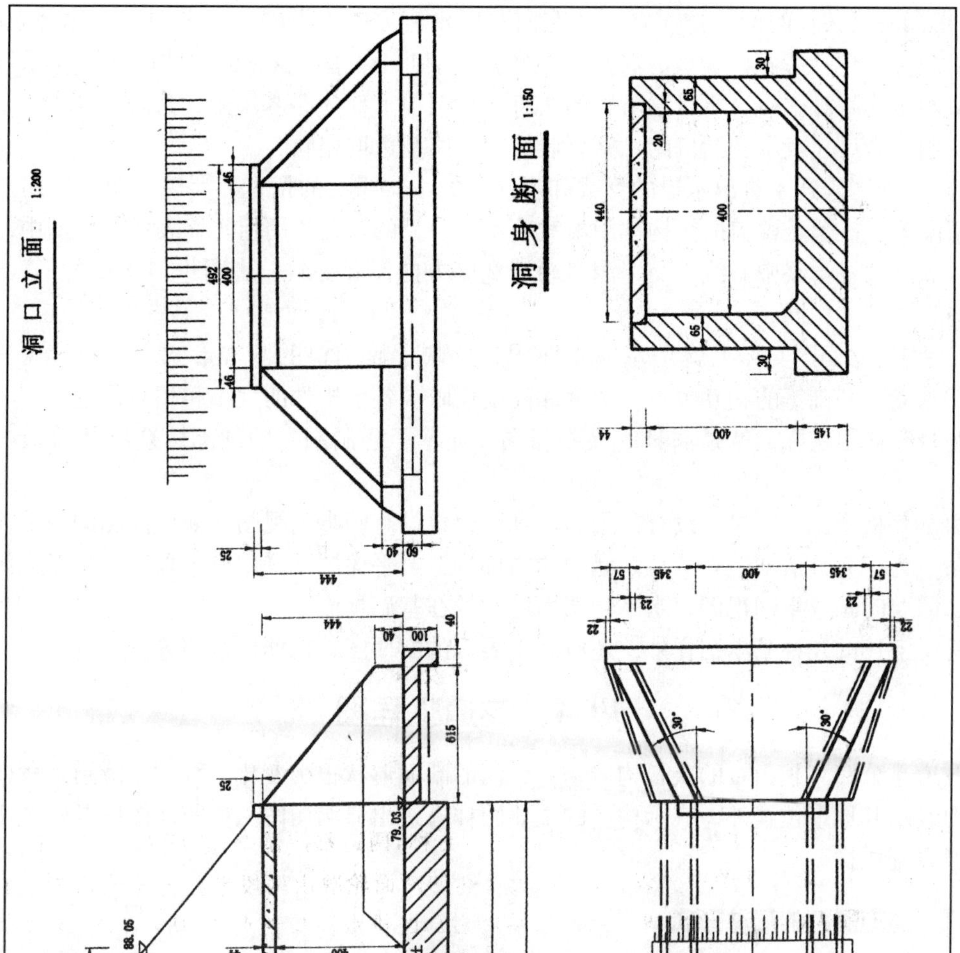

图 10-20　涵洞工程图示例

1）涵洞是狭长的构造物，立面从左向右以水流方向为纵向，以纵剖视图代替立面图。表示了洞身（包括缘石、盖板、洞身、洞底）、洞口、路基以及它们之间的相互关系。由于剖切平面是前后对称面，所以省略了剖切符号。洞顶上部为路基填土，边坡 1∶1.5，路基设横坡，用标高尺寸表示，洞口的八字翼墙坡度与路基边坡相同。

2）平面图表达了进出水口的形式和形状、大小，缘石的位置，翼墙的角度，路基与边坡的情况等。被覆土覆盖的结构都用虚线表示，可见的轮廓线用粗实线表示。从图中还可以看出：涵洞轴线与路中心线正交，洞口两端宽度方向尺寸一致，表明进出水口的形式相同，形状与大小基本相同。

3）洞口立面图实际上就是左侧立面图，反映了涵洞口的基本形式，缘石、盖板、翼墙、截水墙、基础等的相互关系，宽度和高度反映了各个构件的大小和相对位置。

洞身断面图实际上就是洞身的横断面图，显示了涵洞洞身的细部构造以及盖板的宽度尺寸。

由于盖板涵比较简单，没有采用掀土画法，也没有画半剖视图。如果涵洞的内部构造比较复杂，为了完整清晰地表达清楚涵洞的内部构造，平面图常采用掀土画法，不考虑洞顶的覆土，需要时画成半剖视图，水平剖切面通常设在基础顶面处。

除了上述的几种基本图样外，还应画出翼墙的断面图、钢筋构造图等。

10.4 隧道工程图

隧道是公路穿越山岭的狭长构造物，中间的断面形状很少变化。因此，隧道工程图除用平面图表示其地理位置外，表示构造的主要图样有进出口洞门图、横断面图以及隧道中的有关交通设施图样。

10.4.1 隧道洞门的几种形式

隧道洞门按地质情况和结构要求，有下列几种形式：

（1）洞口环框

当洞口石质坚硬稳定，可仅设洞口环框，起加固洞口和减少洞口雨后漏水的作用，如图 10-21（a）所示。

（2）端墙式隧道洞门

端墙式隧道洞门适用于地形开阔、石质基本稳定的地区。端墙的作用在于支护洞门顶上的仰坡，保持其稳定，并将仰坡水流汇集排出，如图 10-21（b）所示。

（3）翼墙式隧道洞门

当洞口地质条件较差时，在隧道门的一侧或两侧加设挡墙，构成翼墙式洞门，如图 10-21（c）所示。翼墙式洞门是由端墙、洞口衬砌（包括拱圈和边墙）、翼墙、洞顶排水沟及洞内外侧沟等部分组成。

（4）柱式隧道洞门

当地形较陡、地质条件较差时，仰坡下滑的可能性较大，而修筑翼墙又受地形、地质条件的限制，这时可采用柱式洞门，如图 10-21（d）所示。

（5）凸出式隧道洞门

凸出式洞门是将洞内衬砌延伸到洞外，一般凸出山体数米，如图 10-21（e）所示。它适用于各种地质条件。

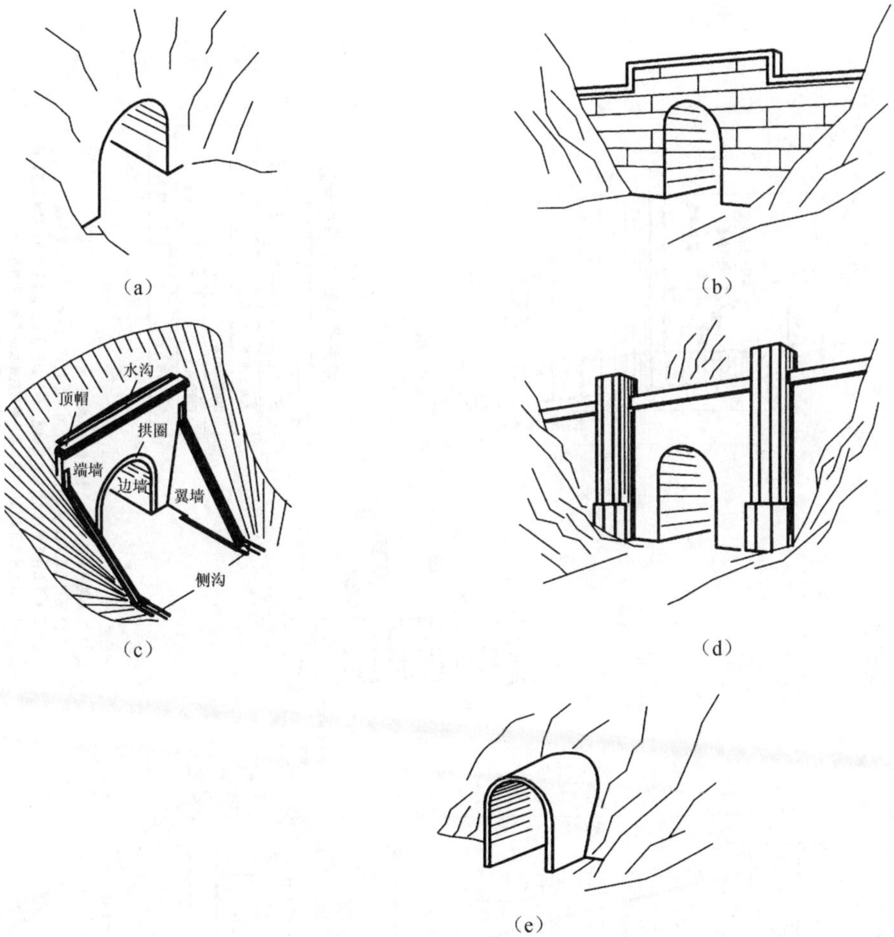

图 10-21　隧道洞门的几种形式

（a）洞口环框；（b）端墙式隧道洞门；（c）翼墙式隧道洞门；
（d）柱式隧道洞门；（e）凸出式隧道洞门

10.4.2　端墙式隧道洞门图的内容

图 10-22 是一个隧道端墙式进口洞门的工程图，主要用立面图、平面图和剖面图表达。

1. 立面图

立面图是隧道进出洞门的正立面图，不论洞门是否左右对称，两边都应画全。它反映了洞门形式、洞门墙及其顶帽、洞口衬砌曲面的形状。从图中可以看出，衬砌曲面的断面轮廓由两段半径为 424cm 和一段半径为 695cm 的圆弧所组成，拱圈厚 60cm。用虚线表示洞口端墙后部的排水沟和跌水井，从右向左，排水坡度分别为 5% 和 15%；另有虚线表示开挖基础的情况。此外，还用细实线画出了隧道洞门两侧的边沟，由所注尺寸可知各部分的宽度和高度。

2. 平面图

平面图是隧道进口洞门的水平投影图，仅画出洞门及其前后的外露部分，显示了顶帽、端墙、洞顶排水沟、跌水井、排水沟、边沟和碎落台，以及开挖线、挖方坡度、洞门桩号等。

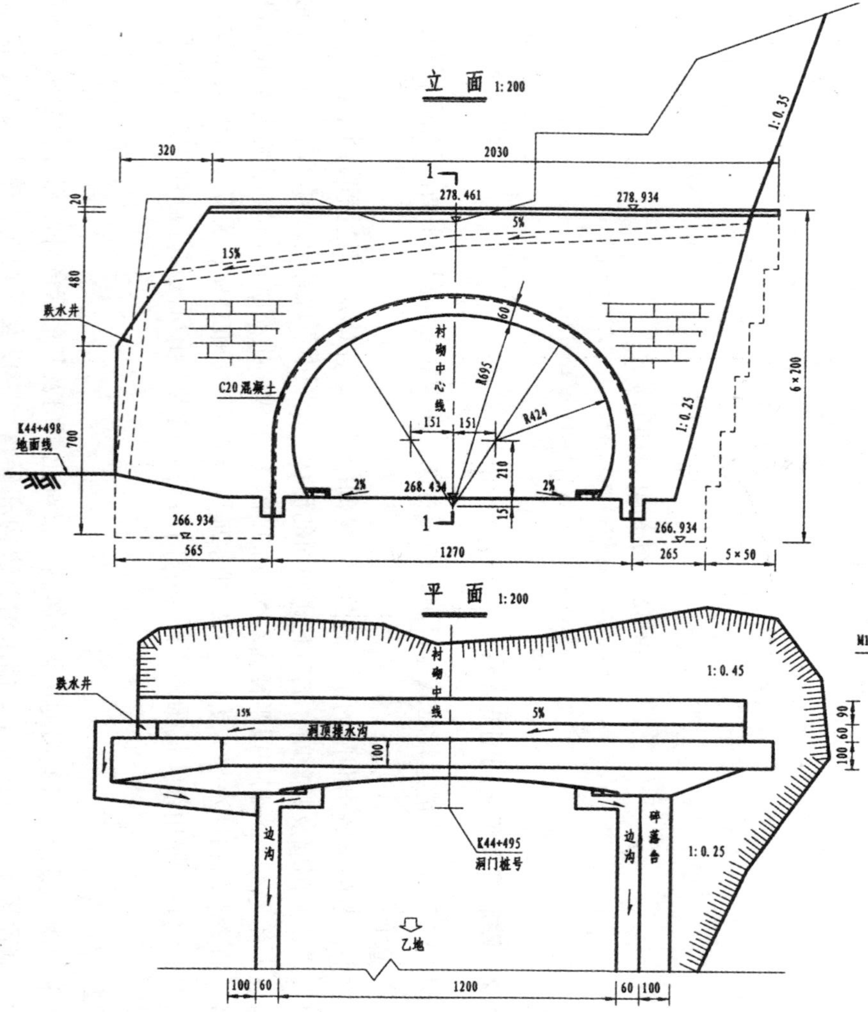

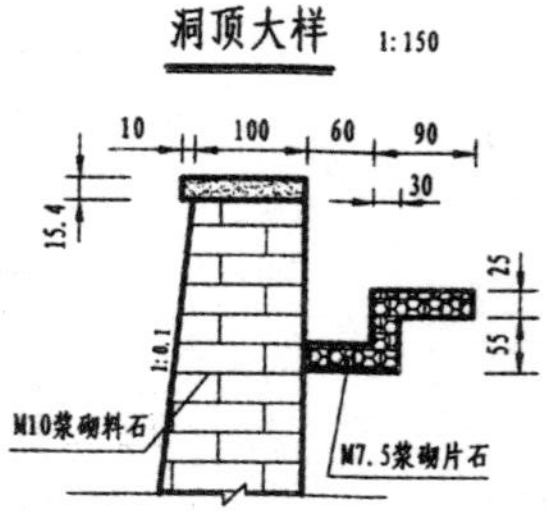

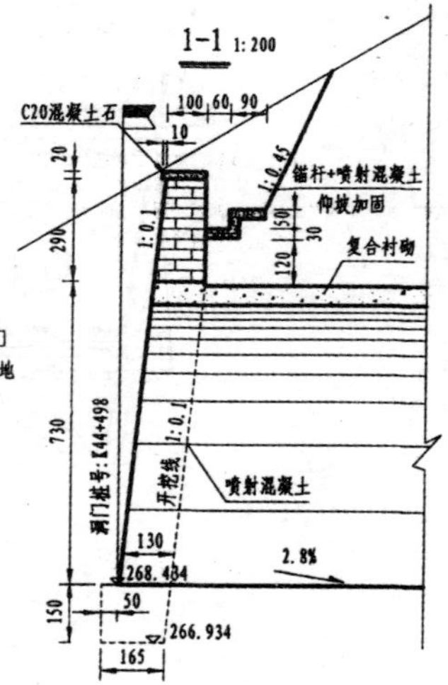

隧道进口洞门工程数量表

项目	单位	数量
基础开挖(坚石)	m^3	33.3
M10浆砌料石	m^3	207.0
C20混凝土	m^3	9.8
M7.5浆砌片石	m^3	12.5

附注:

1. 本图尺寸以厘米计，标高桩号以米计。
2. 洞门墙采用M10浆砌料石浇筑，料石尺寸为：60（长）×35（宽）cm。
3. 洞顶水沟采用M7.5浆砌片石砌筑，仰坡加固施工措施详见“洞口仰坡加固设计图”。
4. 工程数量未计洞门后仰坡加固，铺砌数量及边顶截水沟数量。
5. 施工时应将洞门墙与墙背土体之间的间隙用浆砌片石回填密实。
6. 本设计要求地基承载力[σ]≥300KPa，施工时若发现地基承载力不够，应加深基础或扩大基础宽度。
7. 施工时若发现路基外边坡率不稳，可加大边坡率或加固边坡。

图 10-22 端墙式隧道洞门图

3. 1—1 剖视图

从立面图编号为 1 的剖切符号可知，1—1 剖面图是用沿隧道轴线的侧平面剖切后，向左投影而获得的，由向乙地的箭头可知公路的去向。图中表明了洞门口端墙的坡度、厚度及基础底面的高程为 266. 934m，还表示了隧道复合衬砌、隧道拱顶曲面和隧道路面坡度等。

4. 洞顶大样图

洞顶大样图实际上就是 1—1 剖面图中洞顶部分的局部放大图，用较大比例画出的洞顶部分，能更详细地补充说明顶帽和排水沟的构造、材料和大小。